高等学校计算机应用规划教材

高级语言程序设计
(C 语言)

阳小兰　主　编
吴　亮　钱　程　彭玉华　副主编

清華大學出版社
北　京

内 容 简 介

C 语言具有强大的功能和灵活的处理能力，是风靡全球的高级程序设计语言之一。本书全面深刻地讲解C语言程序设计。首先讲述C语言的程序结构、开发环境、数据类型、运算符、表达式；然后讨论顺序结构、选择结构、循环结构程序设计，分析一维数组、二维数组、字符数组、字符串、函数定义、嵌套调用、递归调用，介绍指针变量、结构体、共用体、自定义类型、编译预处理；最后呈现宏定义、条件编译、文件分类、缓冲区、文件常用操作等主题。在阅读全书后，读者将彻底了解C语言编程，将有能力和信心开发自己的C应用程序。

本书结构清晰、案例丰富，可用作高等学校计算机相关专业的教材，也可用作程序设计人员的培训教材，并可供广大编程爱好者参考。

图书在版编目(CIP)数据

高级语言程序设计(C语言) / 阳小兰　主编. —北京：清华大学出版社，2018(2024.4重印)

(高等学校计算机应用规划教材)

ISBN 978-7-302-49942-8

Ⅰ. ①高…　Ⅱ. ①阳…　Ⅲ. ①C语言－程序设计－高等学校－教材　Ⅳ. ①TP312.8

中国版本图书馆CIP数据核字(2018)第066163号

责任编辑： 刘金喜　韩宏志
封面设计： 牛艳敏
版式设计： 思创景点
责任校对： 孔祥峰
责任印制： 丛怀宇

出版发行： 清华大学出版社
网　　址： https://www.tup.com.cn, https://www.wqxuetang.com
地　　址： 北京清华大学学研大厦A座　　**邮　　编：** 100084
社 总 机： 010-83470000　　**邮　　购：** 010-62786544
投稿与读者服务： 010-62776969，c-service@tup.tsinghua.edu.cn
质 量 反 馈： 010-62772015，zhiliang@tup.tsinghua.edu.cn
印 装 者： 三河市君旺印务有限公司
经　　销： 全国新华书店
开　　本： 185mm×260mm　　**印　　张：** 20　　**字　　数：** 462千字
版　　次： 2018年5月第1版　　**印　　次：** 2024年4月第6次印刷
定　　价： 69.00元

产品编号：079218-03

前　　言

C 语言是广泛使用的高级程序设计语言之一，具有强大的功能和灵活的处理能力，它既可编写系统程序，又可编写应用程序，深受程序设计者喜爱。目前，很多高校都将 C 语言作为高级语言程序设计的首选语言。

作者在多年 C 语言教学、研究和实践积累的基础上，吸收国内外 C 语言程序设计课程的教学理念和方法，依据 C 语言程序设计课程教学大纲的要求编写了本书。本书遵循教学规律，按照由浅入深、循序渐进的原则，精心设计，合理安排。本书语言组织简明易懂，既突出阐明原理和方法，又保证有一定的实用性，有一定的广度和深度。

本书共分 11 章：

第 1 章“C 语言概述”介绍程序及算法的概念、C 语言的发展历程和特点、C 语言的程序结构以及 C 语言程序的开发环境。

第 2 章“C 语言程序设计基础”介绍 C 语言数据的表现形式、C 语言的数据类型、C 语言的运算符和表达式、数据类型转换及位运算。

第 3 章“顺序结构程序设计”介绍 C 语言的基本语句、字符数据的输入输出、格式输入输出，并列举顺序结构程序示例。

第 4 章“选择结构程序设计”介绍关系运算符与关系表达式、逻辑运算符与逻辑表达式、条件运算符与条件表达式、if 语句和 switch 语句，并列举选择结构程序设计示例。

第 5 章“循环结构程序设计”介绍 while 循环、do…while 循环、for 循环三种结构，讨论循环结构中常用的 break 语句和 continue 语句，并列举循环嵌套和循环结构程序示例。

第 6 章“数组”介绍一维和二维数组的定义、引用和初始化，并讨论字符数组与字符串。

第 7 章“函数”介绍函数定义、函数调用、数组作为函数的参数、函数的嵌套调用与递归调用、变量的作用域以及存储方式。

第 8 章“指针”介绍指针的概念、指针变量、指针与数组、指针与字符串、指向函数的指针、返回指针的函数以及指针数组。

第 9 章“结构体、共用体与自定义类型”介绍结构体的概念、结构体数组、指向结构体类型数据的指针、共用体以及用 typedef 定义数据类型。

第 10 章“编译预处理”介绍带参数与不带参数的宏定义、文件包含及条件编译。

第 11 章“文件”介绍文件的分类、缓冲区及文件类型的指针；讨论文件的常用操作，包括文件的打开与关闭、文件的读写、文件的定位等。

本书每一章都列举大量程序案例，在编程实践中讲解知识点，实现“从做中学”的教育理念。在例题的编排上由浅入深、逐层递进，内容紧扣基础、面向应用，循序渐进地引导学生学习程序设计的思想和方法。每章末尾都给出一定数量的习题，以此训练和培养学生设计程序的能力。读者可访问 http://www.tupwk.com.cn/downpage，输入本书书名或 ISBN，下载课件和源代码。

本书可作为高等学校计算机相关专业的教材，也可作为程序设计人员的培训教材，并可供广大编程爱好者参考。

本书在武昌理工学院信息工程学院的指导下，由阳小兰负责统稿。第 4、5、6、7、8、10 章及附录由阳小兰编写，第 1、2、3 章由吴亮编写，第 9 章由钱程编写，第 11 章由彭玉华编写。

本书在编写过程中得到了武昌理工学院信息工程学院的领导与同仁的大力支持，也得到了清华大学出版社的大力支持，在此表示衷心感谢。在编写过程中，我们力求做到严谨细致、精益求精，但由于时间仓促、编者水平有限，书中疏漏和不妥之处在所难免，敬请各位读者和同行专家批评指正。

编　者

2017 年 12 月于武昌理工学院

目　　录

第1章　C语言概述

本章教学内容：

- 结构化程序设计的基本概念
- 算法的基本概念与特征
- C 语言的程序结构
- C 语言程序的开发环境

本章教学目标：

- 理解程序、程序设计和算法的相关概念
- 了解程序设计语言的发展历程及 C 语言的特点
- 能正确运用 C 语言的关键字及标识符
- 掌握 C 语言源程序的结构，能熟练编写简单的 C 程序
- 能运用 VC++集成开发环境创建、编辑、链接和运行简单的 C 程序

1.1　程序设计及算法

1.1.1　程序及程序设计

1. 程序

在日常生活中，程序是为进行某项活动或过程所规定的步骤，可以是一系列动作、行动或操作，如新生报到程序、银行取款程序、面包制作程序。在计算机世界中，软件将一组程序组织起来，每个程序由一组指令组成。程序是计算机能识别和执行的一组指令，告诉计算机如何完成一项具体任务，如完成银行取款程序需要以下 5 个步骤。

第 1 步：带上存折去银行；

第 2 步：填写取款单并到相应窗口排队；

第 3 步：将存折和取款单递给银行职员；

第 4 步：银行职员办理取款事宜；

第 5 步：拿到钱并离开银行。

只要让计算机执行这个程序，计算机就会自动地、有条不紊地进行工作。程序就是为了让计算机执行某些操作或解决某个问题而编写的一系列有序指令的集合。计算机的一切操作都由程序控制，离开程序，计算机将一事无成。

对于编写程序的软件开发人员来说，程序是以某种程序设计语言为工具编制出来的指令序列，它表达了人类解决现实世界问题的思想。计算机程序是用计算机程序设计语言所要求的规范书写出来的一系列步骤，它表达了软件开发人员要求计算机执行的指令。

数据是程序操作的对象，操作数据的目的是对数据进行加工处理，以得到程序期望的结果。一个程序通常主要包括以下两方面的信息：

(1) **对数据的描述。**在程序中要指定用到哪些数据，并指定这些数据的类型和组织形式，这就是数据结构。

(2) **对操作的描述。**即要求计算机执行操作的步骤，也就是算法。

2. 程序设计

程序设计是软件构造活动中的重要组成部分，是人们借助计算机语言，告诉计算机要做什么(即处理哪些数据)，如何处理(即按什么步骤来处理)的过程。例如，C 语言程序设计是以C语言为工具，编写各类 C 语言程序的过程。程序设计的过程通常应当包括分析问题、设计算法、编写程序、运行程序、分析结果、编写程序文档等不同阶段。

(1) **分析问题：**即分析、研究给定的条件以及最终目标，找出解决问题的规律，选择解题的方法，完成实际问题。

(2) **设计算法：**即设计出解题的方法和具体步骤。

(3) **编写程序：**即将算法翻译成所需的计算机程序设计语言，再对用该语言编写的源程序进行编辑、编译和链接。

(4) **运行程序：**即运行可执行程序，得到运行结果。

(5) **分析结果及调试：**即分析运行结果是否合理，如不合理需要对程序进行调试。

(6) **编写程序文档：**程序是供别人使用的，如同正式的产品应当提供产品说明书一样，提供给用户使用的程序，必须向用户提供程序说明书。内容应包括：程序名称、程序功能、运行环境、程序的装入和启动、需要输入的数据，以及使用注意事项等。

专业的程序设计人员通常称为程序员，程序员采用不同的程序设计方法来设计和开发程序。程序设计方法通常有结构化程序设计与非结构化程序设计之分，本书所涉及的 C 语言采用结构化程序设计方法。结构化程序设计思想采用模块分解、功能抽象、自顶向下、分而治之等方法，从而有效地将一个较复杂的程序系统设计任务分解成许多易于控制和处理的子程序，便于开发和维护。

C 语言是以函数形式提供给用户的，这些函数既可方便地调用，也可由多种循环、条件语句控制程序流向，从而使程序完全结构化。从程序流程的角度看，程序可以分为三种基本结构，即顺序结构、选择(分支)结构、循环结构。三种结构的流程图如图 1-1 所示。三种基本结构可组成各种复杂的 C 语言程序，这三种基本结构将在本书的第 3 章、第 4 章和第 5 章进行详细讲解。

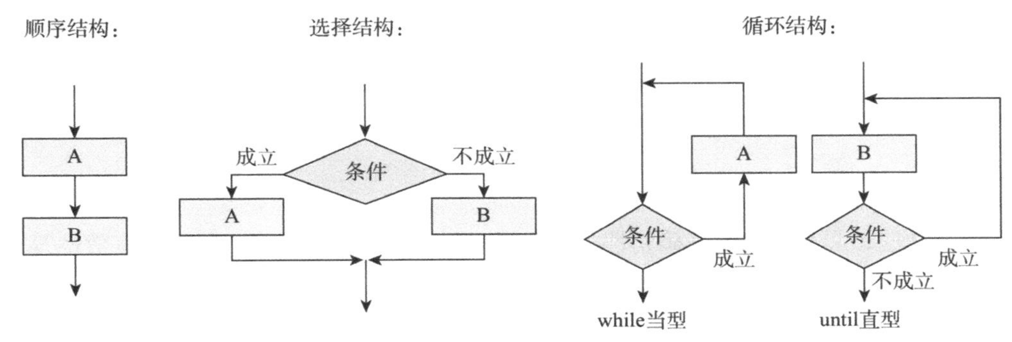

图 1-1　三种结构的流程图

1.1.2　算法

计算机系统中的任何软件，都是由大大小小的各种软件组成部分构成，各自按照特定的算法来实现。用什么方法来设计算法，所设计算法需要什么样的资源，需要多少运行时间、多少存储空间，如何判定一个算法的好坏，这些都是实现一个软件时必须予以解决的。算法的好坏直接决定所实现软件性能的优劣，因此，算法设计与分析是程序设计中的一个核心问题。

1. 算法的基本概念

著名计算机科学家沃思(Nikiklaus Wirth)提出一个公式：算法 + 数据结构 = 程序，算法是程序的灵魂，数据结构是程序的加工对象。实际上，一个程序除了算法和数据结构这两个要素外，还应当采用结构化程序设计方法进行程序设计，并用某一种计算机语言表示。因此，算法、数据结构、程序设计方法和语言工具是一个程序设计人员应该掌握的知识。

算法是解决问题的方法和具体步骤，如求长方形的面积问题的算法如下：

步骤 1：接收用户输入的长方形长度和宽度两个值；

步骤 2：判断长度和宽度的值是否大于零；

步骤 3：如果大于零，将长度和宽度两个值相乘得到面积，否则显示输入错误；

步骤 4：显示面积。

下面用原始解题步骤和计算机算法表示，给出解决 sum=1+2+3+…+(n-1)+n 的算法。

(1) 原始解题步骤算法表示：

步骤 1：先求 1+2，得到 1+2 的结果：3

步骤 2：将步骤 1 的结果加 3，得到 1+2+3 的结果：6

步骤 3：将步骤 2 的结果加 4，得到 1+2+3+4 的结果：10

步骤 4：将步骤 3 的结果加 5，得到 1+2+3+4+5 的结果：15

……

步骤 n-1：将步骤 n-2 的结果加 n，得到 1+2+3+…+(n-1)+n 的结果：sum

(2) 用计算机算法表示：

步骤 1：使 sum=0 和 i=1；

步骤 2：使 sum=sum+i，结果仍放在 sum 中；

步骤 3：使 i=i+1，即 i 的值加 1；

步骤 4：如果 i 的值不大于 n，再返回执行步骤 2、步骤 3，否则结束；

最后得到 1+2+3+…+(n-1)+n 的结果 sum。

2. 算法的特性

一个算法应该具有有穷性、确切性、零个或多个输入、一个或多个输出、有效性等 5 个重要特征。一个问题的解决方案可以有多种表达方式，但只有满足以上这 5 个条件的解决方案才能称为算法。

(1) **有穷性**：无论算法有多么复杂，都必须在执行有限步骤之后结束并终止运行，即算法的步骤必须是有限的。任何情况下，算法都不能陷入无限循环中，也就是说一个算法的实现应该在有限时间内完成。如求 sum=1+2+3+…+(n-1)+n 的算法是执行语句 sum=sum+i;累加运算到 i 等于 n 后终止。

(2) **确切性**：算法的每一个步骤必须有确切的定义，算法中对每个步骤的解释是唯一的，每个步骤都有确定的执行顺序，即上一步在哪里，下一步是什么，都必须明确，无二义性。

(3) **零个或多个输入**：输入是指在执行算法时需要从外界取得的必要信息。一个算法有零个或多个输入，这些输入的信息有的在执行过程中输入，而有的已被嵌入到算法中。一个算法可以没有输入，如求 sum=1+2+3+…+(n-1)+n 的算法就没有输入；也可以有多个输入，如求长方形的面积问题的算法有长方形长度和宽度两个输入。

(4) **一个或多个输出**：输出是算法的执行结果，一个算法有一个或多个输出，以反映对输入数据加工后的结果。一个算法必须有一个输出，没有输出结果的算法是没有任何意义的。如求长方形的面积问题的算法有长方形的面积一个输出；如求 sum=1+2+3+…+(n-1)+n 的算法有累加和 sum 一个输出。

(5) **有效性**：又称可行性。算法的有效性指的是算法中待实现的运算，都是基本的运算，原则上可由人们用纸和笔，在有限时间里精确完成。算法首先必须是正确的，都是能够精确执行的。如对于任意一组输入，包括合理的输入与不合理的输入，总能得到预期的输出。如果一个算法只是对合理的输入才能得到预期的输出，在异常情况下却无法预料输出的结果，它就不是正确的。

3. 算法的描述

算法的常用表示方法有使用自然语言描述算法，使用流程图描述算法，使用伪代码描述算法 3 种。

(1) **使用自然语言描述算法**：所谓“自然语言”指的是日常生活中使用的语言，如汉语、英语或数学语言。使用自然语言描述求 sum=1+2+3+4+5+…+(n−1)+n 的算法如下：

第 1 步：给定一个大于 0 的正整数 n 的值；

第 2 步：定义一个整型变量 i，设其初始值为 1；

第 3 步：再定义一个整型变量 sum，其初始值设置为 0；

第 4 步：如果 i 小于等于 n，则转第 5 步，否则执行第 8 步；

第 5 步：将 sum 的值加上 i 的值后，重新赋值给 sum；

第 6 步：将 i 的值加 1，重新赋值给 i；

第 7 步：执行第 4 步；

第 8 步：输出 sum 的值；

第 9 步：算法结束。

从上述求解步骤不难发现，用自然语言描述的算法通俗易懂，容易掌握，但算法的表达与计算机的具体高级语言形式差距较大。使用自然语言描述算法的方法还存在一定的缺陷，当算法中含有多分支或循环操作时很难表述清楚。使用自然语言描述算法还很容易造成歧义(又称二义性)，可能使他人对同一句话产生不同的理解。

(2) **使用流程图描述算法**：流程图也叫框图，它是用各种几何图形、流程线及文字说明来描述求解过程的框图。流程图的符号采用美国国家标准化协会(ANSI)规定的一些常用符号，如表 1-1 所示。流程图使用一组预定义的符号来说明如何执行特定任务，sum=1+2+3+…+(n-1)+n 的算法流程图如图 1-2 所示。流程图是算法的一种图形化表示方式，流程图直观、清晰，更有利于人们设计与理解算法。

表 1-1　常用流程图的符号

符　号	名　称	作　　用
	起止框	表示算法的开始和结束符号
	输入输出框	表示算法过程中，从外部获取信息(输入)，然后将处理过的信息输出
	判断框	表示算法过程中的分支结构。菱形框的 4 个顶点中，通常用上面的顶点表示入口，根据需要用其余顶点表示出口
	处理框	表示算法过程中，需要处理的内容，只有一个入口和一个出口
	流程线	在算法过程中指向流程的方向
	连接点	在算法过程中用于将画在不同地方的流程线连接起来
	注释框	对流程图中某些框的操作进行必要的补充说明，可以帮助读者更好地理解流程图的作用。不是流程图中的必要部分

(3) **使用伪代码描述算法**：伪代码是一种介于自然语言与计算机语言之间的算法描述方法。它结构性较强，比较容易书写和理解，修改起来也相对方便。其特点是不拘泥于语言的语法结构，而着重以灵活的形式表现被描述对象。它利用自然语言的功能和若干基本控制结构来描述算法。伪代码没有统一的标准，可以自己定义，也可以采用与程序设计语言类似的形式。如使用伪代码描述求 sum=1+2+3+4+5+…+(n−1)+n 的算法如下。

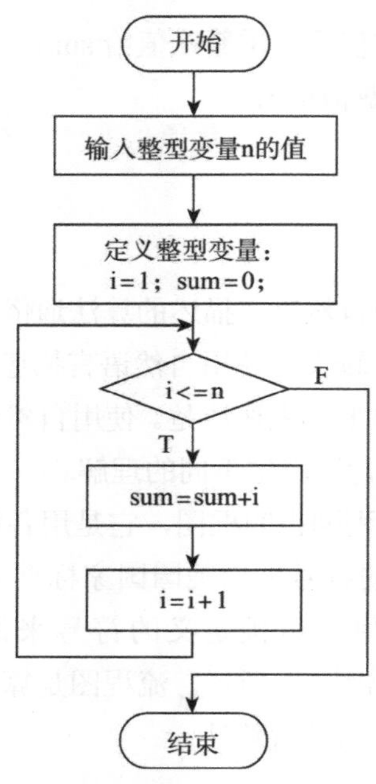

图 1-2　求和的算法流程图

算法开始：

第 1 步：输入 n 的值；

第 2 步：置 i 的初值为 1；

第 3 步：置 sum 的初值为 0；

第 4 步：当 i<=n 时，执行下面的操作

第 4.1 步：使 sum =sum + i；

第 4.2 步：使 i = i + 1；

(循环体到此结束)

第 5 步：输出 sum 的值；

算法结束。

伪代码是一种用来书写程序或描述算法时使用的非正式、透明的表述方法。它并非是一种编程语言，这种方法针对的是一台虚拟计算机。伪代码通常采用自然语言、数学公式和符号来描述算法的操作步骤，同时采用计算机高级语言(如 C、Pascal、VB、C++、Java 等)的控制结构来描述算法步骤的执行顺序。伪代码书写格式比较自由，容易表达出设计者的思想，写出的算法很容易修改，但用伪代码写的算法不如流程图直观。

1.2　程序设计语言

1.2.1　程序设计语言的发展历程

人与人之间交流的主要语言工具是各国的语言，如汉语、英语、俄语、法语等。那么，在信息化高速发展的今天，我们人类与计算机交流信息也需要语言，需要一种人和计算机都能识别的语言，这就是用于编写计算机程序的程序设计语言。程序设计语言，要解决的问题有两个，一个是方便软件开发人员“表达”，一个是让计算机“听懂”。围绕着这两个问题，程序设计语言大约经历了机器语言、汇编语言、高级语言三个发展阶段。

1. 第一代程序设计语言：机器语言

计算机发明之初，人们只能用计算机的语言去命令计算机做事情。作为机器的计算机，只懂电路通(用 1 表示)与不通(用 0 表示)两种状态，人们只能写出一串串由“0”和“1”组成的指令序列交由计算机执行，这种计算机能识别的语言就是机器语言。由“0”和“1”组成的二进制数，是程序设计语言的基础，如用“10000000” 表示加法指令，“10010000”表示减法指令。

机器语言是完全面向机器的语言，可由计算机直接识别和运行，拥有极高的执行效率，这是机器语言的最大优点。机器语言只有“0”“1”两种信息，难学、难写、难记，给软件开发人员阅读、编写和调试程序等操作带来极大不便，难以推广使用；并且面向机器的机器语言相当依赖机器，硬件设备不同的计算机，它的机器语言也有差别，编写的程序缺少通用性。编写机器语言要求软件开发人员相当熟悉计算机的硬件结构，所以初期只有极少数计算机专业人员会编写机器语言。

2. 第二代程序设计语言：汇编语言

考虑到机器语言难以理解记忆，后来人们用一些简洁、有意义的英文字母、符号串来替代一个特定指令的二进制串，比如，用“ADD”代替“10000000”表示加法，“ADD　A, B”表示 A、B 两个操作数相加。这样一来，人们很容易读懂并理解程序在干什么，纠错及维护都变得方便了，这种程序设计语言称为汇编语言，即第二代程序设计语言。

然而计算机并不认识这些符号，需要一个专门的程序，专门负责将这些符号翻译成二进制数的机器语言，这种翻译程序被称为汇编程序。由于要请“翻译”，所以汇编语言相对机器语言，执行效率有所降低。汇编语言的实质和机器语言是相同的，都是直接对硬件操作，只不过指令采用了英文缩写的标识符，更容易识别和记忆。汇编语言同样十分依赖于机器硬件，不同的计算机硬件设备需要不同的汇编语言指令，不利于在不同计算机系统之间移植。所以，现在的汇编语言一般在专业程序设计人员中使用，主要用于控制系统、病毒的分析与防治、设备驱动程序的编写。

3. 第三代程序设计语言：高级语言

机器语言和汇编语言都更“贴近”机器，更“依赖”机器，是面向机器的程序设计语言，统称为低级语言。为克服低级语言的缺点，将程序设计的重点放在解决问题的方法(即算法)上，于是产生了面向过程和面向对象的第三代程序设计语言，即高级语言。高级语言更接近人们习惯使用的自然语言和数学语言，如用“a+b”表示 a、b 两个变量相加，“sin(a)”表示对变量 a 进行正弦计算。

高级语言是绝大多数编程者的选择。与低级语言不同，用高级语言编写的程序可在不同的计算机系统中运行，这个特性大大减轻了软件开发人员的负担，使他们不用了解计算机底层的知识，而将精力放在应用系统逻辑上。所以，用高级语言编写的程序与硬件设备无关，适合开发解决各种实际应用问题的应用软件。

用高级语言编写的程序不能直接在操作系统上运行，执行时需要根据计算机系统的不同，将程序代码翻译成计算机可直接运行的机器语言。这个工作一般都由高级语言系统自动进行翻译处理。一般将用高级语言编写的程序代码称为“源程序”，将翻译后的机器语言代码称为“目标程序”。计算机将源程序翻译成目标程序，有两种翻译方式，一种是“解释”方式，一种是“编译”方式。对应于这两种翻译方式，高级语言又可分为解释性语言和编译性语言。

综上所述，程序设计语言越低级，就表明越靠近机器，执行效率越高；程序设计语言越高级，就表明越靠近人的表达与理解，机器依赖程度越低。程序设计语言的发展，是从低级到高级，直到可用人类的自然语言来描述。程序设计语言的发展也是从具体到抽象的发展过程，从面向过程发展到面向对象。在以后的教学中，C 语言作为面向过程的高级语言代表，C++、Java 作为面向对象的高级语言代表。

1.2.2 C 语言的发展历程

数十年来，全球涌现了 2500 多种高级语言，每种语言都有其特定的用途。随着程序设计语言的发展，优胜劣汰，现在应用比较广泛的仅 100 多种。C 语言是目前世界上最流行、使用最广泛的高级程序设计语言之一。与其同时代的很多高级语言已经消亡，C 语言凭借其兼顾高级语言与低级语言的特性，作为高级语言的鼻祖留存至今。

C 语言的原型是 ALGOL 60 语言，1963 年，剑桥大学将 ALGOL 60 语言发展成为 CPL (Combined Programming Language)语言。1967 年，剑桥大学的 Matin Richards 对 CPL 语言进行了简化，于是产生了 BCPL 语言。1970 年，美国贝尔实验室的 Ken Thompson 将 BCPL 进行了修改，并为它起了一个有趣的名字“B 语言”。意思是将 CPL 语言煮干(Boiled)，提炼出它的精华。并且他用 B 语言写了第一个UNIX 操作系统。1973 年，B 语言也给人“煮”了一下，美国贝尔实验室的 Dennis M. Ritchie 在 B 语言的基础上最终设计出了一种新的语言，他取了 BCPL 的第二个字母作为这种语言的名字，这就是 C 语言。

为使 UNIX 操作系统推广，1977 年 Dennis M. Ritchie 发表了不依赖于具体机器系统的 C 语言编译文本《可移植的 C 语言编译程序》。1978 年 Brian W. Kernighan 和 Dennis M. Ritchie 出版了名著 *The C Programming Language*，从而使 C 语言成为目前世界上最广泛流行的高级程序设计语言。1988 年，随着微型计算机的日益普及，出现了许多 C 语言版本。由于没有统一的标准，这些 C 语言之间出现了一些不一致的地方。为改变这种情况，美国国家标准研究所(ANSI)为 C 语言制定了一套 ANSI 标准，成为现行的 C语言标准。

现行的 C 语言国际标准有 2 个，分别是 ANSI/ISO 9988-1990 和 ISO/IEC 9989-1999，分别在 1989 年和 1999 年通过，也就是我们常说的 C89 和 C90。目前不同软件公司提供的各种 C 语言编译系统多数并未完全实现 C99 建议的功能，本书的叙述以 C99 标准为依据，书中的程序基本上都可在目前所用的编译系统(如 Visual C++ 6.0，Turbo C++ 3.0，GCC)上编译和运行。

1.2.3　C 语言的特点

C 语言是一种比较特殊的高级语言，它的主要特色是兼顾了高级语言和汇编语言的特点，简洁、丰富、可移植，程序执行效率高。C 语言是一种用途广泛、功能强大、使用灵活的过程性编程语言，既可用于编写应用软件，又能用于编写系统软件。因此 C 语言问世以后得到迅速推广，并应用至今。C 语言主要特点如下：

(1) **语言简洁、紧凑、使用方便、灵活。**C 语言只有 32 个关键字、9 种控制语句，程序书写形式自由，源程序代码短。

(2) **运算符丰富。**C 语言有 34 种运算符和 15 个等级的运算优先级顺序，使表达式类型多样化，可实现在其他语言中难以实现的运算。

(3) **数据类型丰富。**C 语言包括整型、浮点型、字符型、数组类型、指针类型、结构体类型、共用体类型；C99 又扩充了复数浮点类型、超长整型、布尔类型等；尤其是指针类型数据，使用十分灵活，能用来实现各种复杂的数据结构的运算。

(4) **具有结构化的控制语句。**C 语言是结构化语言，有顺序、选择(分支)、循环三大结构，含 9 种控制语句。C 语言是完全模块化语言，用函数作为程序的模块单位，便于实现程序的模块化。

(5) **语法限制不太严格，程序设计自由度大。**C 语言允许程序编写者有较大的自由度，因此放宽了语法检查，如对数组下标越界不做检查；对变量的类型使用比较灵活，如整型与字符型数据可以通用。

(6) **C 语言允许直接访问物理地址，从而可以直接对硬件进行操作。**C 语言可以像汇编语言一样对位、字节和地址这 3 个最基本的工作单元进行操作，能实现汇编语言的大部分功能，可用来编写系统软件。

(7) **用 C 语言编写的程序可移植性好。**C 的编译系统简洁，很容易移植到新系统；在新系统上运行时，可直接编译“标准链接库”中的大部分功能，不需要修改源代码；几乎所有计算机系统都可以使用 C 语言。

(8) **生成目标代码质量高，程序执行效率高。**用不同的程序设计语言编写相同功能的程序，C 语言生成的目标代码比其他语言生成的目标代码质量高，执行效率高。一般只比汇编程序生成的目标代码效率低 10%～20%。

1.3　C 语言的程序结构

1.3.1　C 语言程序的基本词汇符号

任何一门高级语言，都有自己的基本词汇符号和语法规则，就像汉语有汉字和语法一样。程序代码都是由这些基本词汇符号，根据该高级语言的语法规则编写的。以 C 语言为例，C 语言有自己的字符集、关键字、标识符等各种基本词汇符号，各种语法规则将在后续章节中学习。

1. 字符集

字符是组成语言的最基本元素。C 语言字符集由字母、数字、空格、标点和特殊字符组成。在字符常量、字符串常量和注释中，还可以使用汉字或其他可表示的图形符号。

(1) **字母**，含小写字母 a～z 共 26 个，大写字母 A～Z 共 26 个。

(2) **数字**，含 0～9 共 10 个。

(3) **空白符**，空格符、制表符、换行符等统称为空白符。

(4) **标点和特殊字符**。

2. 关键字

C 语言的关键字共有 32 个，根据关键字的作用，可分为数据类型关键字、控制语句关键字、存储类型关键字和其他关键字四类。

(1) **数据类型关键字(12 个)**：char、double、enum、float、int、long、short、signed、struct、union、unsigned、void。

(2) **控制语句关键字(12 个)**：循环语句有 for、do、while、break、continue 等 5 个关键字；条件语句有 if、else、goto 等 3 个关键字；开关语句有 switch、case、default 等 3 个关键字；返回语句有 return 这样一个关键字。

(3) **存储类型关键字(4 个)**：auto、extern、register、static。

(4) **其他关键字(4 个)**：const、sizeof、typedef、volatile。

3. 标识符

在程序中使用的变量名、函数名、标号等统称为标识符。除库函数的函数名由系统定义外，其余都由用户自己定义。C 规定，标识符只能是字母(A～Z，a～z)、数字(0～9)、下画线组成的字符串，并且其第一个字符必须是字母或下画线。

1.3.2　C 语言程序的结构

1. C 语言程序的基本结构

(1) C 语言是结构化、模块化程序设计语言，一个C程序由一个或多个程序模块组成，每个程序模块作为一个源程序文件。一个程序由一个或多个源程序文件组成，教材所涉及的程序往往只包括一个源程序文件。一个源程序文件中可包括预处理指令(#include <stdio.h>等)和一个或多个函数，C 语言程序的构成如图 1-3 所示。

(2) C 语言程序由函数组成，函数是程序的基本组成单位。多个函数之间通过“调用”相互联系在一起。函数是程序设计的重要手段，分为系统提供的主函数(main)、库函数和用户定义函数。本章的简单程序只涉及主函数和库函数，用户定义函数将在第 7 章中详细介绍。

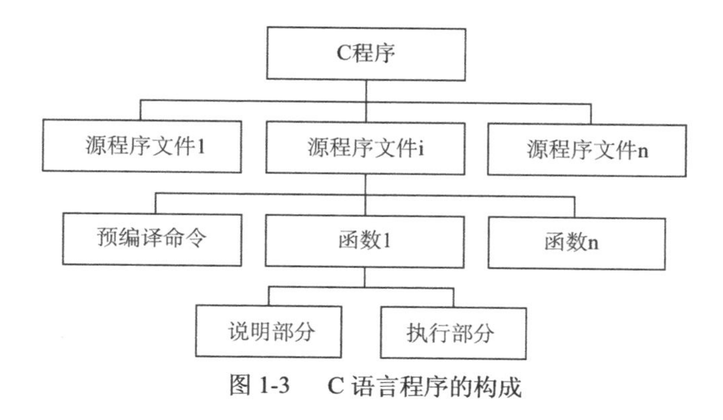

图 1-3　C 语言程序的构成

任何函数(包括主函数 main)都由函数说明和函数体两部分组成。其一般结构如下：

```
函数说明部分：  函数类型   函数名 (函数形参)
函数体部分：    {
                    数据类型说明语句
                    执行语句
                   (返回语句)
                }
```

① 函数的说明部分：包括函数名、函数类型、函数形参，其中函数形参包括函数形参名和形参类型。一个函数名后面必须跟一对圆括号( )，函数参数可以忽略，如 main( )。

② 函数体即函数说明部分下面的大括号{ }内的部分，如果一个函数内有多对大括号，则最外面的一对{ }为函数体的范围。函数体一般由说明语句和执行语句两部分构成，且说明语句必须在所有执行语句之前。说明语句部分由变量定义、自定义类型定义、自定义函数说明、外部变量说明等组成；可执行语句部分一般由若干条可执行语句构成。

③ 每个 C 程序都必须有且只能有一个名为 main 的主函数，C 语言程序总是从 main 函数开始执行，与 main 函数在程序中的位置无关。

(3) 程序中对计算机的操作由函数中的 C 语句完成，每个数据声明和语句的最后必须有一个分号，如语句 int a,b,c; a=1; b=2; c=a-b;等。

(4) C 语言本身不提供输入输出语句，输入输出操作通过调用 C 语言标准库 stdio.h 中提供的 scanf( )和 printf( )等输入输出函数来完成。

(5) 程序应当有注释，通过注释不仅可让自己尽快找到程序中需要修改、完善的地方，也方便其他人继续开发、阅读或使用自己所写的程序。为程序添加注释不仅是程序员的良好编程习惯，更是一种职业素养。为一行添加注释，可用“//注释”；为多行添加注释，可用“/* 注释 */ ”；注释的内容可使用任何一种文字。

2. C 语言程序的框架

框架所涉及的最简单 C 程序必须有且只能有一个名为 main 的主函数，C 程序的执行总是从 main 函数开始，在 main 中结束。主函数 main 是装有各种 C 语句的“房子”，C 语言程序的框架如图 1-4 所示，简单地打印“OK!”的程序如图 1-5 所示。

```
#include <stdio.h>
 int main()
 {
  各种 C 语句
  ……;
  return 0;
 }
```

图 1-4　C 语言程序的框架

```
#include <stdio.h>
  int main()
 {
   printf("OK!");
   return 0;
 }
```

图 1-5　打印“OK!”的程序

程序说明：

(1) 程序中的“#include <stdio.h>”是预处理命令，其作用是在调用库函数时将相关文件 stdio.h 添加到程序中。有了此行，就可以成功地调用 C 语言标准库 stdio.h 中提供的输入、输出函数，如“printf("OK!");”中的格式输出函数 printf。

(2) 程序中 main 是主函数名，每个 C 程序都必须包含而且只能包含一个主函数。用一对大括号{……}括起来的部分是函数体，在图 1-5 的程序中，函数体只有一条语句“printf("OK!"); ”。此语句是输出语句，其作用是按原样输出双引号内的字符串"OK!"，故该程序运行结果为：OK!

(3) 函数体中可以有多条语句，所有语句都必须以分号“；”结束，函数的最后一个语句也不例外，如图 1-4 的程序框架所示。

(4) C99 建议把 main 函数返回指定为 int 型，并通过 return 语句返回 0。为使程序规范和可移植，希望读者编写的程序一律将 main 函数返回指定为 int 型，并在 main 函数最后加一个“return 0;”语句。

1.3.3　简单 C 程序举例

为帮助读者进一步理解 C 语言程序结构的特点，以下两个程序例题由简到难，说明 C 语言程序的基本框架和书写格式要求。

【例题 1-1】编写程序，输出一行信息。

```
#include <stdio.h>
int  main ( )
{   /*输出字符串 This is my first C program!后换行*/
printf ("This is my first C program! \n");
return 0;
}
```

程序运行结果如图 1-6 所示：

```
This is my first C program!
```

图 1-6　例题 1-1 的运行结果

程序说明：

(1) main 表示“主函数”，函数体用大括号{　}括起来。

(2) 本例题中除去框架结构，主函数仅包含一个语句，该语句由 printf ( )输出函数构成，括号内双引号中的字符串按原样输出。

(3) 输出函数 printf( )，括号内双引号中的'\n'是换行符，即在输出"This is my first C program! "后回车换行；语句后面有一个分号，表示该语句结束，这个分号必不可少。

(4) 可以用/* … */给 C 程序中的任何部分添加注释，以便增加程序的可读性。例如，/*输出字符串 This is my first C program!后换行*/是 C 语句 printf ("This is my first C program! \n");的注释。

【例题 1-2】 编写程序，输出两个变量中的小者。

```
#include<stdio.h>
int main()
{
 int x,y,z;
  x=15; y=16;
  if (x < y)  z = x;
  else  z = y;
  printf("较小值=%d", z);
  return  0;
}
```

程序运行结果如图 1-7 所示。

较小值=15

图 1-7　例题 1-2 的运行结果

程序说明：

(1) main 表示“主函数”，函数体用大括号{　}括起来。本例题中除去框架结构，主函数包含多条语句。

(2) 语句 int x,y,z; 定义 3 个整型(int)变量，分别用标识符命名规则命名变量 x、变量 y 和变量 z；语句 x=15; y=16; 将 15 赋值给变量 x, 将 16 赋值给变量 y。

(3) 语句 if (x < y)　z = x;　else　z = y;，即表示如果变量 x 的值小于变量 y 的值(x < y)成立，就将变量 x 的值赋值给变量 z；否则，将变量 y 的值赋值给变量 z。故变量 z 为变量 x 和变量 y 中的较小值。如果把程序改为求较大值，需要将 if (x < y)改为 if (x > y)。

(4) 语句 printf("最小值=%d ",z); 即表示输出函数 printf 圆括号内双引号中的字符串“较小值=”按原样输出，变量 z 以十进制形式(%d)输出，故屏幕显示运行结果“较小值=15”。

1.4　C 语言程序的开发环境

1.4.1　C 语言程序的开发过程

C 语言程序的开发是一个循环往复的过程，我们往往需要不断地分析问题、编制程序代码、对代码进行编译；若编译中发现错误，转回修改源程序后再进行编译和链接；不断地调试运行，直到最终程序执行得到正确结果为止。整个过程如图 1-8 所示。

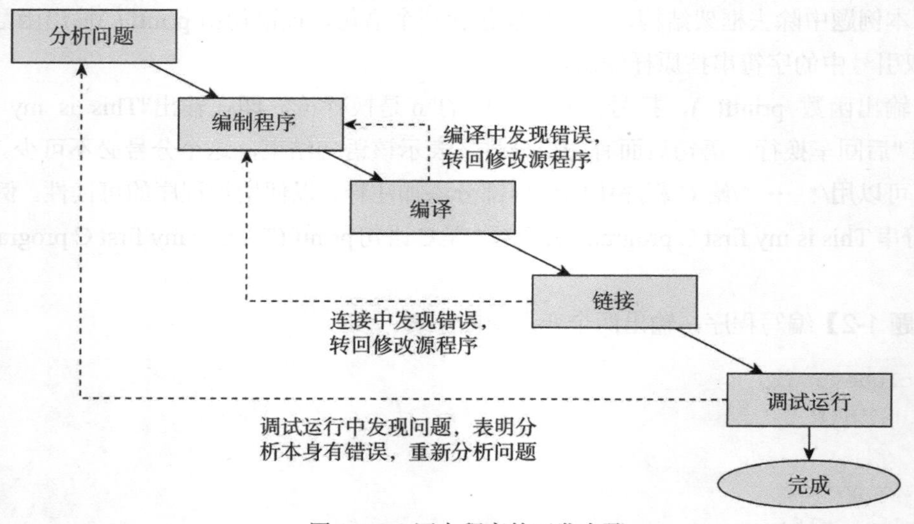

图 1-8　C 语言程序的开发步骤

我们在 1.3.3 节所编制的程序(如例题 1-1 和例题 1-2)是计算机不能直接识别的源程序代码，在编写好这些源程序后，应执行如图 1-9 所示的步骤完成编译和链接，生成可执行程序，运行后得到结果。

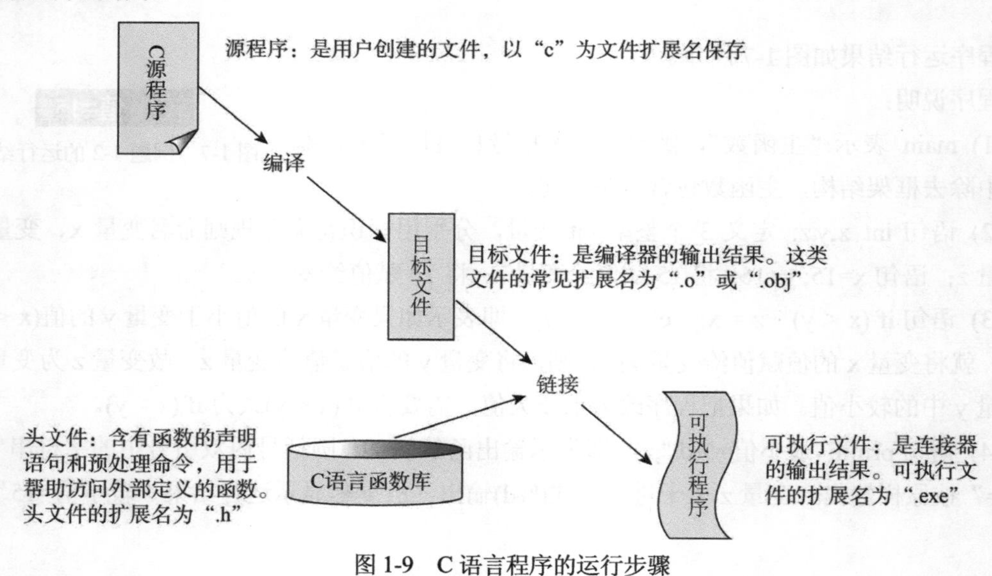

图 1-9　C 语言程序的运行步骤

C 语言程序的运行分以下 4 步进行：

第一步：上机输入和编辑源程序(.c 文件)

源程序是用户创建的文件，内容为程序设计代码，不可由计算机直接执行。C 语言源程序以“.c”为文件扩展名保存，如例题 1-1、例题 1-2 是用 C 语言编写的 C 源程序代码。

第二步：对源程序进行编译(.obj 文件)

对源程序进行编译，先用 C 编译系统提供的“预处理器”，对程序中的预处理指令进行处理，如对于#include<stdio.h>指令来说，就是将 stdio.h 头文件的内容读进来；然后是词法语法分析，将源代码翻译成中间代码(一般是汇编代码)，接着优化代码；最后将中间代码翻译成目标文件。目标文件是编译器的输出结果，这类文件的常见扩展名为“.o”或者“.obj”，内容为机器语言，不可以由计算机直接执行。

第三步：进行链接处理(.exe 文件)

经过编译所得到的目标文件还不可以由计算机直接执行。前面说过，一个程序由一个或多个源程序文件组成，而编译是以源程序文件为单位，一次只能得到与一个源程序文件相应的目标文件，它只是整个程序的一部分。必须把编译后得到的所有目标文件链接装配起来，再与函数库链接成一个整体，生成一个可供计算机直接执行的程序，称为可执行程序。

第四步：运行可执行程序，得到运行结果。

1.4.2　Visual C++集成开发环境介绍

如何才能开始一门编程语言的学习呢？首先就是要熟悉该语言的编程环境的一般使用方法，然后编写出第一个程序并运行成功。如例题 1-1、例题 1-2 是用 C 语言编写的 C 源程序代码。只认识 0 和 1 的计算机不能直接读懂 C 语言源程序，必须通过“翻译”将高级语言翻译成机器语言，这个翻译就是编译器。C 语言是一门历史很长的编程语言，其编译器和开发工具也多种多样，有 Turbo C 2.0、win-TC、dev-C++、Visual C++、Visual Studio.NET 等。

本书所采用的编译器是深受编程爱好者喜爱的主流编译器 Visual C++ 6.0。Visual C++ 6.0(简称 Visual C++、MSVC、VC++或 VC)是 Microsoft 公司推出的开发 Win64 环境程序的、面向对象的可视化集成编程系统。它不但具有程序框架自动生成、灵活方便的类管理、代码编写和界面设计集成交互操作、可开发多种程序等优点，而且通过简单的设置就可使其生成的程序框架支持数据库接口、OLE2、WinSock 网络、3D 控制界面。它以拥有“语法高亮”、自动完成功能(IntelliSense)以及高级除错功能而著称，包括标准版、专业版和企业版。

Visual C++ 6.0 不仅是一个 C++编译器，还是一个基于 Windows 操作系统的可视化集成开发环境。VC++ 6.0 包括编辑器、调试器、程序向导(AppWizard)、类向导(Class Wizard)等许多组件，这些组件通过 Developer Studio 集成为和谐的开发环境。本章将对 VC++集成开发环境及集成开发环境的使用进行简单介绍。

VC++ 6.0 集成开发环境的主窗口由标题栏、菜单栏、工具栏、工作区、客户区、输出区及状态栏等组成，如图 1-10 所示。

- **标题栏**：用于显示应用程序名及当前打开的文件名。
- **菜单栏**：集成开发环境的操作菜单。
- **工具栏**：与菜单相似的一些操作按钮，如新建、保存等。
- **工作区**：用于显示当前打开工程的有关信息，包括工程的类、资源及文件组成等内容。
- **客户区**：用于文本编辑器、资源编辑器等文件和资源的编辑。
- **输出区**：用于输出编译信息、调试信息和一些查询结果信息。
- **状态栏**：用于显示菜单栏、工具栏等的简单说明，以及文本编辑器中当前光标所在行列号等信息。

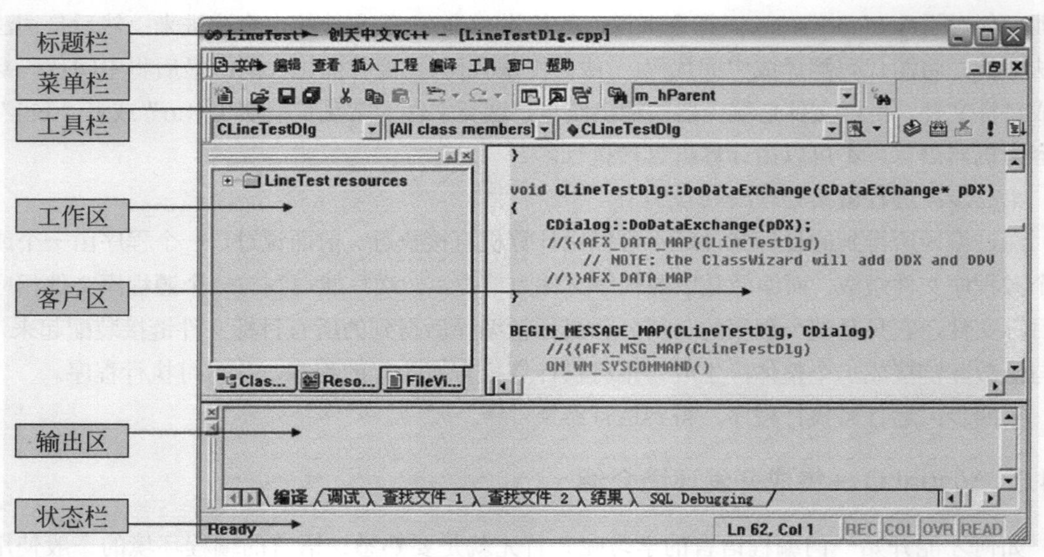

图 1-10　VC++ 6.0 集成开发环境

1.4.3　运行 Visual C++程序的步骤与方法

本节介绍如何使用 Visual C++开发第一个程序——屏幕输出字符串“Hello World!”。VC++ 6.0 可开发多种工程，每种工程对应着一种应用，可包含若干种文件。本例将讲解如何创建 VC++ 6.0 的第一个工程。

1. VC++ 6.0 可创建的工程简介

(1) 创建工程时会有 16 种选择，如图 1-11 所示。每种工程对应着一种应用，如表 1-2 所示。

(2) 创建的文件有 13 个种类，如图 1-12 所示。每一种都对应着不同类型的文件，如表 1-3 所示。

图 1-11　新建工程

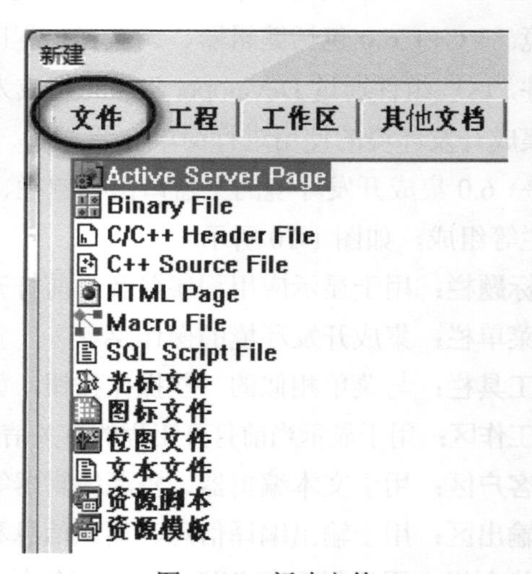

图 1-12　新建文件

表 1-2 VC++ 6.0 可创建的工程及其说明

	工 程 类 型	说 明
1	ATL COM AppWizard	ATL 应用程序
2	Cluster Resource Type Wizard	群集资源类型向导，用来创建通用的资源项目
3	Custom AppWizard	创建自定义的向导工程
4	Database Project	数据库项目
5	DevStudio Add-in Wizard	自动化宏工程
6	Extended Stored Proc Wizard	扩展存储过程向导
7	ISAPI Extension Wizard	Internet 服务器或过滤器工程
8	Makefile	Makefile 工程
9	MFC ActiveX ControlWizard	ActiveX 控件工程
10	MFC AppWizard(dll)	MFC 动态链接库工程
11	MFC AppWizard(exe)	MFC 可执行程序的工程
12	Utility Project	创建效用项目
13	Win32 Application	Win32 应用程序
14	Win32 Console Application	Win32 控制台程序
15	Win32 Dynamic-Link Library	Win32 动态链接库
16	Win32 Static Library	Win32 静态链接库

表 1-3 VC++ 6.0 创建的文件类型

	文 件 类 型	说 明		文 件 类 型	说 明
1	Active Server Page	网页制作文件	8	图标文件(ICON File)	图标文件
2	Binary File	二进制文件	9	Macro File	宏文件
3	位图文件(Bitmap File)	位图文件	10	资源脚本(Resource Script)	资源脚本文件
4	C++ Source File	C++源文件	11	资源模本(Resource Template)	资源模板文件
5	C/C++ Header File	C/C++头文件	12	SQL Script File	SQL 脚本文件
6	光标文件(Cursor File)	光标文件	13	文本文件(Text File)	文本文件
7	HTML Page	HTML 文件			

2. 创建基于 Win32 Console Application 的工程

【例题 1-3】 用 Visual C++集成开发环境完成例题 1-1，输出一行信息。

操作步骤：

(1) 选择“文件”|“新建”命令，打开“新建对话框”。选择“工程”选项卡，选中 Win32 Console Application。在右侧“工程名称”框中输入工程名，可以任意指定。为与其他工程区分，本实例指定了和工程类型相同的名称 Win32 Console Application，如图 1-13 所示。

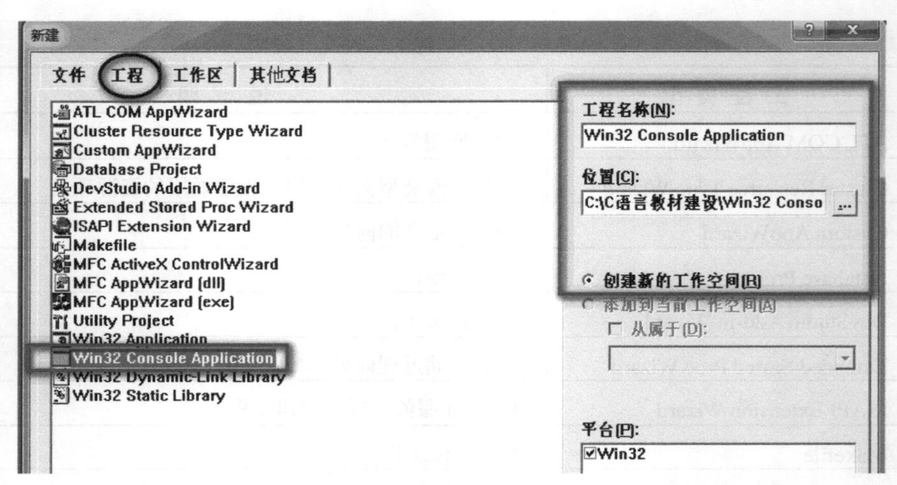

图 1-13　在“新建”对话框中创建 Win32 Console Application 工程

(2) 单击“确定”按钮后，将弹出一个向导对话框，选择“一个空工程”，如图 1-14 所示。

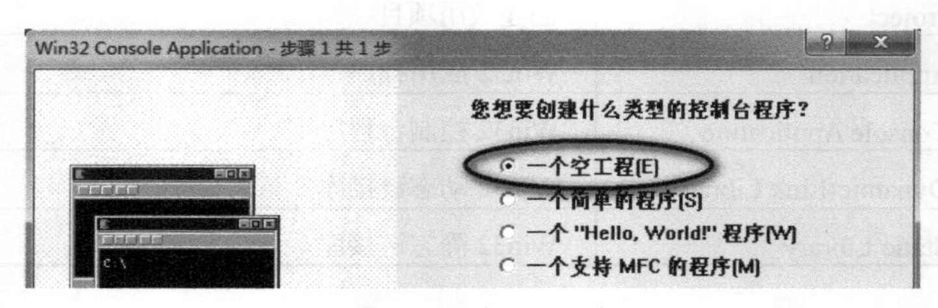

图 1-14　向导对话框

(3) 单击“完成”按钮后，弹出一个确认对话框，单击“确定”按钮。然后单击工具栏上的“新建”按钮，在客户区输入代码(见图 1-15)。

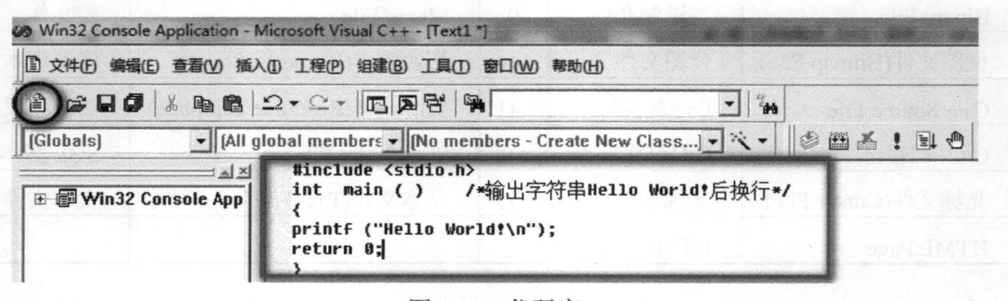

图 1-15　代码窗口

(4) 选择“文件”|“另存为”命令，打开“保存为”对话框。将当前文件保存到工程路径下，并保存为 1-1.cpp 文件，名称可以自定，如图 1-16 所示。

(5) 选择刚保存的 cpp 文件，可以单击“编译”、“链接”、“运行”命令按钮，如图 1-17 所示，单击“运行”后的执行结果如图 1-18 所示。

(6) 也可创建 cpp 文件，添加到工程中。创建 cpp 文件并添加到工程 Win32 Console Application，如图 1-19 所示。

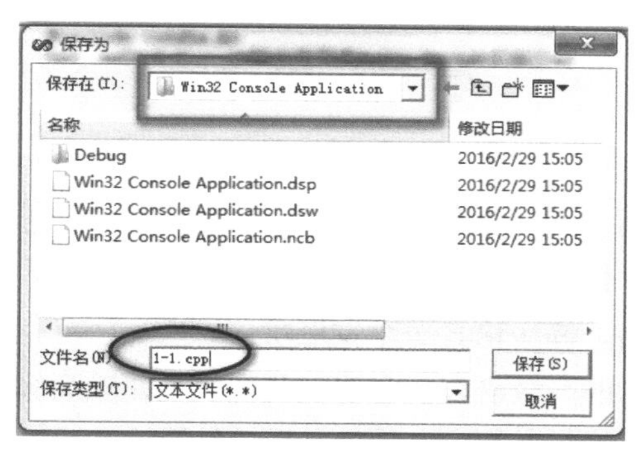

图 1-16　在“保存为”对话框中保存 cpp 文件

图 1-17　编译、链接、运行命令按钮

"C:\C语言教材建设\Win32 Console Application\Debug\Win32 Console Application.exe"

```
Hello World!
Press any key to continue
```

图 1-18　执行结果

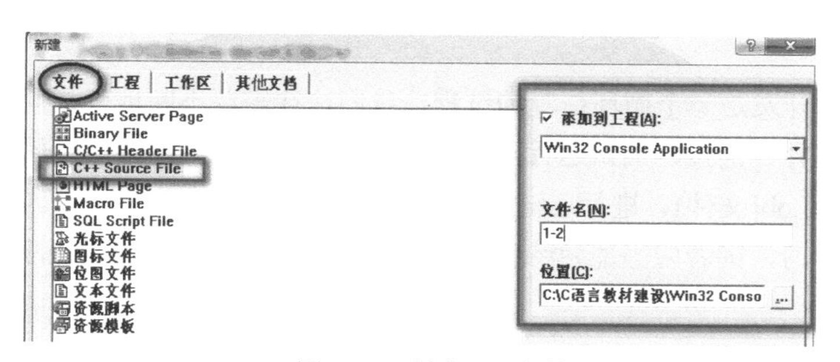

图 1-19　创建 cpp 文件

(7) 还可选择“工程”|“增加到工程”|“文件”命令，向工程中添加已创建好的文件，如图 1-20 所示。

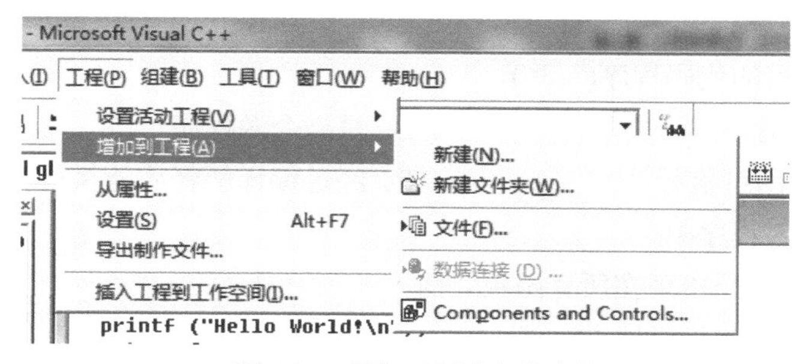

图 1-20　添加已创建好的文件

本章小结

程序设计是软件构造活动中的重要组成部分，其灵魂是算法，其过程通常包括分析问题、设计算法、编写程序、运行程序和分析结果、编写程序文档等不同阶段。程序设计语言大约经历了机器语言、汇编语言、高级语言三个发展阶段。

C 语言是一种比较特殊的高级语言，它的主要特色是兼顾高级语言和汇编语言的特点，简洁、丰富、可移植，程序执行效率高。C 语言是一种用途广泛、功能强大、使用灵活的过程性编程语言，既可用于编写应用软件，又能用于编写系统软件。C 语言是结构化、模块化程序设计语言，是函数式语言，C 程序必须有且只能有一个名为 main 的主函数，C 程序的执行总是从 main 函数开始，在 main 中结束。

C 语言程序的结构框架如下：

```
#include <stdio.h>
int main()
{
各种 C 语句
  ……;
return 0;
}
```

C 语言程序的开发是一个循环往复的过程，我们往往需要不断地分析问题，编制程序代码，对代码进行编译、链接，调试运行。C 语言程序的运行共分四步：编辑源程序(.c 文件)、对源程序进行编译(.obj 文件)、进行连链处理(.exe 文件)、运行可执行程序。

通过本章的学习，读者应当能熟练地运用 VC++环境编写简单的 C 程序。

习　题　1

一、选择题

1. 用 C 语言编写的代码程序(　　)。

   A. 可立即执行　　B. 是一个源程序

   C. 经过编译即可执行　　D. 经过编译解释才能执行

2. 在一个 C 语言程序中(　　)。

   A. main 函数必须出现在所有函数之前

   B. main 函数可在任何地方出现

   C. main 函数必须出现在所有函数之后

   D. main 函数必须出现在固定位置

3. 结构化程序设计所规定的三种基本控制结构是(　　)。
   A. 输入、处理、输出　　B. 树状、网状、环状
   C. 顺序、选择、循环　　D. 主程序、子程序、函数
4. 对于一个正常运行的 C 程序，以下叙述正确的是 (　　)。
   A. 程序的执行总是从 main 函数开始，在 main 函数结束
   B. 程序的执行总是从程序的第一个函数开始，在 main 函数结束
   C. 程序的执行总是从 main 函数开始，在程序的最后一个函数中结束
   D. 程序的执行总是从程序的第一个函数开始，在程序的最后一个函数中结束
5. 下列选项中，合法的 C 语言关键字是(　　)。
   A. VAR　　B. cher　　C. integer　　D. default
6. 以下选项中合法的用户标识符是(　　)。
   A. long　　B. _2Test　　C. 3Dmax　　D. A.dat
7. C 语言源程序名的后缀是(　　)。
   A. obj　　B. cp　　C. exe　　D. C
8. C 语言程序的基本单位是(　　)。
   A. 程序行　　B. 语句　　C. 函数　　D. 字符
9. 用 Visual C++开发 C 程序的工程类型是(　　)。
   A. Win32 console Application　　B. Win32 Application
   C. MFC AppWizard[exe]　　D. C++ Source File
10. 编写 C 语言源程序并上机运行的一般过程为(　　)。
   A. 编辑、编译、链接和执行　　B. 编译、编辑、链接和执行
   C. 链接、编译、编辑和执行　　D. 链接、编辑、编译和执行

二、简答题

1. 什么是程序？什么是程序设计？
2. 简述程序设计语言的发展历程及优缺点。
3. 简述 C 语言的特点。
4. 简述程序设计的任务及目的。
5. C 语言程序由哪些部分组成？
6. 简述运行 C 语言程序的步骤。
7. 什么是算法？简述算法在程序设计中的作用。
8. 用流程图描述求 n!的算法。

三、编程题

1. 参照课本例题，编写一个 C 程序，输出以下信息：

```
***************************
     very   good!
***************************
```

2. 编写一个 C 程序，分两行输出自己的姓名及联系电话。
3. 编写一个 C 程序，输入 a、b、c 三个变量的值，输出三个变量的和及平均值。
4. 阅读下面程序，分析运行结果，并给出注释。

```
#include<stdio.h>
int main( )
{ printf("how do you do !\n");
  return 0;
}
```

5. 运用 Visual C++ 6.0 运行程序：

```
#include <stdio.h>
int main()
{
   printf ("**********************************\n");
   printf ("*我要成为一名优秀的 C 程序员!加油! *\n");
   printf ("**********************************\n");
   return  0;
}
```

给出运行结果，说明运行的步骤和方法。
6. 编写一个 C 程序，输入 a、b、c 三个变量的值，输出其中的最大值。

第2章　C语言程序设计基础

本章教学内容：

- 常量与变量
- 整型数据、实型数据、字符型数据
- 算术运算符及表达式、自增自减运算符及表达式、赋值运算符及表达式
- 自动转换与强制转换
- 位运算及混合运算

本章教学目标：

- 理解基本类型及其常量的表示法
- 熟练掌握各种基本类型变量的说明规则和变量的赋初值
- 掌握各种运算符的使用方法和运算顺序
- 能够将各种数学表达式转换成C语言表达式
- 理解C语言的自动类型转换、强制类型转换和赋值的概念
- 掌握位运算的概念及相关运算

2.1　数据的表现形式

2.1.1　数据的表现形式概述

在计算机高级语言中，数据有两种表现形式：常量和变量。在程序执行过程中，其值不发生改变的量称为常量，其值可变的量称为变量。它们可与2.2节讲解的数据类型结合起来分类，变量可分为整型变量、实型变量、字符型变量等；与变量类似，常量实际上也可分为整型常量、实型常量、字符常量、字符串常量等。如图2-1所示为各种数据类型的常量与变量的细化分类及特征，在以后将详细讲解。

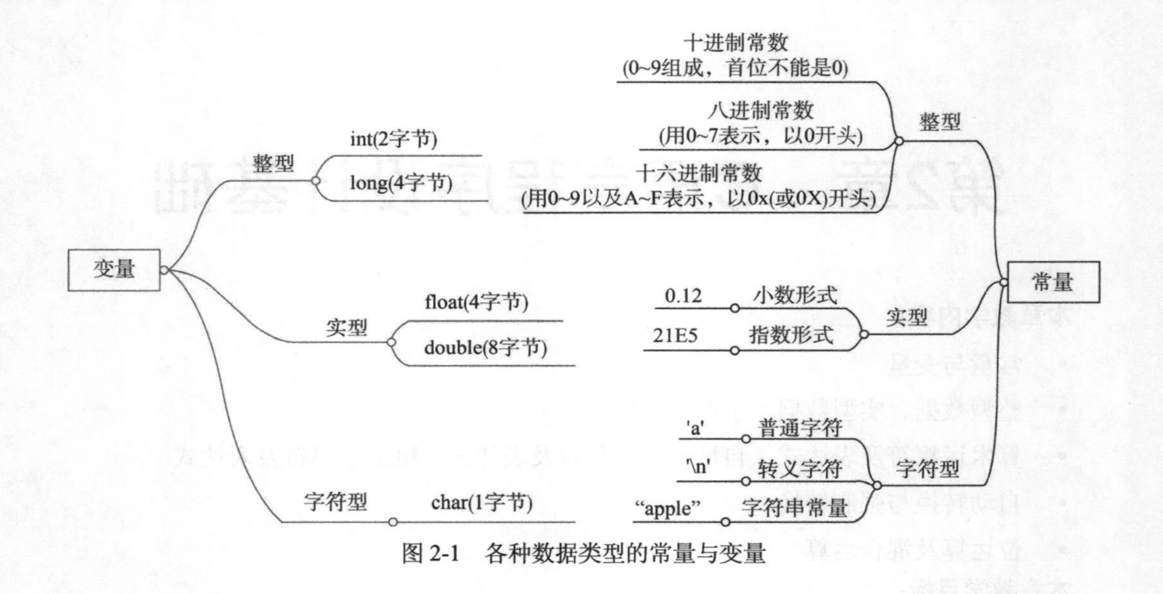

图 2-1　各种数据类型的常量与变量

2.1.2　常量

常量是在程序中保持不变的量。例如整型常量 5、0133、0x12 等；实型常量 4.6、0.223e2、−8.6 等；字符常量'W'、'+'、'$'、'\n'等；字符串常量"hello! "等。

常量用于定义具有以下特点的数据：

(1) 在程序中保持不变；

(2) 在程序内部频繁使用；

(3) 需要用比较简单的方式替代某些值。

1. 整型常量

在 C 语言源程序中(或程序运行的输入输出时)，程序员常用十进制形式书写整型常量，还可以使用八进制和十六进制形式来书写。整型常量分为十进制整型常量、八进制整型常量和十六进制整型常量三种表示形式。

(1) **十进制整型常量**：由 0～9 之间的数字组成，且可带正、负号，如 8、680、-8 等。

(2) **八进制整型常量**：以数字 0 开头，由 0～7 之间的数字组成，且可带正、负号。如：0111(十进制 73)、-011(十进制-9)、0123(十进制 83)等。

(3) **十六进制整型常量**：以 0x 或 0X 开头，由 0～9、A～F(或 a~f)之间的数字或英文字母组成，且可带正、负号。如：0x11(十进制 17)、-0Xa5(十进制-165)、0x5a(十进制 90)等。

同一个十进制整数 123(默认为 int 型)，可以用八进制整数 0173 来表示，还可以用十六进制整数 0x7B 来表示，它们仅仅是在程序中的表现形式不同而已。实际上，在计算机内部，它们是完全相同的二进制整数 0000000001111011(假设 int 型占两个字节)。

2. 实型常量

实型常量又称为实数或浮点数，在 C 语言源程序中，有十进制小数形式和十进制指数形式两种书写形式。

(1) 十进制小数形式：由数字和小数点组成，必须要有小数点，可包含正、负号。如 3.56、−0.57、79.3 等。

注意： 十进制小数形式必须要有小数点，如.36、2.、0.0 等都是合法的实型常量。可以省略整数位或小数位，省略的部分均作为 0 处理。

(2) 十进制指数形式：类似于数学中的指数形式，在数学中，可用幂的形式来表示，如 3.23 可表示为 0.323×10^1、3.23×10^0、32.3×10^-1 等形式。在 C 语言中，则以“e”或“E”后跟一个整数来表示以“10”为底数的幂数，如 3.23 可表示为 0.323E1、3.23e0、32.3e-1 等形式。

注意： C 语言语法规定，字母 e 或 E 之前必须要有数字，且 e 或 E 后面的指数必须为整数。如 e3、1e3.3、.e、e 等都是非法的指数形式。另外，在字母 e 或 E 的前后以及数字之间不得插入空格。小数形式 323.45 和指数形式 3.2345e2，在内存中其实是具有完全相同存储形式的浮点数(默认为 double 型)，仅是在程序中的表现形式不同而已。

3. 字符常量

一个字符常量代表 ASCII 字符集中的一个字符，在程序中用单撇号把一个 ASCII 字符集中的字符括起来作为字符常量。字符常量在 C 语言源程序中有普通字符和转义字符两种形式。

(1) **普通字符：** 用单撇号(' ')括起来的一个字符，如'A'、'a'、'?'，'+'。单撇号只是界限符，字符常量只能是单个字符。字符可以是 ASCII 字符集中的任意字符，不包括单撇号。字符常量在计算机的存储单元中，并不是以字符本身的形式存储，而是以其代码(一般采用 ASCII 代码)存储，如字符'a'的 ASCII 码是 97，实际在存储单元中存放的是 97 的二进制形式。

(2) **转义字符：** 转义字符是 C 语言中一种特殊形式的字符常量，一组以反斜杠(\)开头的字符序列，将反斜杠后面的字符转换成另外的意义。如语句 printf ("This is my first C program! \n")，括号内双引号中的“\n”是一个用于换行的转义字符，即在输出" This is my first C program! "后换行。常用的以“\”开头的转义字符形式及含义如表 2-1 所示。

表 2-1　常用的转义字符形式及含义

字符形式	含义	ASCII 代码
\n	换行，将当前位置移到下一行开头	10
\t	水平制表(跳到下一个 Tab 位置)	9
\b	退格，将当前位置移到前一列	8
\r	回车，将当前位置移到本行开头	13
\f	换页，将当前位置移到下页开头	12
\\	代表一个反斜杠字符“\”	92
\'	代表一个单引号(单撇号)字符	39
\"	代表一个双引号字符	34
\ddd	1 到 3 位八进制数所代表的字符	
\xhh	1 到 2 位十六进制数所代表的字符	

【例题 2-1】用一行 printf 语句输出多行信息示例。

```
#include <stdio.h>
int main ( )
{
printf("a\b*******\n\'happy\'\n******\n");
return 0;
}
```

程序运行结果如图 2-2 所示。

程序说明：

(1) 语句 printf("a\b*******\n\'happy\'\n******\n"); 括号内双引号中的字符串，除转义字符\b、\n、\'外，其他字符原样输出。

图 2-2　例题 2-1 的运行结果

(2) “\b”用于退格，将当前位置移到前一列，即向前退格，去掉字符 a；“\n”用于换行，将当前位置移到下一行开头，即“\n”后面的字符从下一行开始输出；“\'”代表一个单引号(撇号)字符，即输出字符“'”，“\'happy\'”输出“'happy'”。

4. 字符串常量

C 语言不仅允许使用字符常量，还允许使用字符串常量。字符串是由零个或多个字符组成的有限序列，在 C 语言源程序中，字符串常量是用双引号(" ")括起来的 0 个或者多个字符组成的序列。如""、"how are you"、"m"、"$543.21"等为字符串常量。

字符串中的字符依次存储在内存中的一块连续区域内，并把空字符'\0'自动附加到字符串的尾部作为字符串的结束标志，故字符个数为 n 的字符串在内存中应占 n+1 个字节。

例如"a"与'a'是有区别的，'a'是字符常量，在内存中存'a'字符的 ASCII 代码占 1 个字节；而"a"是字符串常量，在内存中存'a'和'\0'共两个字符的 ASCII 代码，占两个字节。

5. 符号常量

符号常量是很容易使人们混淆为变量的一种特殊常量。在 C 语言中，可以用一个标识符来表示一个常量，称为符号常量。其特点是编译后写在代码区，不可寻址，不可更改，属于指令的一部分。

符号常量在使用之前必须先定义，其一般形式为：

```
#define  标识符  常量
```

如语句#define　PI　3.14，其中#define 是一条预处理命令(预处理命令都以"#"开头)，称为宏定义命令，其功能是把标识符 PI 定义为其后的常量值 3.14。一经定义，以后在程序中所有出现该标识符 PI 的地方均被标识符所代表的常量 3.14 代替。请读者注意两点，语句#define PI 3.14 后无分号(;)，习惯上符号常量的标识符用大写字母，变量标识符用小写字母，以示区别。

【例题 2-2】编写程序，输出圆的面积。

```
#include<stdio.h>
#define PI 3.14
int  main()
{
    float r,s;
    printf("请输入半径：");
    scanf("%f",&r);
    s=PI*r*r;
    printf("圆的面积为：%f\n",s);
    return 0;
}
```

程序运行结果如图 2-3 所示。

例题中命令#define PI 3.14 定义了符号常量 PI，若想输出更准确的圆面积，更改命令为#define PI 3.1415926，则程序运行结果如图 2-4 所示。若大型程序中多次重复求圆的面积，需要更改求圆面积的精度，使用符号常量 PI 可使程序含义更清楚，能做到“一改全改”。

```
请输入半径：6
圆的面积为：113.040000
```

图 2-3　例题 2-2 的运行结果

```
请输入半径：6
圆的面积为：113.097334
```

图 2-4　例题 2-2 更改后运行结果

2.1.3　变量

1. 变量

任何应用程序都需要处理数据，并需要在计算机中存储这些数据，这个存储数据的地方称为计算机的内存。早期的编程语言要求程序员以地址形式跟踪每一个内存的位置以及存放在该位置的值，程序员使用该地址来访问或改变内存的内容，这严重影响了程序的可读性，增加了程序的编写难度。随着编程语言的发展，通过引入变量的概念简化了内存的访问，内存的位置用变量来标识。

变量是程序运行过程中其值可以改变的量，变量有三种属性：变量名、变量类型和变量值。请读者注意区分变量名和变量值这两个不同的概念，语句 a=3;在内存中如图 2-5 所示，a 是变量名，3 是存储在变量 a 中的变量值，即存放在变量 a 内存单元中的数据。因此，变量代表一个有名字的、具有特定属性的存储单元，用来存储可改变的变量值。

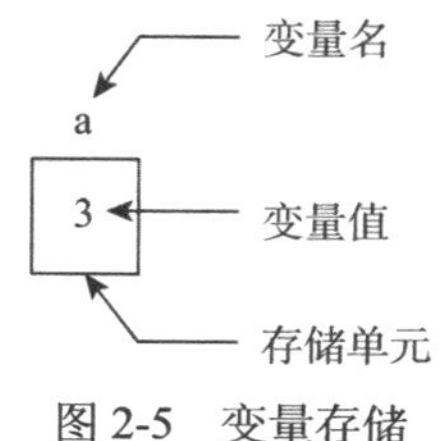

图 2-5　变量存储

要改变变量的值，程序员可通过变量名来实现，也可通过内存单元地址(指针)来实现。程序员通常使用变量引用存储在内存中的数据，并随时根据需要显示数据或修改这个数据的值。如语句 a=3;中 a 是变量，变量 a 在程序中是可以改变的量，可通过语句 a=8;改变变量 a 的值为 8。

在程序中，常量可不用说明而直接引用，而变量则必须先定义后使用。在定义变量时，需要指定变量的名字和类型，系统可通过不同的变量名区分不同的变量，系统可根据不同的数据类型为变量分配不同大小的存储单元。

变量定义格式：数据类型符号　变量名 1,变量名 2，……；

(1) 数据类型符号是 C 语言中的一个有效数据类型，如整型 int、实型 float、字符型 char。

(2) 如语句 int a;定义变量 a，指定变量名是 a，变量数据类型是整型(int)。

(3) 如例题 1-2 中，语句 int x,y,z; 定义 3 个变量，分别命名为变量 x、变量 y、变量 z；3 个变量的数据类型均为整型(int)。语句 x=15; y=16; 表示将常量 15 赋值给变量 x，将常量 16 赋值给变量 y。

2. 变量名

变量名实际上是用一个名字代表的存储地址，在执行程序时，系统给每一个变量名在内存中分配一个存储单元，并对应一个存储单元地址。从 1.3.1 节讲到的标识符概念中，我们知道在程序中使用的变量名、函数名、标号等统称为标识符，在 C 语言中，变量的命名需要符合标识符的定义，遵循以下规则。

(1) 变量名可由字母、数字和_(下画线)组合而成；

(2) 变量名不能包含除_(下画线)以外的任何特殊字符，如%、#、逗号、空格等；

(3) 变量名必须以字母或_(下画线)开头；

(4) 变量名不能包含空白字符(换行符、空格和制表符称为空白字符)；

(5) C 语言中的某些词(例如 int 和 float 等)称为保留字，具有特殊意义，不能用作变量名；

(6) C 语言区分大小写，因此变量 price 与变量 PRICE 是两个不同的变量。

例如 max、average、_total、Day、Max、stu_name、BASIC、marks40、class_one 等都是合法的变量名；而 float、M.D.John、a<b、1dog、oh!god、￥89、＃12 等都是不合法的变量名。另外给读者一点变量命名建议，变量命名应当直观且好记，如 sum 变量表示求和，min 变量表示最小值，能让人直接了解其含义，以增强程序可读性。

3. 常变量

常变量是很容易使人们混淆为常量的一种特殊变量。C99 中允许使用常变量，常变量是指使用类型修饰符 const 的变量，其值是不能被更新的。如语句 const float pi=3.14; 中 float pi=3.14 表示定义了一个变量 pi，其数据类型为实型，指定其值为 3.14。pi 是个特殊变量，即常变量。

请读者思考常变量与符号常量有什么不同？

```
#define  PI  3.14              //定义符号常量PI
const   float pi=3.14;         //定义常变量pi
```

常变量与符号常量的区别：符号常量不占用内存空间，在预编译时就全部由符号常量的值替换了，而常变量占用内存空间，此变量在存在期间不能重新赋值。

2.2　C 语言的数据类型

2.2.1　数据类型概述

内存的存储空间是有限的，内存的存储单元由有限的字节(1 个字节占 8 个二进制位)构成，每个存储单元中存放的数据的范围是有限的，不可能存放“无穷大”的数，也不能存放循环小数。因此，根据数据分配存储单元的安排，包括存储单元的长度(占多少字节)以及数据的存储形式，将数据分成不同的类型，即数据类型。

short、int、long、char、float、double 这 6 个关键字代表 C 语言里的 6 种基本数据类型，如语句 int a;定义 1 个变量，命名为变量 a，分配两个字节的存储空间存放变量 a 的值。可以把存储空间比作房子的面积，开发商开发的房子有 30 平的一居室(1 个字节)，60 平的二居室(2 个字节)和 120 平的四居室(4 个字节)，我们规定字符型(char)分配一居室，短整型(short int)分配二居室，长整型(long int)分配四居室。C 语言允许使用的数据类型如图 2-6 所示。

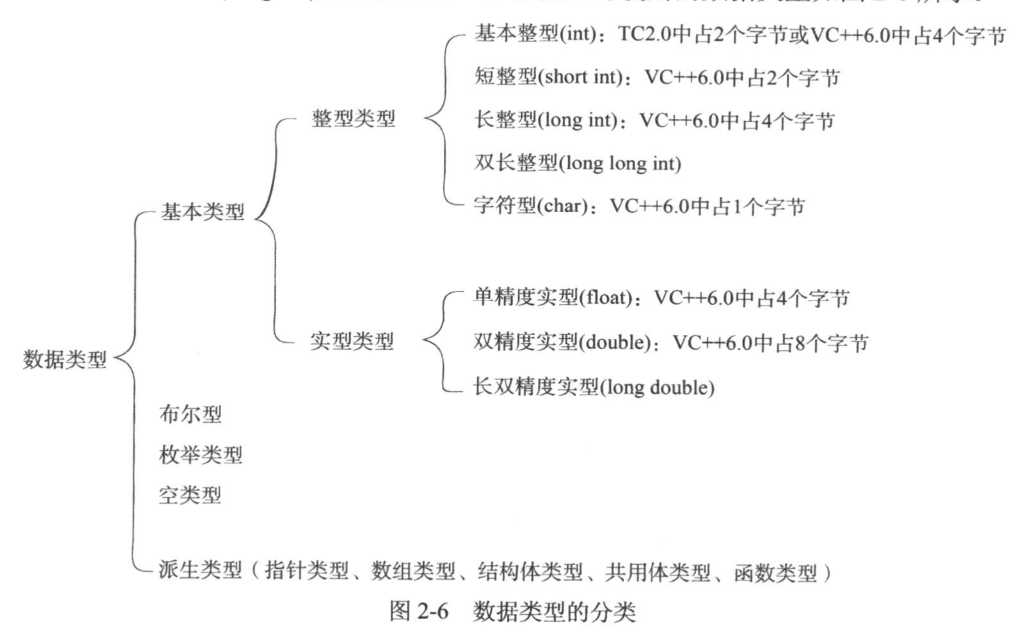

图 2-6　数据类型的分类

2.2.2　整型数据

1. 整型数据的类型

整型数据包括整型常量和整型变量。根据整型数据的值所在范围确定其更细的数据类型，如 0XA6Lu 表示十六进制无符号长整型的整型常量 A6，其十进制为 166。

(1) 整型常量的类型

可同时使用前缀、后缀以表示各种类型的整型常量。整型常量根据不同的前缀来说明不同的进制，以 0x 或 0X 开头表示十六进制整型常量；以数字 0 开头表示八进制整型常量。整型常量是根据不同的后缀来说明不同的数据类型，本书称这些后缀符号为类型说明符，整型常量类型说明符有 l 或 L 表示长整型，U 或 u 表示无符号型。C 语言中，数值常量的后缀大小写同义，如 012LU 与 012lu 相同，都表示八进制无符号长整型常量 12。

在 TC2.0 或 BC3.1 下，如果整型常量的值位于-32 768～32 767 之间，C 语言认为它是整型(int)常量；如果整型常量的值位于-2 147 483 648～2 147 483 647 之间，C 语言认为它是长整型(long)常量。用不同的后缀来区分整型(int)常量和长整型(long)常量，整型常量后加字母 l 或 L，认为它是长整型(long)常量，如 45L、45l、0XAFL 等。

数值末尾不添加任何类型说明符的整型常量(比如 123)默认是有符号(signed)整型(int)常量，但是该数的值如果超出了长整型(long)常量的范围，那么无符号(unsigned)数也可用后缀表示，整型常数的无符号数的后缀为 U 或 u。例如：68u、0x68Au、98Lu 均为无符号数。

其实整型常量用这种无符号数表示意义不大，在机器内部它还是用其补码表示，例如-1U 和-1 在内存中表示是一样的，数据处理也一样。

(2) 整型变量的类型

整型变量表示能存放整型常量的变量。在 C语言中，整型变量的值可以是十进制、八进制、六进制，但内存中存储的是二进制整数。

【例题 2-3】分别以十进制、八进制、十六进制输出整型变量。

```
#include"stdio.h"
int main()
{
int a,b,c;
a=12;
b=014;
c=0xc;
printf("a=%d,b=%d,c=%d\n",a,b,c);
printf("a=%o,b=%o,c=%o\n",a,b,c);
printf("a=%x,b=%x,c=%x\n",a,b,c);
return 0;
}
```

程序运行结果如图 2-7 所示。

```
a=12,b=12,c=12
a=14,b=14,c=14
a=c,b=c,c=c
```

图 2-7　例题 2-3 的运行结果

程序说明：

(1) 语句 int a,b,c; 定义了 3 个变量，是整型变量(int)型，变量名分别为 a、b、c。

(2) 语句 a=12; 将十进制整型常量 12 赋给整型变量 a; 语句 b=014;将八进制整型常量 014 赋给整型变量 b；语句 c=0xc;将十六进制整型常量 0xc 赋给整型变量 c。

(3) 整型变量 a、b、c 以%d 格式(十进制)输出的结果都是 12，以%o 格式(八进制)输出的结果都是 14；以%x 格式(十六进制)输出的结果都是 c。说明 12、014、0xc 在计算机内存的编码是相同的，表示的是同一个值，只是表现形式不同而已。

2. 整型变量的符号属性

整型变量的值的范围包括负数到正数，在 C 语言中，整型变量可分为有符号(signed)整型变量和无符号(unsigned)整型变量。整型变量值的范围有大小，在 C 语言中，常用的整型变量可分为基本整型(int)变量、短整型(short)变量、长整型(long)变量。整型变量的类型符号是 int，数据类型关键字 signed、unsigned、short、long、long long 表示类型符号的属性，在类型符号前起修饰作用。经过 5 个数据类型关键字修饰后的整型变量(int)有 8 种，如表 2-2 所示。

表 2-2　整型数据的分类

整型数据的分类		数据类型符	整型变量	整型常量
有符号	基本整型	[signed] int;	int a;	a=3;
无符号		unsigned int;	unsigned int a;	a=3U;
有符号	短整型	[signed] short [int];	short a;	a=3;
无符号		unsigned short [int];	unsigned short a;	a=3U;
有符号	长整型	[signed] long [int];	long a;	a=3L;
无符号		unsigned long [int];	unsigned long a;	a=3UL;
有符号	双长整型	[signed] long long [int];	long long a;	a=3LL;
无符号		unsigned long long [int];	unsigned long long a;	a=3ULL;
备注		中括号([ ])为可选项，中括号内的数据类型关键字可省略，如[signed]		

一般以一个机器字(word)存放一个 int 型数据，而 long 型数据的字节数应不小于 int 型，short 型应不大于 int 型。各种整型数据在计算机内存所需的存放空间及表示范围因 C 语言编译系统而异。在 16 位操作系统(例如 DOS)中，一般用 2 字节存放一个 int 型数据；在 32 位操作系统(例如 Windows 98)中，默认 int 型数据为 4 字节。表 2-3 是各类整型数据在计算机中所需的字节数及数的表示范围。

表 2-3　整型数据分类、所需的字节数及数的表示范围

类　型	字 节 数	取 值 范 围
int(基本整型)	2	−32 768～32 767，即-2^{15}～$(2^{15}-1)$
	4	−2 147 483 648～2 147 483 647，即-2^{31}～$(2^{31}-1)$
unsigned int(无符号基本整型)	2	0～65 535，即 0～$(2^{16}-1)$
	4	0～4 294 967 295，即 0～$(2^{32}-1)$
short(短整型)	2	−32 768～32 767，即-2^{15}～$(2^{15}-1)$
unsigned short(无符号短整型)	2	0～65 535，即 0～$(2^{16}-1)$
long(长整型)	4	−2 147 483 648～2 147 483 647，即-2^{31}～$(2^{31}-1)$

(续表)

类　型	字 节 数	取 值 范 围
unsigned long(无符号长整型)	4	0～4 294 967 295，即 $0\sim(2^{32}-1)$
long long(双长整型)	8	-9 223 372 036 854 775 808～9 223 372 036 854 775 807，即 $-2^{63}\sim(2^{63}-1)$
unsigned long long(无符号双长整型)	8	0～18 446 744 073 709 551 615，即 $0\sim(2^{64}-1)$

【例题 2-4】整型变量超出取值范围的示例。

```
#include"stdio.h"
int main()
{
   int a,b,c,d;
   a=32760;
   b=8;
   c=a+b;
   d=32767+1;
   printf("c=%d\n",c);
   printf("d=%d\n",d);
   return 0;
}
```

程序运行结果如图 2-8 所示。

程序说明：

(1) 语句 int a,b,c,d;定义了 4 个整型变量(int 型)，程序中开辟了名为 a、b、c、d 的 4 个存储单元。

图 2-8　例题 2-4 的运行结果

(2) a 和 b 所代表的存储单元存放 32760 和 8，c 所代表的存储单元中存放 a 和 b 中值的和 32768，d 中存放 32767 与 1 的和，也即 32 768。

(3) 如表 2-3 所示，在现在用的 32 位操作系统中，由于默认 int 型数据为 4 字节，结果显示为正确的 32768。但在较早的 16 位操作系统中，由于受到默认 int 型数据为 2 字节的限制，取值范围为-32768~32767，d 中存放的值本应为 32768，那时会显示错误的-32768。因此，在使用某类型变量时，要注意变量的取值范围。

2.2.3　实型数据

1. 实型数据的类型

实型数据又称浮点型数据。实型数据包括实型常量和实型变量。根据实型数据的值所在范围及精度确定其更细的数据类型，如 5.6f 表示单精度(float)实型常量 5.6，占 4 个字节(32 位)内存空间，其数值范围为 3.4E-38～3.4E+38，只能提供七位有效数字。

(1) 实型常量的类型

如前面 2.1.2 节所讲，实型常量有十进制小数形式(如 32.3)和十进制指数形式(如 3.23e1)两种表现形式。实型常量根据不同的后缀来说明不同的数据类型，本书称这些后缀符号为类型说明符，实型常量类型说明符有 l 或 L(长双精度浮点数)，f 或 F(单精度浮点数)。

如 5.23e3F 是单精度浮点数(float 型实型常量)，3.23L 是长双精度浮点数(long double 型实型常量)。没有后缀的十进制小数默认为 double 常量，例如 3.14 等同于 3.14D；如果要用 float 常量，就需要写成 3.14f 或 3.14F。没有后缀的十进制指数形式默认也是 double，因为浮点型常数总是有符号的，所以没有 u 或 U 后缀。

(2) 实型变量的类型

实型变量表示能存放实型常量的变量。在 C语言中，实型变量的值有小数形式和指数形式共两种表现形式。

【例题 2-5】将实型常量分别按小数和指数形式输出。

```
#include"stdio.h"
int main()
{
float f1;
double f2;
f1=5.023f;
f2=5023.0;
printf("f1=%f,f2=%f\n",f1,f2);
printf("f1=%e,f2=%e\n",f1,f2);
return  0;
}
```

程序运行结果如图 2-9 所示。

```
f1=5.023000,f2=5023.000000
f1=5.023000e+000,f2=5.023000e+003
```

图 2-9　例题 2-5 的运行结果

程序说明：

(1) 语句 float f1;定义变量 f1 是单精度实型变量(float 型)。语句 double f2;定义变量 f2 是双精度实型变量(double 型)。

(2) 语句 f1=5.023f;将十进制单精度(float)实型常量 5.023f 赋给单精度实型变量 f1；语句 f2=5023.0;将十进制双精度(double)实型常量 5023.0 赋给双精度实型变量 f2。

(3) 实型常量有两种形式，实型变量 f1 使用%f，按十进制小数形式输出，小数点后有 6 位数字(对第 7 位四舍五入)，输出结果是 5.023000；实型变量 f1 使用%e，按指数形式输出，小数点前有一位非零数字，小数点后有 6 位数字(对第 7 位四舍五入)，输出结果是 5. 023000e000。

注意 f1 在计算机内存的编码是相同的，表示的是同一个值，只是表现形式不同而已。

2. 实型变量的符号属性

与整型数据的存储方式不同，实型数据按指数形式存储，系统将数据分为小数部分和指数部分，分别存放。如实型常量 3.14159 在内存中占 4 个字节(32 位)，按指数形式存储(0.314159e1)。在内存中的存放形式如图 2-10 所示。

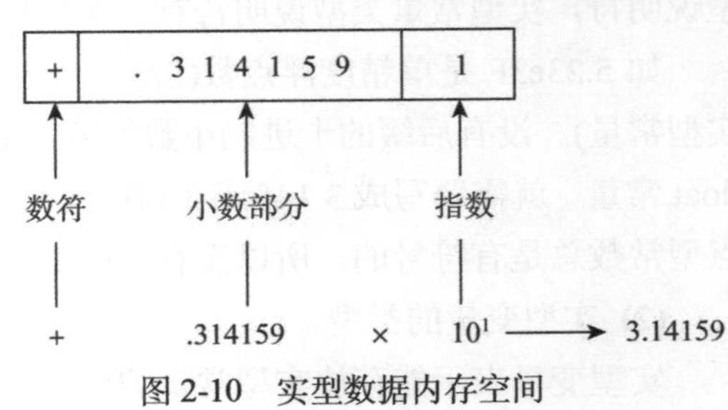

图 2-10　实型数据内存空间

(1) 32 位内存空间由数符、小数部分、指数部分组成。

(2) 小数部分占的位数愈多，数的有效数字愈多，精度愈高。

(3) 指数部分占的位数愈多，则能表示的数值范围愈大。

实型变量按其保证的精度分为单精度(float)型、双精度(double)型、长双精度(long double)型。不同编译系统给长双精度型分配的字节是不同的，如 Turbo C 给 long double 型分配 16 个字节，而 VC++6.0 给 long double 型分配 8 个字节。表 2-4 列出了各类实型数据的字节数、有效数字(位)以及数的范围。

表 2-4　实型数据分类、所需的字节数及数的表示范围

类型	字节数	有效数字	数值范围(绝对值)
float	4	6	0 以及 $1.2\times10^{-38}\sim3.4\times10^{38}$
double	8	15	0 以及 $2.3\times10^{-308}\sim1.7\times10^{308}$
long double	8	15	0 以及 $2.3\times10^{-308}\sim1.7\times10^{308}$
	16	19	0 以及 $3.4\times10^{-4932}\sim1.1\times10^{4932}$

【例题 2-6】实型变量的定义、赋值和输出示例。

```
#include <stdio.h>
int main( )
{
    float x=0.1234567,y=0.0;
    double z=0.0;
    y=123.0456789123456789;
    z=123.0456789123456789;
    printf("x=%f,y=%f,z=%lf\n",x,y,z);
    return 0;
}
```

程序运行结果如图 2-11 所示。

```
x=0.123457,y=123.045677,z=123.045679
```

图 2-11　例题 2-6 的运行结果

程序说明：

(1) 语句 float x=0.1234567,y=0.0;定义了两个实型变量(float 型)，程序中开辟了名为 x、y

的 2 个存储单元，它们在内存中各占 4 个字节(32 位)。语句 double z=0.0;定义了 1 个实型变量(double 型)，程序中开辟了名为 z 的存储单元，在内存中占 8 个字节(64 位)。

(2) %f 用于输出单精度型数，%lf 用于输出双精度型数。不论用%f 还是%lf，都输出 6 位小数，其余部分四舍五入。

(3) 由于实型变量是由有限的存储单元组成的，因此能提供的有效数字总是有限的。单精度型至少能保证 6 位有效数字，但变量 y 不能保证 6 位小数均是准确的。由运行结果可以看出，y 保证了前 6 位有效数字，如 y=123.0456789123456789;的%f 输出结果为 y=123.045677。双精度型至少能保证 15 位有效数字，变量 z 保证了 6 位小数均是准确的，如 z=123.0456789123456789; 的%lf 输出结果为 z=123.045679。

(4) 实型数据取值范围较大，但由于有效数字以外的数字不能保证，往往出现误差。如例题中 y 和 z 赋值相同，但从输出结果可以看出，y 和 z 已经不再相同。

2.2.4 字符型数据

1. 字符与 ASCII 代码

在计算机领域，我们把文字、标点符号、图形符号、数字等统称为字符。而由字符组成的集合则称为字符集(字符常量集)，根据包含字符的多少与异同形成了各种不同的字符集。目前多数系统采用 ASCII 字符集(详见附录)，各种字符集(包括 ASCII 字符集)的基本字符集都包括以下 127 个字符。

(1) 字母：A～Z，a～z。

(2) 数字：0～9。

(3) 专门符号：29 个，如!、”、#、& 、‘、(、)、*等

(4) 空格符：空格、水平制表符、换行等。

(5) 不能显示的字符：空(null)字符(以'\0'表示)、警告(以'\a'表示)、退格(以'\b'表示)、回车(以'\r'表示)等。

我们知道，所有字符在计算机中都是以二进制来存储的。那么一个字符究竟由多少个二进制位来表示呢？这就涉及字符编码的概念了，比如一个字符集有 8 个字符，那么用 3 个二进制位就可以完全表示该字符集的所有字符，也即每个字符用 3 个二进制位进行编码。

字符是按其 ASCII 代码(整数)形式存储的，C99 把字符型数据作为整数类型的一种。

表 2-5 列出了部分 ASCII 字符集(见附录)，每一个字符都有它的十进制值(整型 ASCII 值)和符号(字符型)，如'0'的 ASCII 值是 48，'A' 的 ASCII 值是 65，'a'的 ASCII 值是 97。

表 2-5　部分 ASCII 字符代码集

十进制值	符　号	十进制值	符　号	十进制值	符　号
0	空字符	44	,	91	[
32	空格	45	-	92	\

(续表)

十进制值	符　号	十进制值	符　号	十进制值	符　号
33	!	46	.	93	]
34	"	47	/	94	^
35	#	48～57	0～9	95	-
36	$	58	:	96	`
37	%	59	;	97～122	a～z
38	&	60	<	123	{
39	'	61	=	124	|
40	(	62	>	125	}
41	)	63	?	126	~
42	*	64	@	127	DEL (Delete 键)
43	+	65～90	A～Z		

【例题 2-7】体现字符'0'和整数 0 是不同数据类型的示例。

```
#include <stdio.h>
int main( )
{
    int a=0;
    char b='0';
    printf("a=%d,a=%c\n",a,a);
    printf("b=%d,b=%c\n", b,b);
    return 0;
}
```

程序运行结果如图 2-12 所示。

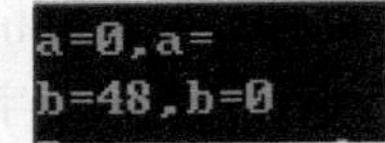

图2-12　例题2-7的运行结果

程序说明：

(1) 语句 int a=0;定义变量 a 是整型变量(int 型)，将整型常量 0 赋给变量 a。语句 char b='0';定义变量 b 是字符型变量(char 型)，将字符型常量'0' 赋给变量 b。

(2) 字符型数据有整型、字符型双重身份。整型常量 0 以%d(十进制)输出，输出结果为 a=0；以%c(字符)输出，输出结果为 a=□(□表示空字符，表 2-5 中，整数十进制值 0 对应于空字符)。字符型常量'0'以%d(十进制)输出，输出结果为 b=48(表 2-5 中，整数十进制值 48 对应于字符'0')；以%c(字符)输出，输出结果为 b=0。

2. 字符型变量的符号属性

字符型变量中所存放的字符是计算机字符集中的字符。对于 PC 机上运行的 C 系统，字符型数据用 8 位单字节的 ASCII 码表示。字符数据类型事实上是 8 位的整型数据类型，可用于数值表达式中，与其他整型数据以同样的方式使用。这种情况下，字符型变量可以是有符号的，也可以是无符号的。表 2-6 列出各类字符型数据的字节数以及数的范围。

表 2-6　字符型数据分类、所需的字节数及数的表示范围

类型	字节数	取值范围
signed char(有符号字符型)	1	−128～127，即 -2^7～(2^7-1)
unsigned char(无符号字符型)	1	0～255，即 0～(2^8-1)

说明：

(1)无符号的字符型变量可声明为：unsigned char ch;

(2)有符号的字符型变量可声明为：[signed] char ch; 或 char ch;

【例题 2-8】字符型数据的双重身份示例。

```
#include <stdio.h>
int main ( )
{
  char c1,c2;
  c1='a';                    // 将字符'a'的 ASCII 代码放到 c1 变量中
  c2=c1-32;                  // 计算得到字符'A'的 ASCII 代码，放在 c2 变量中
  printf("%c\n",c2);         // 输出 c2 的值，是字符'A'
  printf("%d\n",c2);         // 输出 c2 的值，是字符'A'的 ASCII 代码 65
  return 0;
}
```

程序运行结果如图 2-13 所示。

图 2-13　例题 2-8 的运行结果

程序说明：

(1) 语句 char c1,c2;定义变量 c1、c2 是字符型变量(char 型)；语句 c1='a';将字符型常量'a'赋给变量 c1。

(2) 语句 c2=c1-32;中，字符型变量 c1 为'a'，其 ASCII 值是 97(如表 2-5 的字符代码集)；计算 c2=c1-32=97-32=65，ASCII 值 65 对应的字符是 'A'(如表 2-5 的字符代码集)。

(3) 字符型数据有整型、字符型双重身份。变量 c2 以%c(字符)输出，输出结果为'A'，以%d(十进制整数)输出，输出结果为 65。

2.3　C 语言运算符与表达式

2.3.1　运算符与表达式概述

运算符用于执行各种运算程序，是在程序代码中对各种数据进行运算的符号。C 语言的特点之一是运算符非常丰富，除了控制语句和输入输出外的几乎所有基本操作都可通过运算

符来处理，常见的C语言运算符如表2-7所示。

表2-7　C语言的常见运算符

<table>
<tr><th>优先级</th><th>运　算　符</th><th colspan="2">类　　型</th><th>结合顺序</th></tr>
<tr><td>1</td><td>()、[]、->、.</td><td colspan="2">伪运算符</td><td>→自左往右</td></tr>
<tr><td>2</td><td>++、--、+、-、!、~、*、&(type)、sizeof</td><td colspan="2">单目运算符</td><td>←自右往左</td></tr>
<tr><td>3</td><td>*、/、%</td><td>双目运算符</td><td>算术运算</td><td>→自左往右</td></tr>
<tr><td>4</td><td>+、-</td><td>双目运算符</td><td>算术运算</td><td>→自左往右</td></tr>
<tr><td>5</td><td><<、>></td><td>双目运算符</td><td>移位运算</td><td>→自左往右</td></tr>
<tr><td>6</td><td><=、>=、<、></td><td>双目运算符</td><td>比较运算</td><td>→自左往右</td></tr>
<tr><td>7</td><td>==、!=</td><td>双目运算符</td><td>相等测试</td><td>→自左往右</td></tr>
<tr><td>8</td><td>&</td><td>双目位运算符</td><td>按位与</td><td>→自左往右</td></tr>
<tr><td>9</td><td>^</td><td>双目位运算符</td><td>按位异或</td><td>→自左往右</td></tr>
<tr><td>10</td><td>|</td><td>双目位运算符</td><td>按位或</td><td>→自左往右</td></tr>
<tr><td>11</td><td>&&</td><td>双目逻辑运算符</td><td>逻辑与</td><td>→自左往右</td></tr>
<tr><td>12</td><td>||</td><td>双目逻辑运算符</td><td>逻辑或</td><td>→自左往右</td></tr>
<tr><td>13</td><td>?:</td><td>三目运算符</td><td>条件运算符</td><td>→自左往右</td></tr>
<tr><td>14</td><td>=、+=、-=、*=、/=、%=、<<=、>>=、&=、^=、|=</td><td>双目运算符</td><td>赋值运算符</td><td>←自右往左</td></tr>
<tr><td>15</td><td>,</td><td colspan="2">逗号运算符</td><td>→自左往右</td></tr>
</table>

运算符会针对一个或多个操作数进行运算，如5+8，其操作数是5和8，而运算符则是“+”。表达式是用运算符与圆括号将操作数(常量、变量、函数等)连接起来所构成的式子，如a=5+8、(a+5)*(b-8)/2和z=max(5,8)等。

根据运算符所需要的操作数不同，分为伪运算符、单目运算符、双目运算符和三目运算符。根据运算符的运算优先级不同，分15级，1级最高，15级最低。在表达式中，优先级较高的先于优先级较低的进行运算。在运算符优先级相同时，则按运算符的结合性所规定的结合方向处理。

结合性是两个同优先级的运算符相邻时的运算顺序。C语言中各运算符的结合性分为两种，即左结合性(自左往右)和右结合性(自右往左)。算术运算符的结合性是自左往右，即先左后右；如有表达式5-3+6，则先执行5-3运算，再执行+6的运算。赋值运算符的结合性是自右往左，即先右后左。如有表达式m=5-3，则先执行运算5-3=2，然后执行m=2的运算。

2.3.2　算术运算符及表达式

1. 算术运算符

算术运算符主要用于各类数值运算，包括取正值(+)、取负值(-)、加(+)、减(-)、乘(*)、除(/)、求余(或称模运算，%)。除了取正负值运算符是单目运算符外，其他算术运算符都是双目运算符，即指两个运算对象之间的运算。基本算术运算符的种类和功能如表 2-8 所示。

表 2-8　基本算术运算符的种类和功能

操作数个数	运算符	名称	例子	运算功能
单目运算符	+	取正值	+x	取 x 的正值
	-	取负值	-x	取 x 的负值
双目运算符	+	加	x+y	求 x 与 y 的和
	-	减	x-y	求 x 与 y 的差
	*	乘	x*y	求 x 与 y 的积
	/	除	x/y	求 x 与 y 的商
	%	求余(或模)	x%y	求 x 除以 y 的余数

读者使用算术运算符应注意以下几点：

(1) 模运算符“%”是求两个整数进行整除后的余数，运算结果的符号与被除数相同，如-19%2=-1。求模运算的运算对象(操作数)和运算结果是整型，如 19.0%2.0 是错误的。

(2) 对于除法“/”运算，若参与运算的变量均为整数，其结果也为整数，小数部分舍去，如 15/2=7。若除数或被除数中有一个为负数，则结果值因机器而异。如-7/4，在有的机器上得到结果为-1，而有的机器上得到结果-2。多数机器上采取“向零取整”原则，如 7/4=1，-7/4=-1，取整后向零靠拢。

2. 算术表达式

算术表达式是用算术运算符与圆括号将操作数(常量、变量、函数等)连接起来所构成的式子。在算术表达式中，若包含不同优先级的运算符，则按运算符的优先级别由高到低进行；若表达式中运算符的优先级别相同，则按运算符的结合方向(结合性)进行。

【例题 2-9】 将数学代数式 $\frac{-b-\sqrt{b^2-4ac}}{2a}$ 改写成 C 语言算术表达式。

C 语言算术表达式为：(-b-sqrt(b*b-4*a*c))/(2*a)。

解题说明：

(1) C 语言不提供乘方运算符，用“*”计算乘方的值(C 表达式中的乘号“*”不能省略)，如 b*b-4*a*c 表示 b^2-4ac 。

(2) C 语言不提供开方运算符，因此需要调用 C 语言库函数 sqrt，或者自编程序完成开方运算，如 sqrt(b*b-4*a*c)表示 $\sqrt{b^2-4ac}$ 。

(3) C 表达式中的内容必须书写在同一行，不允许有分子分母形式，必要时要利用圆括号保证运算的顺序，如(-b-sqrt(b*b−4*a*c))/(2*a)表示 $\frac{-b-\sqrt{b^2-4ac}}{2a}$ 。

注意：在书写包含多种运算符的表达式时，应注意各个运算符的优先级，从而确保表达式中的运算符能以正确的顺序执行，如果对复杂表达式中运算符的计算顺序没有把握，可用圆括号强制改变计算顺序。

2.3.3 自增自减运算符及表达式

自增(++)、自减(--)运算符的作用是使变量自增 1 和自减 1，与取正值(+)、取负值(-)运算符一样，都是单目运算符。自增、自减运算符可用在操作数的前面(前缀形式)，如++i、--i；也可用在操作数的后面(后缀形式)，如 i++、i--。这两种用法的区别如下：

(1) 前缀形式表达式++i、--i 的执行顺序：先使 i 的值加(减)1，再参与其他运算。

如：若 i=3，j=++i; 则 i 的值先自加 1 变成 4，再赋给 j，j 的值为 4。

(2) 后缀形式表达式 i++、i-- 的执行顺序：先让 i 参与其他运算，再使 i 的值加(减)1。如：若 i=3，j=i++; 则先将 i 的值 3 赋给 j，j 的值为 3，然后 i 的值再自加 1 变为 4。

(3) 自增、自减运算符的前缀形式和后缀形式都会使变量 i 自加(减)1，所不同的是在加(减)之前或之后参与其他运算。以 i=5 为例，自增、自减运算符的前缀形式和后缀形式的演算过程如表 2-9 所示。

表 2-9　包含自增、自减运算符的 4 个语句的演算过程

运算符	表达式	演算过程	结果
自增(++)	j = ++i;	i = i + 1; j = i;	j = 6; i = 6;
	j = i++;	j = i; i = i + 1;	j = 5; i = 6;
自减(--)	j = --i;	i = i - 1; j = i;	j = 4; i = 4;
	j = i--;	j = i; i = i - 1;	j = 5; i = 4;

注意：++、--的运算对象必须是变量，不能是常量或表达式。如 a++、y--是正确的表达式，而 8++、--9、(a+b)--、--(x+y)则是错误的表达形式。

【例题 2-10】自增运算符的应用示例。

```
#include<stdio.h>
int main()
{int i,j,m,n;
 i=8;
 j=10;
 m=i++*8;
 n=++j*8;
 printf("i=%d, m=%d\n",i,m);
 printf("j=%d, n=%d\n",j,n);
 return 0;
}
```

程序运行结果如图 2-14 所示。

```
i=9, m=64
j=11, n=88
```

图 2-14　例题 2-10 的运行结果

程序说明：

(1) 语句 int i,j,m,n; 定义了 4 个整型变量(int 型)，变量名为 i、j、m、n。语句 i=8; j=10; 为变量 i 赋初值 8、为变量 j 赋初值 10。

(2) 语句 m=i++*8;中的 i++先参与其他运算再自加。变量 i 先参与 m=i*8 运算，m=8*8=64；再自加，i=i+1=8+1=9，i=9。输出结果为 i=9，m=64。

(3) 语句 n=++j*8;中的++j，先自加再参与其他运算。变量 j 先自加，j=j+1=10+1=11，j=11；再参与 n=j*8 运算，n=11*8=88。输出结果为 j=11, n=88。

2.3.4 赋值运算符及表达式

1. 赋值运算符与赋值表达式

赋值运算符用于赋值运算，分为简单赋值(=)、复合算术赋值(+=,-=,*=,/=,%=)和复合位运算赋值(&=,|=,^=,>>=,<<=)三类，共十一种。简单赋值运算符(习惯称为赋值运算符)用“=”表示，它的功能是将“=”右侧的值或表达式赋给左侧的变量，如 x=5 是赋值表达式，表示将数值 5 赋给变量 x。

赋值表达式是由赋值运算符(=)将一个变量和一个表达式连接起来的式子，其功能是计算右侧表达式的值再赋予左侧的变量。赋值运算符的优先级低，结合性自右往左，因此 a=b=c=8 可理解为 a=(b=(c=8))。

赋值表达式格式为：变量=表达式

赋值表达式要求左侧是一个能接受值的变量，右侧是一个具体的值或表达式。如 x=5、x=a+8 是合法的赋值表达式；如 8=a、x+y=m 是不合法的赋值表达式。

学习赋值运算符需要注意两点：

(1) 赋值运算符的运算方向是自右向左的。如 x=9;读作将 9 赋值给变量 x。

(2) 在任何情况下，“=”左边必须是变量名。

2. 复合赋值运算符与复合赋值表达式

在赋值运算符(=)之前加上其他运算符，可构成复合赋值运算符。与算术运算相关的有+=、-=、*=、/=、%=；与位运算相关的有&=、|=、^=、>>=、<<=。

复合赋值表达式是由各种复合赋值运算符将一个变量和一个表达式连接起来的式子。

复合赋值表达式格式为：变量　复合赋值运算符　表达式

例如：a+=5　　　在程序中等价于 a=a+5

a+=b　　　在程序中等价于 a=a+b

b-=s+k　　在程序中等价于 b=b-(s+k)

c*=a+b　　在程序中等价于 c=c*(a+b)

复合赋值运算符的优先级与赋值运算符的优先级相同，结合性也是自右往左。以“a+=5”为例，它相当于 a=a+5，即运算顺序是先将左侧变量与右侧表达式进行运算(a+5)，再赋给左侧变量(a)。

复合赋值表达式实际上是一种缩写形式，使得对变量的改变更为简洁。相对于表达式 a=a+b，表达式 a+=b 不仅简化了程序，使程序更精练，而且提高了编译效率，能产生质量更高的目标代码。专业人员往往喜欢用复合运算符，程序更显专业；但初学者不必多用，建议用更清晰易懂的代码。为便于记忆，复合赋值表达式 a+=b 的转换过程如图 2-15 所示。

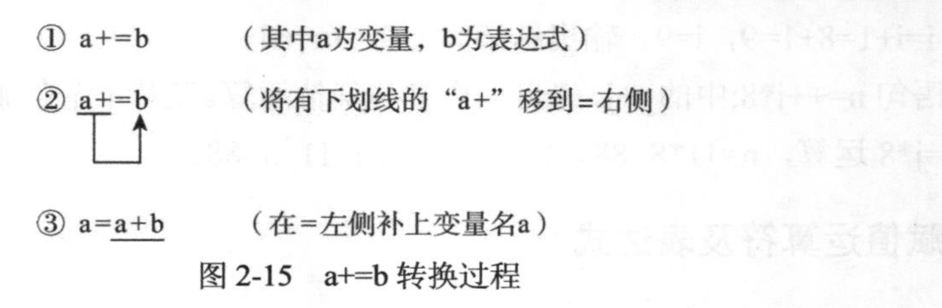

① a+=b　（其中a为变量，b为表达式）
② a+=b　（将有下划线的“a+”移到=右侧）
③ a=a+b　（在=左侧补上变量名a）

图 2-15　a+=b 转换过程

【例题 2-11】已有变量 a，其值为 9，计算表达式 a+=a-=a+a 的值。

解题说明：因为赋值运算符与复合赋值运算符“-=”和“+=”的优先级相同，且运算方向自右至左，所以经过运算，表达式 a+=a-=a+a 的值是-18。演算过程如下：

(1) 先计算“a+a”；因 a 的初值为 9，所以该表达式的值为 18，注意 a 的值没变。

(2) 再计算“a-=18”，此式相当于“a=a-18”，因 a 的值仍为初值 9，所以表达式的值为 9-18=-9，注意 a 的值已变为-9。

(3) 最后计算“a+=-9”，此式相当于“a=a+(-9)”，因 a 的值此时已是-9，所以表达式的值为-18。

2.4　数据类型转换

C 语言中，变量的数据类型是可以转换的。转换的方法有两种，一种是自动转换，一种是强制转换。

2.4.1　自动转换

自动转换发生在不同数据类型数据的混合运算时，由编译系统自动完成。C 语言中，整型、实型、字符型之间可进行各种运算符(+、-、*、/等)的混合运算，如表达式 5+'b'+3.5-1.00*'a'是合法的。如果赋值运算符两侧的数据类型相同，则直接进行运算，如 int i;i=3;直接将整数 3 存入整型变量 i 的存储单元中。如果赋值运算符两侧的数据类型不同，但都是算术运算符，编译系统自动完成不同数据类型间的转换，转换原则如图 2-16 所示。

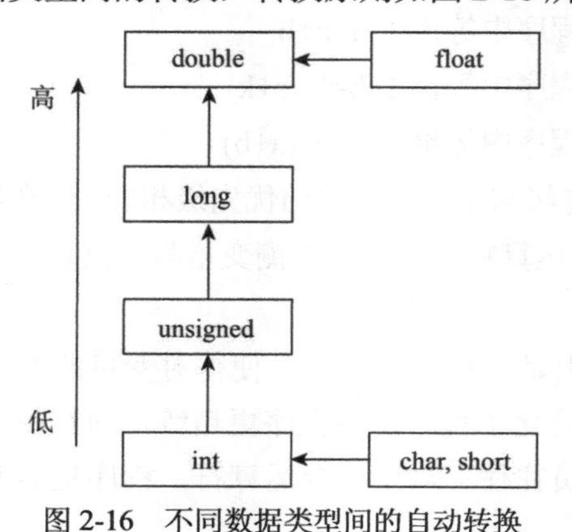

图 2-16　不同数据类型间的自动转换

(1) 如果实型(float 或 double)数据与其他类型数据进行运算，结果是 double 型。系统将 float 型数据都先转换为 double 型，然后进行运算。

(2) 如果整型(int)数据与实型(float 或 double)数据进行运算，先把 int 型和 float 型数据转换为 double 型，然后进行运算，结果是 double 型。

(3) 如果字符型(char)数据与整型(short 或 int)数据进行运算，是把字符的 ASCII 代码与整型数据进行运算，结果是 int 型。

2.4.2　强制转换

强制类型转换运算符用于数据类型间的转换，可使程序员主动将一个表达式从一种数据类型转换成所需的另一种数据类型。

强制类型转换运算符的一般格式为：(类型名)(表达式)

例如：　(float)s　(将 s 强制转换成 float 类型)

(int) (x-y)　(将 x-y 的值强制转换成 int 型)

(float)(8%3)　(将 8%3 的值强制转换成 float 型)

【例题 2-12】强制类型转换运算符的应用示例。

```
#include<stdio.h>
int main()
{
 int i;
 float f=3.55;
 i=(int)f;
 printf("(int)f=%d \n f=%f ",i,f);
return 0;
}
```

程序运行结果如图 2-17 所示。

程序说明：

(1) 语句 int i;定义了整型(int)变量 i; 语句 float f=3.55; 定义了实型(float)变量 f，赋初值 f=3.55。

图 2-17　例题 2-12 的运行结果

(2) 语句 i=(int)f; 中的强制类型转换运算符(int)将实型(float)变量 f 强制转换成整型(int)变量，即去掉变量 f 的小数部分，并将其值 3 赋给整型(int)变量 i，故输出结果为“(int)f=5, f=3.550000”，其中实型(float)变量输出默认保留 6 位小数。

2.5　位运算

2.5.1　位运算概述

C 语言作为高级语言的鼻祖，之所以功能强大，用途广泛，是因为它兼顾高级语言与低级语言的特性。C 语言能够处理 0 和 1 组成的机器指令，是区别于其他高级语言的优势之一，也是其几乎取代汇编语言的重要原因之一。位运算可以直接操控二进制位，也可以用于对内存要求苛刻的地方，能像低级语言一样有效地节约内存空间，使程序运行速度更快。

程序中的所有数在计算机内存中都以二进制形式存储，位运算直接对整数在内存中的二进制位进行操作。设操作数为 9，在位运算中将数字 9 视为二进制位 1001，即位运算符将操作数视为位而不是数值。数值可以是任意进制的，如前面 2.1.2 节中提到的整型常量，可以是十进制 21、八进制 025、十六进制 0x15，位运算符将操作数的数值转为二进制，并相应地返回 0 或者 1，即二进制 10101(十进制 21)。C 语言提供了按位与、按位或、按位异或、按位取反、左移、右移 6 种常见的位运算符，其运算规则如表 2-10 所示。

表 2-10　6 种常见的位运算符

符号	描述	运算规则
&	按位与	两个位都为 1 时，结果才为 1
|	按位或	两个位都为 0 时，结果才为 0
^	按位异或	两个位相同为 0，相异为 1
~	按位取反	各二进位 0 变 1，1 变 0
<<	左移	各二进位全部左移若干位，高位丢弃，低位补 0
>>	右移	各二进位全部右移若干位，对无符号数，高位补 0。 对于有符号数，各编译器处理方法不一样，有的补符号位(算术右移)，有的补 0(逻辑右移)

注意以下几点：

(1) 在这 6 种运算符中，只有按位取反(~)是单目运算符，其他 5 种都是双目运算符。

(2) 位运算只能用于整型数据，如整型和字符型的数据，其他类型数据进行位操作时编译器会报错。

(3) 参与位运算时，操作数都必须先转换成二进制形式，再执行相应的按位运算。如果参加运算的是负数(如-3&-4)，则要以补码形式表示为二进制数，然后按位进行位运算。

(4) 对于移位操作，有算术移位和逻辑移位之分。微软的 VC++ 6.0 和 VS 2008 编译器都采取算术移位操作。算术移位与逻辑移位在左移操作中都一样，即高位丢弃，低位补 0。但在右移操作中，逻辑移位的高位是补 0，而算术移位的高位是补符号位。

2.5.2　按位取反

按位取反运算符(~)是 6 个位运算符中唯一的单目运算符，具有右结合性。其功能是将参与运算的操作数的各对应二进位按位求“反”。按位取反运算主要用途是间接地构造一个数，以增强程序的可移植性。

按位取反运算格式：~操作数 a

按位取反运算规则：是对一个二进制数按位取反，即将 0 变为 1，1 变为 0。

例如：假设 a 的值为：11101010，以一个字节(8 位二进制位)为例，~(11101010)的运算过程如图 2-18 所示。

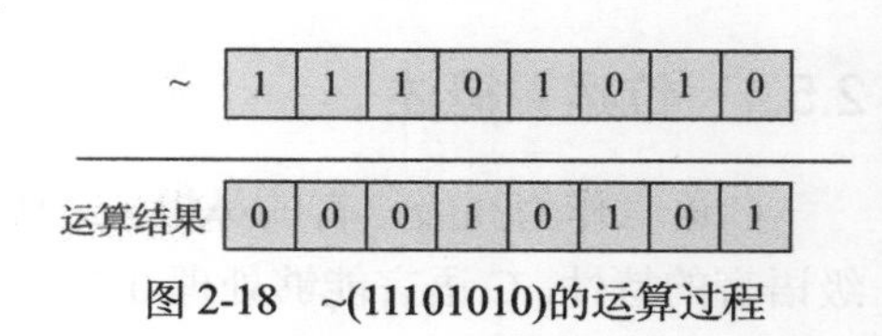

图 2-18　~(11101010)的运算过程

2.5.3　按位与、或和异或

1. 按位与运算符

按位与运算符(&)是双目运算符，其功能是将参与运算的两个操作数的各对应的二进位按位相“与”。按位与的运算主要用途是将一个数中的某些指定位清零、取一个数中某些指定位、保留指定位。

按位与运算格式：操作数 a　&　操作数 b

按位与运算规则：参加运算的两个操作数只要有一个为 0，则该位的结果为 0。

例如：0&0＝0，0&1＝0，1&0＝0，1&1＝1

例如：3&5=1　　3&4=0

3 的二进制位：	00000011	3 的二进制位：	00000011
5 的二进制位：	00000101	4 的二进制位：	00000100
3&5 的二进制位	00000001	3&4 的二进制位	00000000

2. 按位或运算符

按位或运算符(|)是双目运算符，其功能是将参与运算的两个操作数的各对应的二进位按位相“或”。

按位或运算格式：操作数 a　|　操作数 b

按位或运算规则：参加运算的两个操作数只要有一个为 1，则该位的结果为 1。

例如：　0 | 0 = 0 ，0 | 1 = 1 ，1 | 0 = 1 ，1 | 1 = 1

例如：3|5=7　　3|4=7

3 的二进制位：	00000011	3 的二进制位：	00000011
5 的二进制位：	00000101	4 的二进制位：	00000100
3| 5 的二进制位	00000111	3| 4 的二进制位	00000111

3. 按位异或运算符

按位异或运算符(∧)是双目运算符，其功能是将参与运算的两个操作数的各对应二进位按位相“异或”。按位异或的运算主要用途是使指定的位翻转，与 0 相“异或”保留原值。

按位异或运算格式：操作数 a　∧　操作数 b

按位异或运算规则：参加运算的两个操作数的对应位相同，则该位的结果为 0，否则为 1。例如：0 ∧ 0 = 0，0 ∧ 1 = 1，1 ∧ 0 = 1，1 ∧ 1 = 0

例如：3∧5=6　　3∧4=7

3 的二进制位：	00000011	3 的二进制位：	00000011
5 的二进制位：	00000101	4 的二进制位：	00000100
3∧ 5 的二进制位	00000110	3∧ 4 的二进制位	00000111

【例题 2-13】 按位与、或、异或运算的应用示例。

```
#include<stdio.h>
int main()
```

```
{ int  x,y;
  x=3; y=5;
  printf("x&y:%d\n", x&y);
  printf("3&5=%d,3&4=%d\n",3&5,3&4);
  printf("3|5=%d,3|4=%d\n", 3|5,3|4);
  printf("3^5=%d,3^4=%d\n", 3^5,3^4);
   return 0;
  }
```

程序运行结果如图 2-19 所示：

```
x&y:1
3&5=1,3&4=0
3|5=7,3|4=7
3^5=6,3^4=7
Press any key to continue
```

图 2-19　例题 2-13 的运行结果

2.5.4　按位左移和右移

1. 按位左移运算

按位左移运算符(<<)是将其操作对象向左移动指定位数。其主要用途是对操作数做乘法运算，即将一个操作数乘以 2^n 的运算处理为左移 n 位的按位左移运算。如左移 1 位相当于乘以 $2^1=2$，左移 2 位相当于乘以 $2^2=4$，如 7<<2=28，即乘了 4 。但此结论只适用于该数左移时被溢出舍弃的高位中不包含 1 的情况。

按位左移运算格式：操作数 a <<移位数 b

按位左移运算规则：将一个操作数先转换成二进制数，然后将二进制数各位左移若干位，并在低位补若干个 0，高位左移后溢出，舍弃不起作用。

例如：以 2 个字节(16 位二进制位)为例，7<<2 运算中，二进制(0000000000000111)按位左移 2 位后的二进制为 0000000000011100(十进制 28)，其运算过程如图 2-20 所示。

7的二进制位：| 00 | 00 | 00 | 00 | 00 | 00 | 01 | 11 |

整体左移2位　　　后补2位0

7<<2后的二进制位：| 00 | 00 00 00 00 00 01 11 00 |

图 2-20　7<<2 的运算过程

【例题 2-14】按位左移运算的应用示例。

```
#include<stdio.h>
int main()
{  int a1=7, a2=-7;
   unsigned int b=7;
   printf("有符号正数 7<<2=%d\n", a1<<2);
```

```
    printf("有符号负数-7<<2=%d\n", a2<<2);
    printf("无符号正数 7<<2=%d\n", b<<2);
    return 0;
}
```

程序运行结果如图 2-21 所示。

图 2-21　例题 2-14 的运行结果

程序说明：左移 2 位相当于该数乘以 2^2。7<<2 相当于 7 乘以 4 等于 28。

2. 按位右移运算

按位右移运算符(>>)是将其操作对象向右移动指定位数。其主要用途是对操作数做除法运算，即将一个操作数除以 2^n 的运算处理为右移 n 位的按位右移运算。如右移 1 位相当于除以 2^1=2，如右移 2 位相当于除以 2^2=4，如 28>>2 =7，即除以 4。

按位右移运算格式：操作数 a>>移位数值 b

按位右移运算规则：将一个操作数先转换成二进制数，然后将二进制数各位右移若干位，移出的低位舍弃；并在高位补位，补位分两种情况：

(1) 若为无符号数，右移时左边高位补 0。

例如：unsigned int	b=28;	0000000000011100
	b>>2=7;	0000000000000111

(2) 若为有符号数，如果原来符号位为 0(正数)，则左边补若干 0；如果原来符号位为 1(负数)，左边补若干 0 的称为“逻辑右移”，左边补若干 1 的称为“算术右移”。

例如：	c:	1001011111101101
逻辑右移	c>>1:	0100101111110110
算术右移	c>>1:	1100101111110110
例如：　int	a1=28;	0000000000011100
	a1>>2=7;	0000000000000111

【例题 2-15】按位右移运算的应用示例。

```
#include<stdio.h>
int main()
{int a1=28, a2=-28;
 unsigned int b=28;
 printf("有符号正数 28>>2=%d\n", a1>>2);
 printf("有符号负数-28>>2=%d\n", a2>>2);
 printf("无符号正数 28>>2=%d\n", b>>2);
 return 0;
}
```

程序运行结果如图 2-22 所示。

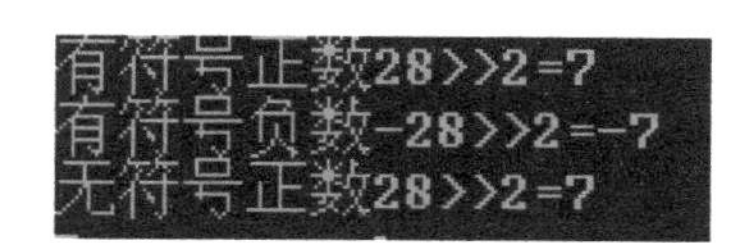

图 2-22　例题 2-15 的运行结果

程序说明：右移 2 位相当于该数除以 2^2，28>>2 相当于 28 除以 4 等于 7。

2.5.5 位运算的混合运算

从 2.3.1 节运算符与表达式概述中，我们知道在 C 语言表达式中，优先级较高的运算符先于优先级较低的进行运算，在运算符优先级相同时，则按运算符的结合性所规定的方向处理。C 语言表达式中若含位运算符，参照如表 2-11 所示的位运算符的优先级与结合性处理。

表 2-11　位运算符的优先级与结合性

优先级	位运算符	类型		结合顺序
2	~	按位取反	单目运算符	自右向左
5	<<、>>	按位左移/右移	双目运算符	自左向右
8	&	按位与		
9	^	按位异或		
10	|	按位或		

【例题 2-16】位运算的应用示例。

```
#include <stdio.h>
int main()
{
 int a=5,b=1,t;
 t=a<<2|b;
 printf("5<<2|1=%d\n",t);
 return 0;
}
```

程序运行结果如图 2-23 所示。

```
5<<2|1=21
```

图 2-23　例题 2-16 的运行结果

程序说明：左移 2 位相当于该数乘以 2^2，5<<2 相当于 5 乘以 4 等于 20。而 20|1=21，相当于 00010100|00000001=00010101(十进制 21)。

【例题 2-17】位运算的应用示例。

```
#include <stdio.h>
int main()
{
 int a=4,b=2,c=2;
 printf("4/2&2 =%d\n",a/b&c);
 printf("(4>>1)/(4>>2)=%d\n", (a>>1)/(a>>2));
 return 0;
}
```

程序运行结果如图 2-24 所示。

```
4/2&2 =2
(4>>1)/(4>>2)=2
```

图 2-24　例题 2-17 的运行结果

程序说明：参照表 2-7，算术运算符“/”优先于位运算符“&”，表达式 4/2=2，2&2=2，故 4/2&2=2。右移 1 位相当于该数除以 2，4>>1 相当于 4 除以 2 等于 2；右移 2 位相当于该数除以 4，4>>2 相当于 4 除以 4 等于 1；故(4>>1)/(4>>2)=2/1=2。

本章小结

计算机处理的基本对象是数据，变量和常量则是程序的最基本数据形式。C 语言允许使用的数据类型有整型、实型、字符型、枚举类型、空类型、派生类型。根据数据类型的不同，变量可分为整型变量、实型变量、字符型变量等；常量可分为整型常量、实型常量、字符常量、字符串常量等。标识符是用来标识变量、常量、函数等的字符序列，只能由字母、数字、下画线组成，且第一个字符必须是字母或下画线。变量的数据类型是可以转换的，转换的方法有自动转换和强制转换两种。

根据运算符所需要的操作数不同，分为伪运算符、单目运算符、双目运算符和三目运算符。根据运算符的运算优先级不同，分 15 级，1 级最高，15 级最低。在表达式中，优先级较高的先于优先级较低的进行运算。运算符优先级相同时，则按运算符的结合性所规定的结合方向处理。

算术运算符主要用于各类数值运算，包括加取正值(+)、取负值(-)、加(+)、减(-)、乘(*)、除(/)、求余(或称模运算，%)。自增、自减运算符可用在操作数的前面(前缀形式)，如++i、--i；也可用在操作数的后面(后缀形式)，如 i++、i--。赋值运算符用于赋值运算，分为简单赋值(=)、复合算术赋值(+=,-=,*=,/=,%=)和复合位运算赋值(&=,|=,^=,>>=,<<=)三类，共 11 种。

常见的位运算符有按位与、按位或、按位异或、按位取反、左移、右移 6 种。

通过本章的学习，读者应当能熟练掌握各种基本类型的变量和常量的用法，掌握各种运算符的使用方法，能将各种数学表达式转换成 C 语言表达式。

习　题　2

一、选择题

1. 以下所列的 C 语言常量中，错误的是(　　)。

   A. 0xFF　　B. 1.2e0.5　　C. 2L　　D. '\72'

2. 以下选项中不属于 C 语言类型的是(　　)。

   A. signed short int　　B. unsigned long int

   C. unsigned int　　D. long short

3. 在 C 语言中，合法的长整型常数是(　　)。

   A. OL　　B. 4962710　　C. 324562&　　D. 216D

4. 设有说明语句 char a='\65';，则变量 a(　　)。

   A. 包含 1 个字符　　B. 包含 2 个字符

   C. 包含 3 个字符　　D. 说明不合法

5. 下列不正确的转义字符是(　　)。

A. '\\'　　B. '\"'　　C. '074'　　D. '\0'

6. 有以下程序：

```
int main( )
{ int x=102, y=012;
  printf("%2d,%2d\n",x,y);
  return 0;
}
```

执行后的输出结果是(　　)。

A. 10,01　　B. 002,12　　C. 102,10　　D. 02,10

7. 若有以下程序段：

```
int m=0xcbc,n=0xcbc;
m-=n;
printf("%X\n",m);
```

执行后输出结果是(　　)。

A. 0X0　　B. 0x0　　C. 0　　D. 0xcBC

8. 若变量已正确定义并赋值，下面符合 C 语言语法的表达式是(　　)。

A. a:=b+1　　B. a=b=c+2　　C. int　18.5%3　　D. a=a+7=c+b

9. 已定义 c 为字符型变量，则下列语句中正确的是(　　)。

A. c='97';　　B. c="97";　　C. c=97;　　D. c="a";

10. 已知大写字母 A 的 ASCII 码是 65，小写字母 a 的 ASCII 码是 97，则用八进制表示的字符常量'\101'是(　　)。

A. 字符 A　　B. 字符 a　　C. 字符 e　　D. 非法的常量

11. 若有定义：int a=8,b=5,c;，执行语句 c=a/b+0.4;后，c 的值为(　　)。

A. 1.4　　B. 1　　C. 2.0　　D. 2

12. 有以下程序段：

```
int m=0,n=0; char c='a';
scanf("%d%c%d",&m,&c,&n);
printf("%d,%c,%d\n",m,c,n);
```

若从键盘上输入：10A10<回车>，则输出结果是(　　)。

A. 10,A,10　　B. 10,a,10　　C. 10,a,0　　D. 10,A,0

13. 有以下程序：

```
int main()
{char a='a',b;
  printf("%c,",++a);
  printf("%c\n",b=a++);
  return 0;
}
```

程序运行后的输出结果是(　　)。

A. b,b　　B. b,c　　C. a,b　　D. a,c

14. 若有定义语句：int x=10;，则表达式 x-=x+x 的值为(　　)。

A. -20　　B. -10　　C. 0　　D. 10

15. 下列程序执行后的输出结果是(　　)。

```
int main()
{int x='f'; printf("%c \n",'A'+(x-'a'+1));
 return 0;
}
```

A. G　　B. H　　C. I　　D. J

16. 设有 int x=11; 则表达式(x++ * 1/3)的值是(　　)。

A. 3　　B. 4　　C. 11　　D. 12

17. C 语言中运算对象必须是整型的运算符是(　　)。

A. %　　B. /　　C. =　　D. 〈=

18. 有以下程序：

```
#include <stdio.h>
int main()
{int a=1,b=0;
 printf("%d,",b=a+b);
 printf("%d\n",a=2*b);
 return 0;
}
```

程序运行后的输出结果是(　　)。

A. 0,0　　B. 1,0　　C. 3,2　　D. 1,2

19. 有以下程序：

```
int main()
{ int i=10,j=1;
printf("%d,%d\n",i--,++j); return  0;
}
```

执行后输出的结果是(　　)。

A. 9,2　　B. 10,2　　C. 9,1　　D. 10,1

20. 设有定义：float a=2,b=4,h=3;，以下 C 语言表达式与代数式 $\frac{(a+b)*h}{2}$ 计算结果不相符的是(　　)。

A. (a+b)*h/2　　B. (1/2)*(a+b)*h　　C. (a+b)*h*1/2　　D. h/2*(a+b)

二、填空题

1. C 语言中所提供的数据结构是以数据类型形式出现的，其中的基本类型包括 int 型即________、float 型即________、double 型即________、char 型即________等。

2. C 语言中的标识符只能由三种字符组成，它们是_____、_____和_____。

3. C 程序中的字符常量是用________括起来的一个字符；此外，还允许用一种特殊形式的字符常量，是以________开头，被称为转义字符，转义字符'\n'表示________，使光标移到屏幕下一行开头处。

4. 常量是指在程序执行过程中其值________改变的量，变量是指在程序执行过程中其值________的量。

5. 一个字符数据既可采用字符形式输出，也可采用________形式输出。

6. 若 int x=3，则执行表达式 x*=x+=x-1 后 x 的值为________。

7. 设 x、y 均为整型变量，且 x=10，y=3，则语句 printf("%d,%d\n",x--,--y); 的输出结果是________。

8. 若 a 为 int 类型，且其值为 3，则执行完表达式 a+=a-=a*a 后，a 的值是________。

9. 若有定义：int　x=9,y=7,z;，执行语句 z=x/y+0.7;后，c 的值为________。

10. 若 x 和 n 均是 int 型变量，且 x 和 n 的初值均为 5，则执行表达式 x+=n++后，x 的值为__________，n 的值为__________。

11. 英文小写字母 d 的 ASCII 码为 100，英文大写字母 D 的 ASCII 码为________。

12. 与十进制 511 等值的十六进制数为________。

13. 表达式(int)((double)9/2)-(9)%2 的值是________。

14. 语句 printf("a\bre\'hi\'y\\\bou\n");的输出结果是________。

15. 设 char 型变量 x 中的值为 10100111，则表达式(2+x) ^ (~3)的值是________。

三、程序阅读题

1. 以下程序的输出结果是________。

```
int main()
{int a=1, b=2;
 a=a+b; b=a-b; a=a-b;
 printf("%d,%d\n", a, b );
 return 0; }
```

2. 以下程序运行后的输出结果是________。

```
int main()
{int a,b,c;
 a=25;
 b=025;
 c=0x25;
 printf("%d%d%d\n",a,b,c);
 return 0;}
```

3. 以下程序运行后的输出结果是________。

```
int main()
{ char m;
 m='B'+32;
 printf("%c\n",m);
 return 0;}
```

4. 已知字母 A 的 ASCII 码为 65。以下程序运行后的输出结果是________。

```
int main()
{char a, b;
 a='A'+'5'-'3'; b=a+'6'-'2';
 printf("%d %c\n",a,b);
 return 0;}
```

5. 以下程序运行后的输出结果是________。

```
int main()
{ int m=3,n=4,x;
x=-m++;
x=x+8/++n;
printf("%d\n",x);
return 0;}
```

6.根据注释，补充完整以下程序代码，并给出运行结果。

```
#include<stdio.h>
int main()
{                                  //定义两个 int 变量
  printf("输入两个整数，用空格分隔：");        //提示输入
  ________________________________        //从键盘输入两个整数
  ________________________________        //计算并输出两个整数的商数
  ________________________________        //计算并输出两个整数的余数
  return 0;
}
```

第3章　顺序结构程序设计

C 语言程序控制有三种基本结构：顺序结构、选择结构和循环结构。本章介绍三种基本结构之一的顺序结构程序设计。

本章教学内容：

- 五种基本的 C 语句
- 字符输入输出函数
- 格式输入输出函数
- 顺序结构程序举例

本章教学目标：

- 了解 C 语句的概念及种类
- 掌握 C 语言常用的输入/输出方式
- 熟练掌握字符输入输出函数、格式输入输出函数
- 能熟练使用 printf()和 scanf()以正确格式输入输出各种数据
- 能熟练编写顺序结构的程序

3.1　C 语言的基本语句

C 程序是一组语句的集合，这些语句向计算机系统发出操作指令完成某项任务或解决某个问题。C 语言提供了多种语句来实现顺序结构、选择结构、循环结构三种基本结构。C 语句可分为程序流程控制语句、函数调用语句、表达式语句、空语句、复合语句共 5 种。

1. 程序流程控制语句

程序流程控制语句共有九种，如下所示。

```
  if~else~     for()~     while()~      do~while()
  switch   goto   continue   break  return
```

(1) 如下控制语句在变量 x,y 中选出较小的值赋给变量 min。

```
if(x<y) min=x;
else  min=y;
```

(2) 如下控制语句计算 1+2+3+…+100 的和，赋给变量 sum。

```
  for(i=1,sum=0;i<=100;i++) sum=sum+i;
```

2. 表达式语句

表达式语句是由任意表达式末尾加上分号组成。

(1) 例如 y++;　表达式语句表示变量 y 加 1。

(2) 例如 y=a+b; 表达式语句表示变量 a 加变量 b 的和赋给变量 y。

3. 函数调用语句

函数可以是库函数和用户自定义函数，函数调用语句的结构是：函数名(参数列表);

(1) 例如 sqrt(9); 函数调用语句表示调用库函数 sqrt，库函数 sqrt 是数学开方函数，9 是参数，即表示开方 9，结果等于 3。

(2) 例如 printf("this is a C program. "); 函数调用语句表示调用库函数 printf，库函数 printf 是格式输出函数，"this is a C program." 是参数，即表示输出"this is a C program."，结果在电脑屏幕上显示"this is a C program. "。

(3) 例如 sum(8,5); 函数调用语句表示调用用户自定义函数 sum，假设用户自定义函数 sum 是求两个数的和，8 和 5 是参数，即表示 8+5=13，结果等于 13。

4. 空语句

空语句就是一个分号，表示什么也不做。空语句不执行任何操作运算，只是出于语法上的需要，在某些必需的场合占据一个语句的位置，便于以后扩充用。

5. 复合语句

复合语句由若干语句用花括号{ }括起来组成。

例如：
```
{    a=8;
     b=10;
}
```

复合语句被看成一个整体，被认为是一条语句，即相当于语句 a=8,b=10;。

【例题 3-1】编写程序，将两个数从小到大排序。本例题用于演示 5 种 C 语句。

```
#include<stdio.h>
int  main()
{
    int a,b,t;
    scanf("%d,%d",&a,&b);       //函数调用语句
        ;                       //空语句
    if(a>b)                     //程序流程控制语句
      {                         //复合语句
       t=a;                     //表达式语句
       a=b;                     //表达式语句
       b=t;                     //表达式语句
      }
    printf("%d,%d\n",a,b);      //函数调用语句
```

```
return 0;
 }
```

程序运行结果如图 3-1 所示。

如例题 3-1 所示，if(a>b)是程序流程控制语句；scanf("%d, %d",&a,&b);和 printf("%d, %d\n",a,b);是函数调用语句；t=a;是表达式语句；;是空语句；{t=a;a=b;b=t; }是复合语句。

```
9,5
5,9
```

图 3-1　例题 3-1 的运行结果

3.2　字符数据的输入输出

所谓输入输出是以计算机主机为主体而言的，从计算机向输出设备(如显示器、打印机等)输出数据称为输出；从输入设备(如键盘、磁盘、光盘、扫描仪等)向计算机输入数据称为输入。

C 语言本身不提供输入输出语句，输入和输出操作是由 C 标准函数库中的函数来实现的。因此，要使用各种输入输出函数，需要在程序文件的开头引用预编译指令#include <stdio.h>或者#include "stdio.h"。stdio.h 是一个头文件，其中包含 C 语言中使用的许多输入输出函数。本章将讲到的字符输出函数 putchar( )、字符输入函数 getchar( )、格式输出函数 printf()、格式输入函数 scanf( )都包含在 stdio.h 文件中。

3.2.1　字符输出函数 putchar( )

字符输出函数 putchar( )的功能是从计算机向输出设备(显示器)输出一个字符。putchar 函数的基本格式为：

```
putchar(c);
```

即将指定的参数 c 的值所对应的字符输出到标准输出终端上。参数 c 可以是字符型或整型的常量、变量或表达式，它每次只能输出一个字符。例题 3-2 说明了参数 c 的多种用法及其效果。

【例题 3-2】putchar(c)中参数 c 的多种用法及其效果示例。

```
#include<stdio.h>
int main()
{
char a='m';
 int m=97;
 putchar('a');        //参数为字符常量'a'
 putchar(a);          //参数为字符变量 a
 putchar('\n');       //参数为转义字符'\n'
 putchar(m);          //参数为整型变量 m
 putchar(65);         //参数为整型常量 65
```

```
putchar('A'+1);      //参数为表达式
putchar('\n');
return 0;
}
```

程序运行结果如图 3-2 所示。

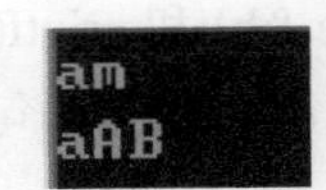

图 3-2　例题 3-2 的运行结果

程序说明：

(1) 参数为一个被单引号(英文状态下)引起来的字符时，输出该字符，该字符也可为转义字符。如果参数是字符常量，语句 putchar('a');输出显示字母 a。如果参数是转义字符，语句 putchar('\n');输出换行符，从新的一行开始输出。

(2) 参数为一个事先用 char 定义好的字符型变量时，输出该变量所指向的字符。如参数是字符变量，语句 char a='m'; putchar(a); 输出显示字母 m。

(3) 参数为一个事先用 int 定义好的整型变量时，输出ASCII代码所对应的字符。如果参数是整型变量，语句 int m=97; putchar(m); 输出显示字母 a。

(4) 参数为一个介于 0~127(包括 0 及 127)的十进制整型数据时，它会被视为对应字符的ASCII代码，输出该 ASCII 代码对应的字符；如果参数是整型常量，语句 putchar(65);输出显示字母 A(65 是字符 A 对应的ASCII代码)。

(5) 参数为一个表达式，输出表达式结果ASCII值所对应的字符。如 putchar('A'+1);中，65 是字符 A 对应的ASCII值，即'A'+1=65+1=66，66 是字符 B 对应的ASCII代码，输出显示字母 B。

3.2.2　字符输入函数 getchar( )

字符输入函数 getchar( )的功能是从输入设备(键盘)向计算机输入一个字符。

getchar 函数的基本格式为：getchar( );

即从键盘读取数据，且每次只能读一个字符。当程序调用 getchar()时，程序就等着用户按键，用户输入的字符被存放在键盘缓冲区中，直到用户按回车键为止。getchar()函数不带参数，但仍然必须带括号。

【例题 3-3】编写程序，从键盘输入两个字符，然后把它们输出到屏幕。

```
#include <stdio.h>
 int  main()
 {
   char m,n;
   printf("输入");
   m=getchar(); n=getchar();
   printf("输出");
   putchar(m); putchar(n);
   putchar('\n ');
   return 0;
 }
```

程序运行结果如图 3-3 所示。

图 3-3　例题 3-3 的运行结果

程序说明：

(1) 语句 m=getchar();中的 m 是声明为 char 类型的变量，用于接收通过 getchar()函数从键盘输入的第 1 个字符；语句 n=getchar();中的 n 是声明为 char 类型的变量，用于接收通过 getchar()函数从键盘输入的第 2 个字符。从键盘输入“OK”并按回车后，即得出 m='O'，n='K'。

(2) 语句 putchar(m); 输出'O'，语句 putchar(n); 输出'K'，语句 putchar('\n '); 输出换行符。

【例题 3-4】 编写程序，省略变量 m 和 n，巧用 putchar(getchar())简化例题 3-3。

```
#include <stdio.h>
 int  main()
 {
   putchar(getchar());
   putchar(getchar());
   putchar('\n ');
   return 0;
 }
```

程序运行结果如图 3-4 所示。

(a) 从键盘输入“OK”并按回车后　　(b) 从键盘输入“O”并按回车后

(a)　　(b)

图 3-4　例题 3-4 的运行结果

程序说明：

(1) 语句 putchar(getchar()); 中，getchar()函数只接收一个字符，putchar()函数只输出一个字符；使用 putchar(getchar())时，当输入一个字符时，会原样输出这个字符。第 1 句 putchar(getchar());接收从键盘输入的第 1 个字符，第 2 句 putchar(getchar());接收从键盘输入的第 2 个字符。

(2) 从键盘输入“OK”并按回车后输出结果如图 3-4(a)，从键盘输入“O”并按回车后输出结果如图 3-4(b)。第一种情况的两个有效输入字符是'O'和'K'，第二种情况的两个有效输入字符是'O'和回车符。两次输入结果不同，是因为从键盘输入的回车键也可以作为有效字符('\n ')输出空行。

3.3　格式输入输出

C 语言的标准库提供了两个带格式的输入和输出函数：带格式的输出函数 printf()和带格式的输入函数 scanf()。这两个函数能按用户预先指定的各种格式要求输入和输出数据，所以称为格式输入和输出函数。printf()函数和 scanf()函数通过各种不同的格式说明符指定变量值的输入和输出格式，不仅能增强程序输入输出的规范性，还能较好地美化程序运行界面。

3.3.1　格式输出函数 printf()

格式输出函数 printf()的功能是按指定的输出格式将各种类型的数据(整型、实型、字符型等)从计算机中输出到显示器上。

格式输出函数 printf( )的一般格式：printf ("输出格式", 输出参数列表);

【例题 3-5】示例简单格式输出函数的用法。

```
#include <stdio.h>
int main()
{
int m=97,n=98;
float c=5.23;
printf("整型 m、n 示例\n");
printf("%d %d\n",m,n);
printf("%x,%d\n",m,n);
printf("%c\t%c\n",m,n);
printf("m=%d,n=%d,m+n=%d\n",m,n,m+n);
printf("实型 c 示例\n");
printf("c=%f\nc=%e\n",c,c);
return 0;
}
```

程序运行结果如图 3-5 所示。

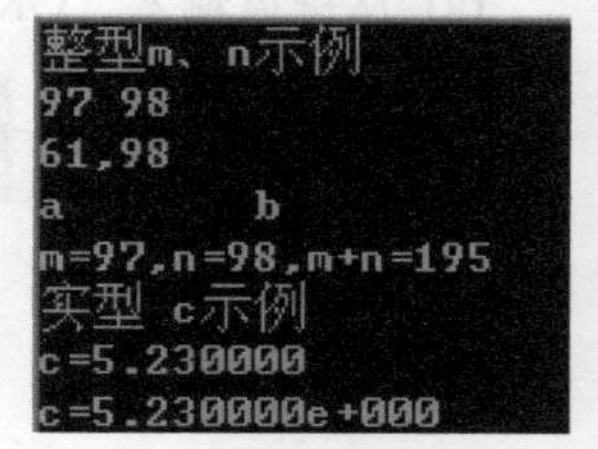

图 3-5　例题 3-5 的运行结果

1. 输出参数列表说明

输出参数列表中列出了所有要输出的数据项，输出的数据项之间用逗号分隔，输出的数据项可以是常量、变量、表达式和函数。

(1) 输出列表的每个数据项按对应的输出格式要求输出，输出的 3 个数据项的个数要与输出格式中的格式符个数相同。如图 3-6 所示，输出格式中的格式说明符(%d)与输出参数列表中的 3 个数据项(常量 2、变量 b、表达式 a*b)要一一对应。

printf ("a=%d b=%d a*b=%d\n",2,b,a*b)

图 3-6　输出格式中的格式说明与输出列表中的数据项对应

如上例语句 int m=97,n=98;　printf("m=%d,n=%d,m+n=%d\n",m,n,m+n);中的第 1 个%d 对应变量 m，第 2 个%d 对应变量 n，第 3 个%d 对应表达式 m+n 的值。

(2) 输出参数列表可以省略，原样输出字符和转义字符，将在下面详细讲解。

如上例语句 printf("整型 m、n 示例\n"); 此句输出结果为“整型 m、n 示例”并换行。如上例语句 printf("实型 c 示例\n"); 此句输出结果为“实型 c 示例”并换行。

2. 输出格式说明

输出格式由原样输出字符、转义字符、输出格式说明组成。

(1) 原样输出字符由可输出的字符组成，包括文本字符和空格。原样输出字符的输出效果与其自身的显示相同。

如上例语句 printf("%d %d\n",m,n); 中两个%d 之间的空格为原样输出字符，此句输出结果为“97 98”。

如上例语句 printf("m=%d,n=%d,m+n=%d\n",m,n,m+n); 中的“m=,n=,m+n=”为原样输出字符，此句输出结果为“m=97,n=98,m+n=195”。

(2) 转义字符是以'\'开头的字符，不是原样输出，而按控制含义输出，转义字符的控制含义见表 2-1。

如上例语句 printf("%c\t%c\n",m,n); 中的“\t”为水平制表符，即跳到下一个制表位(1 个制表位有 8 位)，此句输出结果为“a   b”(字符 a 在第 1 位，字符 b 在第 9 位，中间有 7 个空格)。

如上例语句 printf("c=%f\nc=%e\n",c,c); 中的“\n”为换行符，即将当前位置移到下一行开头，此句输出结果为 2 行。

(3) 输出格式说明由“%”与不同的格式字符(输出附加格式说明符和输出格式说明符)组成，用来说明各输出项的数据类型、长度和小数点位数。输出格式说明符如表 3-1 所示，输出附加格式说明符如表 3-2 所示。

格式说明的一般格式：% 输出附加格式说明符 输出格式说明符

注意输出附加格式说明符可省略。

表 3-1 输出格式说明符

数据类型	格式说明符	含 义
整型数据	d 或 i	表示以十进制形式输出一个带符号的整数
	o	表示以八进制形式输出一个无符号的整数
	X，x	表示以十六进制形式输出一个无符号的整数
	u	表示以十进制形式输出一个无符号的整数
实型数据	f	表示以小数形式输出带符号的实数(包括单、双精度)
	E，e	表示以指数形式输出带符号的实数
	G，g	表示选择%f 或%e 格式输出实数(选择占宽度较小的一种)
字符型数据	c	表示输出一个单字符
	s	表示输出一个字符串

表 3-2 输出附加格式说明符

附加格式说明符	含 义
l/L	用于长整型和长双精度实型数据，可加在格式字符 d、o、x、u、f 前面
m(正整数)	数据输出的最小宽度
.n(正整数)	对于实数，表示输出 n 位小数；对于字符串，表示截取的字符个数
-	输出的数字或字符在域内向左靠，右边填空格
#	当整数以八进制或十六进制形式输出时，输出前缀。 可加在格式字符 o、x 前面

例如：

① 格式说明%3d 表示输出带符号的十进制整数，数据的输出宽度是 3 位。

② 格式说明%8.3f 表示以小数形式输出实数，数据的输出宽度是 8 位，保留 3 位小数。

③ 上例语句 printf("%x,%d\n",m,n); 中的第 1 个%x 对应变量 m，第 2 个%d 对应变量 n。%x 表示以十六进制输出十进制整型变量 m （6×16+1=97），即输出“61”；%d 表示以十进制输出十进制整型变量 n，即输出“98”。

④ 上例语句 printf("c=%f\n,c=%e\n",c,c); 中的第 1 个%f 对应变量 c，第 2 个%e 对应变量 c。%f 表示以小数形式输出实数 c，即输出“c=5.230000”；%e 表示以指数形式输出实数 c，即输出“c=5.230000e+000”。

3.3.2 printf( )函数的应用

1. 整型数据的输出

整型数据的各种格式符对应的不同输出形式、要求的输出数据项及数据输出方式如表 3-3 所示。

表 3-3 整型数据的各种格式符

格式符	输出形式	输出项类型	数据输出方式
%-md	d 十进制整数	int, short	有-，左对齐；无-，右对齐； 无 m 或总宽度超过m位时，按实际宽度输出； 不足 m 位时，补空格
%-mo	o 八进制整数	unsigned int	
%-mx	x 十六进制整数	unsigned short	
%-mu	u 无符号整数	char	
%-mld	ld 十进制整数	long unsigned long	
%-mlo	lo 八进制整数		
%-mlx	lx 十六进制整数		
%-mlu	lu 无符号整数		

【例题 3-6】编写程序，演示整型数据的输出。

```
#include <stdio.h>
int main()
{  int a=10,b=16;
  long n=1234567;
  printf("%d,%d\n",a,b);
  printf("%o,%o\n",a,b);
  printf("%x,%x\n",a,b);
  printf("%3d%3d\n",a,b);
  printf("%-3d%-3d\n",a,b);
  printf("%ld\n",n);
return 0;
 }
```

程序运行结果如图 3-7 所示。

程序说明：

(1) %d、%o、%x 按整型数据的实际长度输出。

如语句 int a=10,b=16; printf("%d,%d\n",a,b); 中的第 1 个%d 对应变量 a，第 2 个%d 对应变量 b，%d 表示以十进制输出整数，即输出“10,16”。语句 printf("%o,%o\n",a,b); 中的%o 表示以八进制输出整数，即输出“12,20”；语句 printf("%x,%x\n",a,b);中的%x 表示以十六进制输出整数，即输出“a,10”。

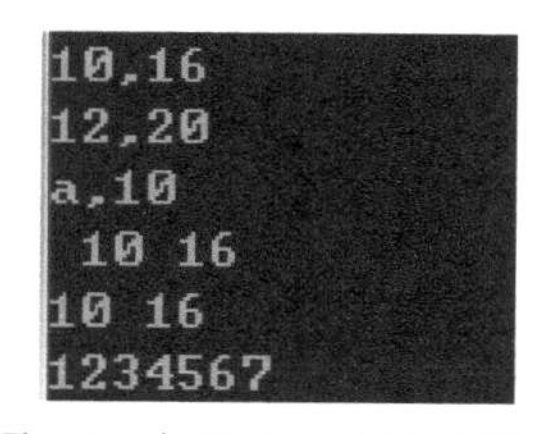

图 3-7　例题 3-6 的运行结果

(2) %md。m 指定输出数据的宽度，m>0，数据右对齐，左端补空格。

如语句 printf("%3d%3d\n",a,b); %3d 表示以十进制输出整数，指定输出数据的宽度为 3，数据右对齐，左端补空格，即输出“□10□16”。十进制整数 10 占 2 位，输出数据的宽度为 3，左端补 1 个空格(用□表示)。

(3) %-md。m 指定输出数据的宽度，-表示数据左对齐，右端补以空格。注意若数据宽度大于 m，则按实际位数输出。

如语句 printf("%-3d%-3d\n",a,b); 中的%-3d 表示以十进制输出整数，指定输出数据的宽度为 3，有-，表示数据左对齐，右端补以空格。即输出“10□16□”。十进制整数 10 占 2 位，输出数据的宽度为 3，右端补 1 个空格(用□表示)。

(4) %ld。用于输出长整型数据。

如语句 long n=1234567; long n=1234567; 中的%ld 表示以十进制输出长整型，即输出“1234567”。

2. 实型数据的输出

实型数据的各种格式符对应的不同输出形式、要求的输出数据项及数据输出方式如表 3-4 所示。

表 3-4　实型数据的各种格式符

格式符	输出形式	输出项类型	数据输出方式
%-m.nf %-m.ne %<f,e>	f 十进制小数 e 十进制指数 自动选定格式	float double	有-，左对齐；无-，右对齐。 无 m.n 或总宽度超过m时，则按实际宽度输出；有 m.n 输出 m 位，其中小数 n 位；不足 m 位时，加空格
%g	自动选定 f 或 e 格式	float double	不输出尾数中无效的 0，以尽可能少占输出宽度

【例题 3-7】编写程序，演示实型数据的输出。

```
#include <stdio.h>
int main()
{  float x=12.3456,y=-789.123;
 printf("%f,%f\n",x,y);
```

```
    printf("%10f,%15f\n",x,y);
    printf("%-10f,%-15f\n",x,y);
    printf("%8.2f,%4f\n",x,y);
    printf("%e,%10.2e\n",x,y);
  return 0;
}
```

程序运行结果如图 3-8 所示。

```
12.345600,-789.122986
 12.345600,    -789.122986
12.345600 ,-789.122986
   12.35,-789.122986
1.234560e+001,-7.89e+002
```

图 3-8　例题 3-7 的运行结果

程序说明：

(1) %f，不指定字段宽度，由系统自动指定字段宽度，使整数部分全部输出，并输出 6 位小数。应当注意，在输出的数字中并非全部数字都是有效数字，单精度实数的有效位数一般为 7 位。

如语句 float x=12.3456,y=-789.123; printf("%f,%f\n",x,y); 中的第 1 个%f 对应变量 x，第 2 个%f 对应变量 y，%f 表示以小数形式输出实数，即输出“12.345600，-789.1222986”。单精度实数的有效位数一般为 7 位(含小数点位)，所以从第 8 位开始不准确。

(2) %m.nf，指定输出的数据共占 m 列，其中有 n 位小数。如果数值长度小于 m，则左端补空格。注意，如果省略 n，则单精度实数默认保留 6 位小数。

如语句 printf("%10f,%15f\n",x,y); 中的%10f 表示以小数形式输出实数，指定输出数据的宽度为 10，数据右对齐，左端补以空格，即输出“□12.345600”。

如语句 printf("%8.2f,%4f\n",x,y);　中的%8.2f 表示以小数形式输出实数，指定输出数据的宽度为 8，其中有 2 位小数，数据右对齐，左端补以空格，即输出“□□□12.35”。

(3) %-m.nf 与%m.nf 基本相同，只是使输出的数值向左端靠，左对齐并右端补空格。

如语句 printf("%-10f,%-15f\n",x,y); 中的%10f 表示以小数形式输出实数，指定输出数据的宽度为 10，数据左对齐，右端补以空格，即输出“12.345600□”。

(4) %e。不指定输出数据所占的宽度和数字部分的小数位数，有的系统自动指定数字部分的小数位数为 6 位，指数部分占 3 位。%m.ne 和%-m.ne 中的 m、n 和“-”字符的含义与前面相同，指定输出数据所占的宽度为 m，拟输出的数据的小数部分(又称尾数)的小数位数为 n。

如语句 printf("%e,%10.2e\n",x,y);中的第 1 个%e 对应变量 x，第 2 个%10.2e 对应变量 y；%e 表示以指数形式输出实数，即输出“12.34560e+001，”；%10.2e 表示以指数形式输出实数，数据所占的宽度 10 和数字部分的小数位数为 2 位，输出“-7.89e+002”。

3. 字符型数据的输出

字符型数据的各种格式符对应的不同输出形式、要求的输出数据项及数据输出方式如表 3-5 所示。

表 3-5　实型数据的各种格式符

格式符	输出形式	输出项类型	数据输出方式
%-mc	c 单个字符	char	有-，左对齐；无-，右对齐。 无 m 则输出单个字符；有 m 则输出 m 位，不足 m 位时补空格
%-m.ns	s 字符串	字符串	有-，左对齐；无-，右对齐。 无 m.n 则按实际输出全部字符串； 有 m.n 则输出前 n 个字符串

【例题 3-8】编写程序，演示字符型数据的输出。

```
#include <stdio.h>
int main()
{  char c='a';
printf("%c,%d\n",c,c);
printf("%3c\n",c);
printf("%-3c\n",c);
printf("%s,%6.3s\n","C program","C program");
printf("C program\n");
return 0;
}
```

程序运行结果如图 3-9 所示。

程序说明:

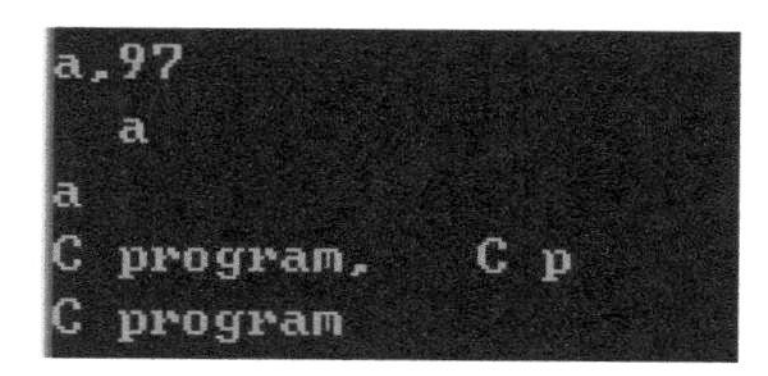

图 3-9　例题 3-8 的运行结果

(1) %c,用来输出一个字符。一个整数,只要它的值在 0～255 范围内，可以用"%c"使之按字符形式输出，在输出前，系统会将该整数作为 ASCII 码转换成相应的字符；一个字符数据也可用整数形式输出。

如语句 char c='a'; printf("%c,%d\n",c,c); 中的第 1 个%c 对应变量 c，%c 表示以字符形式输出字符，即输出“a”；第 2 个%d 对应变量 c，%d 表示以整型形式输出字符，a 字符对应的 ASCII 码为 97，即输出“97”。

(2) %mc 和%-mc 基本相同，输出字符宽度都占 m 列，不同的是%mc 为右对齐，%-mc 为左对齐。

如语句 printf("%3c\n",c); %3c 表示以字符形式输出字符，指定输出数据的宽度为 3，数据右对齐，左端补以空格，即输出“□□a”。

如语句 printf("%-3c\n",c); %-3c 表示以字符形式输出字符，指定输出数据的宽度为 3，数据左对齐，右端补以空格，即输出“a□□”。

(3) %s 用来输出字符串；%ms 输出的字符串占 m 列，若串长大于 m，则全部输出，若串长小于 m，则左补空格。%m. ns 输出字符串占 m 列，只取字符串中左端 n 个字符，输出在 m 列的右侧，左补空格。%-ms，若串长小于 m，字符串向左靠，右补空格。%-m.ns，n 个字符输出在 m 列的左侧，右补空格，若 n>m，m 自动取 n 值，以保证 n 个字符正常输出。

如语句 printf("%s,%6.3s\n"," C program "," C program "); 中的%s 表示以字符串形式输出“C program”，即输出“C program”；%6.3 表示以字符串形式输出“C program”，输出字符串占 6 列，只取字符串中左端 3 个字符，输出在 6 列的右侧，左补空格，即输出“□□□C□p”。

(4) 字符串可直接输出。

如语句 printf("C program \n"); 省略了输出参数列表，原样输出字符，即输出“C program”并回车。

3.3.3　格式输入函数 scanf( )

格式输入函数 scanf ( )的功能是按照指定的输入格式从键盘上将各种类型的数据(整型、实型、字符型等)输入计算机中。

格式输入函数 scanf ( )的一般格式：scanf ("输入格式", 输入参数地址列表)。

【例题 3-9】 编写程序，输入 3 个整型数据并输出。

```
#include<stdio.h>
int main()
{
int a,b,c;
printf("请输入 3 个整型数据\n");
scanf("%d%d%d",&a,&b,&c);
printf("%d,%d,%d\n",a,b,c);
return 0;
}
```

程序运行结果如图 3-10 所示。

```
请输入3个整型数据
9 8 6
9,8,6
```

图 3-10　例题 3-9 的运行结果

1. 输入函数 scanf( )的工作过程

上例语句 scanf("%d%d%d",&a,&b,&c); 是使用非打印字符键(如空格键、tab 键、回车键是默认输入键)来判断输入数据什么时候开始，什么时候结束。它按指定顺序，将输入格式与输入参数地址列表中的数据进行匹配，并略过之前的非打印字符键。只要任何相邻的 2 个数之间至少有一个空格符、tab 键符、回车键符等，就可在多行内输入多个数据。如上例语句 scanf("%d%d%d", &a,&b,&c); 应由键盘输入“9(空格)8(空格)6(空格)”。

2. 输入参数地址表列说明

(1) 输出函数 printf( )的输出参数表列使用变量名、常量、符号常量和表达式，但输入函数 scanf( )的输入参数地址表列使用变量的指针(地址)。变量指针是包含地址的数据项，这个地址是内存中存储变量的位置，指针将在后续章节进行讲解。

如上例语句 scanf("%d%d%d",&a,&b,&c); 是按照指定的"%d%d%d"输入格式从键盘上将

3 个整型数据输入计算机中；输入时 3 个整型数据用空格分开，输入参数地址列表的变量前加地址符如“&a,&b,&c”。而语句 printf("%d,%d,%d\n",a,b,c);是按照指定的"%d,%d,%d\n"输出格式将 3 个整型数据从计算机中输出到显示器上；输出的 3 个整型数据用','分开，输出参数列表的变量前不加任何符号，如“a,b,c”。

(2) 使用输入函数 scanf( )时，输入参数地址列表应遵循以下两条规则：

① 如果要读取基本数据类型变量的值，应在变量名之前键入'&'符号。

② 当读取指针变量指向的值时，如数组变量等，在变量名前不能使用'&'符号。

3. 输入格式说明

格式输出函数 printf( )中使用的格式及其语法同样适用于格式输入函数 scanf ( )，在前面输出函数 printf ( )中讨论的格式说明对输入函数 scanf ( )同样有效。输入格式与输出格式基本相同，由原样输入字符和输入格式说明组成。

输入格式说明由“%”与不同的格式字符(输入附加格式说明符和输入格式说明符)组成，用来说明各输入项的数据类型、长度和小数点位数。输入格式说明符如表 3-6 所示，输入附加格式说明符如表 3-7 所示。

格式说明的一般格式：%　输入附加格式说明符　输入格式说明符

注意，输入附加格式说明符可省略。

表 3-6　输入附加格式说明符

附加格式说明符	含　义
l	用于输入长整型和双精度实型数据， 可加在格式字符 d、o、x、u、f、e 前面
h	用于输入短整型数据
m(正整数)	域宽，指定输入数据所占的宽度
*	表示本输入项读入后不赋给任何变量，即跳过该输入值

表 3-7　输入格式说明符

数据类型	格式说明符	含　义
整型数据	d, i	以十进制形式输入有符号整数
	o	以八进制形式输入无符号整数
	x, X	以十六进制形式输入无符号整数
	u	以十进制形式输入无符号整数
实型数据	f	以小数形式或指数形式输入实数
	e, E, g, G	同 f，它们之间可以互换
字符型数据	c	输入单个字符
	s	输入字符串

4. 使用 scanf()函数时应注意的问题

(1) 如果在“输入格式”字符串中除了格式说明以外还有其他字符，则在输入数据时在对应位置应输入与这些字符相同的字符。

如例题 3-9 中语句 scanf("%d%d%d",&a,&b,&c); 若改为 scanf("%d,%d,%d",&a,&b,&c); 则应由键盘输入“9,8,6”(必须原样输入逗号(,))。若改为 scanf("a=%d,b=%d,c=%d",&a,&b,&c); 则应由键盘输入“a=9, b=8,c=6”。

(2) 用“%c”格式输入字符时，空格字符和“转义字符”都作为有效字符输入。

如语句 char c1,c2; scanf("%c%c",&c1,&c2);应由键盘输入“ok”，语句 printf("c1=%c,c2=%c", c1,c2); 的输出结果为“c1=o, c2=k”。若通过键盘输入“o□k”，程序的输出结果为“c1=o, c2=□”，即程序使得 c1 的值为字符 o，c2 的值为有效字符□(空格)。

(3) 输入数据时，遇以下情况时认为该数据结束。

① 遇空格，或按“回车”或 Tab 键结束；

如上例语句 scanf("%d%d%d",&a,&b,&c);可由键盘输入“1(空格)2(空格)3(空格)”，或者“1(回车)2(回车)3(回车)”或者“1(Tab 键)2(Tab 键)3(Tab 键)”，语句 printf("a=%d,b=%d, c=%d\n",a,b,c); 的输出结果为“a=1,b=2,c=3”。

② 按指定的宽度结束，如“%3d”，只取 3 列；

如语句 int x,y; scanf("%3d%d",&x,&y);应由键盘输入“123456”，则语句 printf("x=%d, y=%d\n",x,y); 的输出结果为“x=123, y=456”。

③ 在输入数值数据时，如遇非法字符(不属于数值的字符)则结束。

如语句 int a;　char b; float c; scanf("%d%c%f",&a,&b,&c); 若由键盘输入“1234m123o.45”，则第 1 个变量 a 对应%d 格式，在输入 1234 之后遇字符‘m’结束；第 2 个变量 b 对应%c 格式，只要求输入 1 个字符，即字符‘m’；第 3 个变量 c 对应%f 格式，本来想输入 1230.45，由于输入错误，输成 123o.45，遇非法字符‘o’结束；语句 printf("a=%d,b=%c, c=%f",a,b,c); 的输出结果为“a=1234,b=m,c=123”。

如语句 int a1,a2;　char c1,c2;　scanf("%d%c%d%c",&a1,&c1,&a2,&c2); 应由键盘输入“56a78b”，语句 printf("a1=%d,c1=%c,a2=%d,c2=%c",a1,c1,a2,c2); 的输出结果为“a1=56,c1=a, a2=78,c2=b”。

3.4　顺序结构程序举例

程序的顺序、选择、循环三种基本结构也叫程序的控制结构，控制着程序语句的执行顺序。顺序结构是最基本的控制结构，在如图 3-11 所示的顺序结构的执行过程中，先执行 A 语句，再执行 B 语句，依此类推。

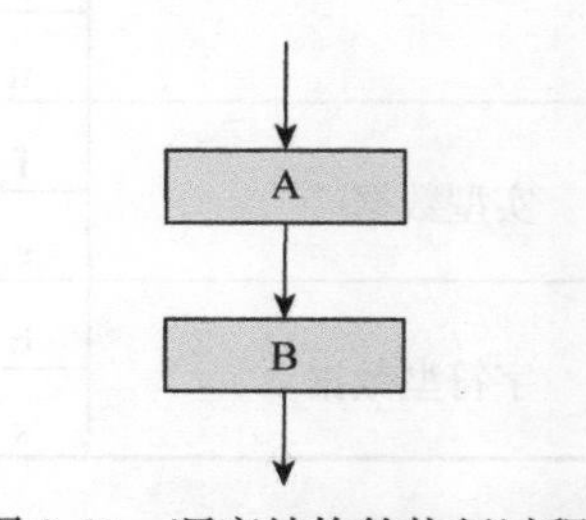

图 3-11　顺序结构的执行过程

【例题 3-10】编写程序，由键盘键入 A、B 的值，要求完成这两个数的交换。

(1) 算法分析：如果由键盘键入 A=5，B=6，要求输出结果为 A=6，B=5。

思考：在日常生活中是如何实现交换的呢？

有两个锥形瓶，瓶 A 里面装的是酒精，瓶 B 里面装的是水，如果我们要交换两个瓶子里的液体，该怎么办？我们是利用 1 个空瓶 C 来完成交换的，如图 3-12 所示，分 3 步完成。

第 1 步：将瓶 A 的酒精倒入空瓶 C，瓶 A 空；

第 2 步：将瓶 B 的水倒入空瓶 A，瓶 B 空，瓶 A 装水；

第 3 步：将酒精从瓶 C 倒入空瓶 B，瓶 C 空，瓶 B 装酒精。

图 3-12　两个数的交换过程

(2) 程序分析：在程序设计中，我们要交换 A、B 两个变量的值该怎么办？完成 A、B 两个数交换的流程图如图 3-13 所示，分 3 步完成。

第 1 步：要求输入交换前 A、B 的值；

第 2 步：利用第 3 个变量 C 来进行交换，交换过程如下：C=A，A=B，B=C；

第 3 步：打印交换后 A、B 的值；

(3) 编写程序：

```
#include<stdio.h>
int main()
{ int A, B, C;
  scanf("A=%d,B=%d",&A, &B);       //要求输入变量 A,B 的值
  C=A;                             //交换 A,B 的值第 1 步
  A=B;                             //交换 A,B 的值第 2 步
  B=C;                             //交换 A,B 的值第 3 步
 printf("A=%d,B=%d\n",A,B);        //打印交换后 A, B 的值;
 return 0;
 }
```

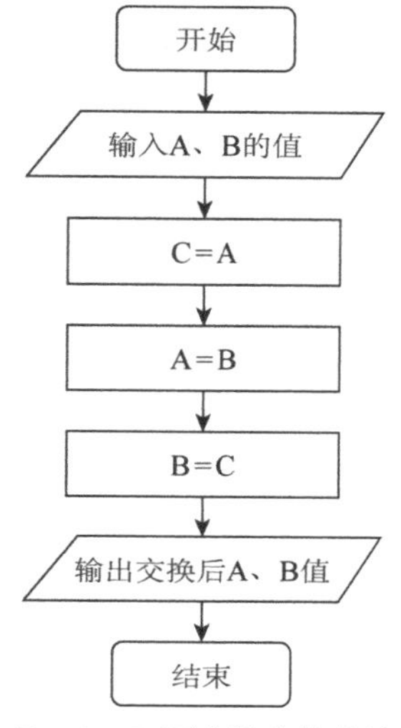

图 3-13　A、B 两个数交换的流程图

程序运行结果如图 3-14 所示。

```
A=5,B=6
A=6,B=5
```

图 3-14　例题 3-10 的运行结果

【例题 3-11】 编写程序，由键盘键入圆半径 r 的值，要求计算圆周长、圆面积、圆球表面积和圆球体积。

(1) 算法和程序分析：已知圆的半径 r 的值，可通过数学公式，求圆周长 l=2*pi*r，圆面积 s=r*r*pi，圆球表面积 sq=4*pi*r*r，圆球体积 v=4.0/3*pi*r*r*r。

(2) 编写程序：

```
#include <stdio.h>
#define  pi  3.14     //定义符号常量pi
int main ()
{ float  h,r,l,s,sq,v;
 printf("请输入圆半径 r: ");
 scanf("%f",&r);                                    //要求输入圆半径 r
 l=2*pi*r;                                          //计算圆周长 l
 s=r*r*pi;                                          //计算圆面积 s
 sq=4*pi*r*r;                                       //计算圆球表面积 sq
 v=4.0/3*pi*r*r*r;                                  //计算圆球体积 v
 printf("圆周长为:        l=%6.3f\n",l);            //输出圆周长 l，保留 3 位小数
 printf("圆面积为:        s=%6.3f\n",s);            //输出圆面积 s，保留 3 位小数
 printf("圆球表面积为:    sq=%6.3f\n",sq);          //输出圆球表面积 sq，保留 3 位小数
 printf("圆球体积为:      v=%6.3f\n",v);            //输出圆球体积 v，保留 3 位小数
return 0;
 }
```

程序运行结果如图 3-15 所示。

```
请输入圆半径r: 5
圆周长为:        l=31.400
圆面积为:        s=78.500
圆球表面积为:    sq=314.000
圆球体积为:      v=523.333
```

图 3-15　例题 3-11 的运行结果

(3) 程序说明：

① 语句#define　pi　3.14 定义符号常量 pi=3.14，相当于数学计算中的 π。

② 语句 v=4.0/3*pi*r*r*r;中的 4.0/3 不能改写为 4/3，因为对于除法“/”运算，若参与运算的变量均为整数，其结果也为整数，小数部分舍去，故 4/3=1。

【例题 3-12】 编写程序，由键盘输入 a、b、c，设 $b^2-4ac>0$，求 $ax^2+bx+c=0$ 方程的根。

(1) 算法分析：由数学知识知：如果 $b^2-4ac>0$，则一元二次方程有两个实根：

$$x1=\frac{-b+\sqrt{b^2-4ac}}{2a}\qquad x2=\frac{-b-\sqrt{b^2-4ac}}{2a}$$

数学求方程根的表达式要符合 C 语言表达式的要求，用 C 语言描述 x1、x2 的表达式为 x1=(-b+sqrt(b*b-4*a*c))/(2*a)，x2=(-b-sqrt(b*b-4*a*c))/(2*a)。函数 sqrt()是来自于 math.h 数学公式函数库的开方函数，如 sqrt(4)表示数学公式 $\sqrt{4}=2$。为简化 x1、x2 的表达式，可增加 1 个变量 dise，设 dise=b*b-4*a*c; 则简化为：

x1=(-b+sqrt(dise))/(2*a)，x2=(-b-sqrt(dise))/(2*a)

(2) 程序分析：定义三个实型数据 a、b、c，调用输入函数分别输入 a、b、c 的值。定义方程的两个根 x1、x2 和判别式 dise，本题要求输入数据满足 $a\neq0$ 且 $b^2-4ac>0$。按数学方法求解方程的根并输出。C 语言求平方根是通过调用平方根函数 sqrt()完成的，而平方根函数 sqrt()的声明放在头文件 math.h 中。

(3) 编写程序：

```
#include"stdio.h"
#include"math.h"
int main()
{
float a,b,c,dise,x1,x2;
printf("input a,b,c:\n");
scanf("%f%f%f",&a,&b,&c);
dise=b*b-4*a*c;
x1=(-b+sqrt(dise))/(2*a);
x2=(-b-sqrt(dise))/(2*a);
printf("x1=%f\nx2=%f\n",x1,x2);
return 0;
}
```

程序运行结果如图 3-16 所示。

```
input a,b,c:
1 3 2
x1=-1.000000
x2=-2.000000
```

图 3-16 例题 3-12 的运行结果

【例题 3-13】 编写程序译密码“print”，为使电文保密，往往按一定规律将其转换成密码，收报人再按约定的规律将其译回原文。译码规律是用原来字母后面的第 3 个字母代替原来的字母，如字母 p 后面第 3 个字母是 s，s 代替 p。

(1) 算法和程序分析：

已知密码 print 由 5 个字符组成，由于字符是按其 ASCII 代码(整数)形式存储的，可以用语句 char c1='p'; c1=c1+3; 使字符的 ASCII 代码加 3，c1='s'。

(2) 编写程序：

```
#include <stdio.h>
int main()
{
char c1='p',c2='r',c3='i',c4='n',c5='t';
printf("原码是： %c%c%c%c%c\n",c1,c2,c3,c4,c5);
 c1=c1+3;
 c2=c2+3;
```

```
 c3=c3+3;
 c4=c4+3;
 c5=c5+3;
 printf("译码是:  %c%c%c%c%c\n",c1,c2,c3,c4,c5);
 return 0;
}
```

程序运行结果如图 3-17 所示。

【例题 3-14】编写程序，用字符输入输出函数改写例题 3-13。

图 3-17　例题 3-13 的运行结果

(1) 算法和程序分析：

参照例题 3-4，语句 putchar(getchar());就是你输入一个什么字符就输出一个什么字符。从例题 3-13 知，译码是用原码后面的第 3 个字母代替的，故可用 putchar(getchar()+3);实现。

(2) 编写程序：

```
#include <stdio.h>
int main()
{
putchar(getchar()+3);
putchar(getchar()+3);
putchar(getchar()+3);
putchar(getchar()+3);
putchar(getchar()+3);
putchar('\n');
 return 0;
}
```

程序运行结果如图 3-18 所示。

print
sulqw

图 3-18　例题 3-14 的运行结果

本 章 小 结

C 语言提供了多种语句来实现顺序结构、分支结构、循环结构这三种基本结构。C 语句可分为程序流程控制语句、函数调用语句、表达式语句、空语句、复合语句共 5 种。

本章讲到的字符输出函数 putchar( )、字符输入函数 getchar( )、格式输出函数 printf()、格式输入函数 scanf( )都包含在 stdio.h 文件中。要使用以上输入输出函数，则需要在程序文件的开头引用预编译指令#include <stdio.h> 或者#include "stdio.h"。

顺序结构程序设计是三种基本结构中最简单的，只要按照解决问题的顺序写出相应的语句就行，它的执行顺序是自上而下，依次执行。

(1) 顺序结构程序的设计分以下 5 步完成：

第 1 步：分析出程序的输入量、输出量；

第 2 步：确定输入、输出的变量(命名、类型、格式)；

第 3 步：确定输入、输出的算法；

第 4 步：模块化编程；

第 5 步：调试程序；

(2) 顺序结构程序的语法结构总结如下：

```
#include <stdio.h>
int main( )
{ 声明所有(输入输出)变量;
      输入语句;
      ……
      输出语句;
return 0;
}
```

通过本章的学习，要求读者能熟练运用字符输入输出函数、格式输入输出函数完成顺序结构程序的编写。

习　题　3

一、选择题

1. 若变量已正确说明为 float 类型，要通过语句 scanf(" %f%f%f",&a,&b,&c);给 a 赋予 10.0，b 赋予 22.0，c 赋予 33.0，不正确的输入形式是(　　)。

A. 10<回车>
22<回车>
33<回车>

B. 10.0,22.0,33.0<回车>

C. 10.0<回车>
22.0 33.0<回车>

D. 10 22<回车>
33<回车>

2. 有定义语句：int x, y;，若要通过 scanf("%d,%d",&x,&y);语句使变量 x 得到数值 11，变量 y 得到数值 12，下面四组输入形式中，错误的是(　　)。

A. 11 12<回车>　　B. 11, 12<回车>

C. 11,12<回车>　　D. 11,<回车>12<回车>

3. 设变量均已正确定义，若要通过 scanf("%d%c%d%c",&a1,&c1,&a2,&c2);语句为变量 a1 和 a2 赋数值 10 和 20，为变量 c1 和 c2 赋字符 X 和 Y。以下所示的输入形式正确的是(　　)。注意，□代表空格字符。

A. 10□X□20□Y<回车>　　B. 10□X20□Y<回车>

C. 10□X<回车>
20□Y<回车>

D. 10X<回车>
20Y<回车>

4. 有以下程序：

```
#include <stdio.h>
int main()
{
char a,b,c,d;
scanf(" %c%c ",&a,&b);
c=getchar();  d=getchar();
printf(" %c%c%c%c\n ",a,b,c,d); return 0;
}
```

当执行程序时，按下列方式输入数据：

(从第一列开始，<CR>代表回车，注意：回车是一个字符)

12<CR>

34<CR>

则输出结果是(　　)。

A. 1234　　B. 12　　C. 12
3　　D. 12
34

5. 有以下程序：

```
int main()
{ int a=666,b=888;
printf("%d\n",a,b);
return 0;
}
```

程序运行后的输出结果是(　　)。

A. 错误信息　　B. 666　　C. 888　　D. 666,888

6. 有以下程序：

```
int main()
{ char c1,c2;
  c1='A'+'8'-'4';
  c2='A'+'8'-'5';
  printf("%c,%d\n",c1,c2); return 0;
}
```

已知字母 A 的 ASCII 码为 65，程序运行后的输出结果是(　　)。

A. E,68　　B. D,69　　C. E,D　　D. 输出无定值

7. 程序段 int x=12; double y=3.141593; printf("%d%8.6f",x,y); 的输出结果是(　　)。

A. 123.141593　　B. 12 3.141593　　C. 12,3.141593　　D. 123.1415930

8. 若有定义 int a,b;，通过语句 scanf("%d;%d",&a,&b);，能把整数 3 赋给变量 a，5 赋给变量 b 的输入数据是(　　)。

A. 3　5　　　　B. 3,5　　　　C. 3;5　　　　D. 35

9. 有以下程序：

```
int main()
{int a1,a2;  char c1,c2;
scanf("%d%c%d%c",&a1,&c1,&a2,&c2);
printf("%d,%c,%d,%c",a1,c1,a2,c2);
return 0;
}
```

若想通过键盘输入，使得 a1 的值为 12，a2 的值为 34，c1 的值为字符 a，c2 的值为字符 b，程序输出结果是：12，a，34，b，则正确的输入格式是(　　)。

(以下_代表空格，<CR>代表回车)

A. 12a34b<CR>　　B. 12_a_34_b<CR>　　C. 12,a,34,b<CR>　　D. 12_a34_b<CR>

二、程序阅读题

1. 若有程序：

```
int main()
{int i,j;
 scanf("i=%d,j=%d",&i,&j);
 printf("i=%d,j=%d\n ",i,j);
 return 0;
}
```

要求给 i 赋 10，给 j 赋 20，则应该从键盘输入________。

2. 有以下程序：

```
int main()
{char a,b,c,d;
 scanf("%c,%c,%d,%d",&a,&b,&c,&d);
 printf("%c,%c,%c,%c\n",a,b,c,d);
 return 0;
}
```

若运行时从键盘上输入 6,5,65,66<回车>。则输出结果是________。

3. 已知字符 A 的 ASCII 代码值为 65，以下程序运行时若从键盘输入 B33<回车>，则输出结果是________。

```
#include <stdio.h>
int main()
{char a,b;
 a=getchar();
 scanf("%d",&b);
 a=a-'A'+'0';b=b*2;
 printf("%c %c\n",a,b);
 return 0;}
```

4. 有以下程序：

```
int main ( )
{int a=12345;
 float b=-198.345, c=6.5;
 printf("a=%4d,b=%-10.2e,c=%6.2f\n",a,b,c);
 return 0;}
```

程序运行后的输出结果是________。

5. 有以下程序，其中 k 的初值为八进制数。

```
#include <stdio.h>
int main()
{ int k=011;
printf( "%d\n ",k++); return 0;}
```

程序运行后的输出结果是________。

6. 有以下程序：

```
#include <stdio.h>
int main()
{int x,y;
scanf(“%2d%d”,&x,&y); printf("%d\n",x+y); return 0;
}
```

程序运行时输入 1234567，程序的运行结果是________。

三、编程题

1. 编写程序，输入两个双精度数，求它们的平均值并保留此平均值小数点后一位数，对小数点后第二位数进行四舍五入，最后输出结果。

2. 编写程序，输入一个摄氏温度，输出其对应的华氏温度。

(提示：摄氏温度与华氏温度之间的转换公式为：华氏温度=9*摄氏温度/5+32)

3. 编写程序，输入半径，输出其圆周长、圆面积及圆球体积。

4. 编写程序，输入一个四位整数如 5678，求出它的各位数之和，并在屏幕上输出。

5. 编写程序，输入三角形的 3 个边长 a、b、c，输出该三角形的面积 s。

(提示：利用海伦公式 s=sqrt(q*(q-a)*(q-b)*(q-c))，其中 q=(a+b+c)/2)

6. 编写程序，求一元一次方程 ax+b=0 的解，其中系数 a、b 从键盘输入。

7. 编写程序，把 560 分钟换算成用小时和分钟表示，然后进行输出。

8. 编写程序，将 China 译成密码，译码规律是：用原来字母后面的第 5 个字母代替原来的字母。

第4章　选择结构程序设计

C 语言程序控制有三种基本结构：顺序结构、选择结构和循环结构。本章介绍三种基本结构之一的选择结构程序设计。

本章教学内容：

- 关系运算符与关系表达式
- 逻辑运算符与逻辑表达式
- 条件运算符与条件表达式
- if 语句
- switch 语句

本章教学目标：

- 能熟练正确地使用关系运算符和关系表达式。
- 掌握 C 语言的逻辑运算符和逻辑表达式，学会表示逻辑值的方法。
- 熟练掌握 if 语句的三种形式，掌握选择结构程序设计的方法及应用。
- 熟悉多分支选择 switch 语句编程。
- 能熟练地运用 if 语句和 switch 语句进行选择结构综合编程。

4.1　关系运算符与关系表达式

在程序中经常需要比较两个量的大小关系，即将两个数据进行比较，判定两个数据是否符合给定的关系。在 C 语言中，“比较运算”就是“关系运算”，关系运算就是比较两个量的大小关系。例如，x<7 是一个关系表达式，其中的“<”是一个关系运算符，若 x 的值是 5，则表达式 5<7 成立，表达式的值为“真”。若 x 的值是 9，则表达式 9<7 不成立，表达式的值为“假”。

4.1.1　关系运算符及其优先级

C 语言提供了如表 4-1 所示的 6 种关系运算符。

在表 4-1 中，前 4 个关系运算符的优先级相同，后 2 个关系运算符的优先级相同，前 4 个关系运算符的优先级高于后 2 个关系运算符的优先级。例如，>=的优先级高于==的优先级，表达式 8>=7==1 应理解为(8>=7)==1(该表达式的值为 1)，后面会介绍该表达式的运算规则。

表 4-1　C 语言中的关系运算符及其优先级

运　算　符	含　　义	优　先　级
>	大于	(4 个运算符优先级相同)高
<	小于	
>=	大于等于	
<=	小于等于	
==	等于	(2 个优先级相同)低
!=	不等于	

关系运算符都是双目运算符，其运算方向自左向右(即左结合性)。关系运算符与前面学过的算术运算符和赋值运算符相比：关系运算符的优先级低于算术运算符，关系运算符的优先级高于赋值运算符。

例如：

a+b>c+d 等价于(a+b)>(c+d)　　　(关系运算符的优先级低于算术运算符)

a==b>=c 等价于 a==(b>=c)　　　(>=运算符的优先级高于==运算符)

a=b!=c 等价于 a=(b!=c)　　　(关系运算符的优先级高于赋值运算符)

4.1.2　关系表达式

关系表达式是用关系运算符将两个表达式连接起来，进行关系运算的式子。被连接的表达式可以是算术表达式、关系表达式、逻辑表达式、赋值表达式或字符表达式。

例如，下面都是合法的关系表达式：

a==b<c

a>b!=c

(a>b)<(c>d)

关系运算的结果是整数值 0 或者 1。在 C 语言中，没有专门的“逻辑值”，而是用 0 代表“假”，用 1 代表“真”。例如，

7<9 (关系表达式成立，故关系表达式值为 1)

9==7(关系表达式不成立，故关系表达式值为 0)

5>4<2(先计算关系表达式 5>4，结果为 1，再计算关系表达式 1<2，结果为 1，故整个关系表达式结果为 1)

上述关系表达式看上去像数学中的不等式，但实际上它们与数学中的不等式完全不同。

说明：从本质上讲，关系运算的结果不是数值，而是逻辑值，但由于 C 语言追求精炼灵活，没有提供逻辑型数据(C99 增加了逻辑型数据，用关键字 bool 定义逻辑型变量)，为处理关系运算和逻辑运算的结果，C 语言指定 1 代表真，0 代表假。用 1 和 0 代表真和假，而 1 和 0 又是数值，所以在 C 程序中还允许把关系运算的结果看成和其他数值型数据一样，可参加数值运算，或将它赋值给数值型变量。如下：

f=6>3(先计算关系表达式 6>3，得到 1，再将 1 赋值给变量 f，故 f 的值为 1)

f=5>4>3(先计算关系表达式 5>4，得到 1，再计算关系表达式 1>3，得到 0，再将 0 赋值给变量 f，故 f 的值为 0)

f=5!=6 (先计算关系表达式 5!=6，得到 1，再将 1 赋值给变量 f，故 f 的值为 1)

4.2　逻辑运算符与逻辑表达式

前面学过关系表达式，关系表达式常用来比较两个量的大小关系，关系表达式往往只能表示单一的条件，在编程过程中，常常需要表示出由几个简单条件组成的复合条件。例如，参加本次奥林匹克数学竞赛的学生的年龄必须在 13 岁到 16 岁之间，要表示满足条件的参赛学生的年龄，用数学表达式可写成 13<=age<=16，该数学表达式在 C 语言该如何表示呢？如何将关系表达式 age>=13 和 age<=16 组合在一起呢？这就要用到逻辑运算符。

4.2.1　逻辑运算符及其优先级

C 语言提供了 3 种逻辑运算符，分别为：&&(逻辑与)、||(逻辑或)、!(逻辑非)。C 语言没有逻辑类型的数据，在进行逻辑判断时，认为非 0 的值即为真，0 即为假。由于 C 语言依据数据的值是否为 0 而判断真假，所以逻辑运算的操作数可以是整型、字符型或浮点型等任意类型。

1. 逻辑与(&&)

逻辑与的运算符是&&，属于双目运算符(即运算符的左右两边均有操作数)。其运算规则为：当&&左右两边的操作数均为非 0(逻辑真)时，结果才为 1(逻辑真)，否则为 0(逻辑假)。

例如：(5>3)&&(6<7)是逻辑表达式，运算结果是 1(逻辑真)。该表达式中&&左右两边的操作数算出来都是 1(逻辑真)，所以整个表达式的结果为 1(逻辑真)。

"abc"&&(4>7)是逻辑表达式，运算结果是 0(逻辑假)。该表达式中&&左右两边的操作数中有一个是 0(4>7 运算结果是 0，表示逻辑假)，所以整个表达式的结果为 0(逻辑假)。

2. 逻辑或(||)

逻辑或的运算符是||，属于双目运算符。其运算规则为：当||左右两边的操作数有一个为非 0(逻辑真)时，运算结果就为 1(逻辑真)，否则为 0(逻辑假)。

例如：5>4||4<3 逻辑表达式的结果是 1(逻辑真)。该表达式中||左边的操作数(5>4)算出来是 1，为真，所以整个表达式的结果为 1(逻辑真)。

6<5||5>8 逻辑表达式的结果是 0(逻辑假)。该表达式中||左右两边的操作数算出来都是 0，为假，所以整个表达式的结果为 0(逻辑假)。

3. 逻辑非(!)

逻辑非的运算符是!，属于单目运算符，! 运算符只有右边有一个操作数。其运算规则为：当! 右边的操作数为 1(逻辑真)时，逻辑非运算的结果为 0(逻辑假)；当! 右边的操作数为 0(逻辑假)时，逻辑非运算的结果为 1(逻辑真)。

例如：!(5<6)逻辑表达式的结果为 0(逻辑假)。

若 a=8，则!a 的值为 0(逻辑假)。

逻辑运算符的运算规则如表 4-2：

表 4-2　逻辑运算符的运算规则

<table>
<tr><th>a</th><th>b</th><th>!a</th><th>!b</th><th>a&&b</th><th>a||b</th></tr>
<tr><td>非 0</td><td>非 0</td><td>0</td><td>0</td><td>1</td><td>1</td></tr>
<tr><td>非 0</td><td>0</td><td>0</td><td>1</td><td>0</td><td>1</td></tr>
<tr><td>0</td><td>非 0</td><td>1</td><td>0</td><td>0</td><td>1</td></tr>
<tr><td>0</td><td>0</td><td>1</td><td>1</td><td>0</td><td>0</td></tr>
</table>

上述 3 种逻辑运算符的优先级次序是：! (逻辑非)级别最高，&&(逻辑与)次之，||(逻辑或)最低。

逻辑运算符与赋值运算符、算术运算符、关系运算符之间从低到高的运算优先次序是：

! (逻辑非)　　↑ 高
算术运算符
关系运算符
&&(逻辑与)
||(逻辑或)
赋值运算　　　低

4.2.2　逻辑表达式

用逻辑运算符将表达式连接起来就构成逻辑表达式。逻辑表达式的运算结果为 1(逻辑真)或 0(逻辑假)。例如：

(1) 若 a=5, b=2，逻辑表达式!a&&b<7 的值为 0。

(2) 逻辑表达式!7.3&&8 的结果为 0。

(3) 逻辑表达式!5||4.5 的结果为 1。

(4) "abc"&&"defg"的结果为 1。

从上述逻辑表达式的运算结果可以看出，逻辑表达式的运算结果只可能是 0 或者 1，不可能是除 0 或 1 以外的其他数。C 语言在进行逻辑运算时，把所有参加逻辑运算的非 0 对象当成 1(逻辑真)处理，而不考虑数据类型；把所有参加逻辑运算的 0 当成逻辑假处理。

在实际编程过程中，有时也需要把数学表达式转换成 C 语言的逻辑表达式形式，例如：

(1) 数学表达式 a<b<c 写成合法的 C 语言表达式形式为 a<b&&b<c。

(2) 数学表达式|x|>6 写成合法的 C 语言逻辑表达式形式为 x>6||x<-6。

逻辑表达式在使用时，应注意以下几点：

(1) C 语言逻辑运算符的运算方向是自左向右的。

(2) 在用&&运算符相连的表达式中，计算从左向右进行时，若遇到运算符左边的操作数为 0(逻辑假)，则停止运算。因为此时已可判定逻辑表达式结果为假。

例如：若 x=0,y=5，求逻辑表达式 x&&(y=7)的值及最终的 y 值。

分析：在该逻辑表达式中，由于 x 的值为 0，当&&运算符的左边为 0 时，此时已可判定逻辑表达式结果为 0(逻辑假)，所以逻辑表达式运算停止，&&运算符右边的(y=7)没有参与运算，所以最终的 y 值为 5。

(3)在用||运算符相连的表达式中，计算从左至右进行时，若遇到运算符左边的操作数为 1(逻辑真)，则停止运算。因为已经可以断定逻辑表达式结果为真。

例如：int a=3,b=4,m=0,n=0,k;

k=(n=b>a)||(m=a);

求变量 m,n,k 的最终值。

分析：在表达式 k=(n=b>a)||(m=a)中，由于逻辑运算符的优先级高于赋值运算符，所以先算(n=b>a)||(m=a)部分，最后将结果赋值给变量 k。先看||运算符左边部分，先算出 b>a 的值为 1，将 1 赋值给变量 n，所以 n 的值为 1。对于逻辑运算符||来说，当||左边的操作数为 1(逻辑真)，此时已经可以判定整个表达式结果为 1(逻辑真)，所以逻辑表达式运算停止，||运算符右边的(m=a)没有参与运算，所以 m 的值依然是最初的值 0。最后将逻辑表达式(n=b>a)||(m=a)的值赋值给变量 k，所以 k 值为 1。

4.3　条件运算符与条件表达式

在 C 语言中有一个唯一的三目运算符——条件运算符，条件运算符用“?”和“:”来表示。条件运算符有 3 个运算对象，用条件运算符“?”和“:”把 3 个运算对象连接起来就构成了条件表达式。条件表达式的一般形式为：

```
表达式 1?表达式 2:表达式 3
```

条件表达式的运算规则：先求解表达式 1 的值，若表达式 1 的值为真(非 0 的值)，则求表达式 2 的值，并把表达式 2 的值作为整个表达式的值；若表达式 1 的值为假(为 0 值)，则求表达式 3 的值，并把表达式 3 的值作为整个表达式的值。

例如：(1) z=(x>y)?x:y

就是将变量 x,y 的值进行比较大小，取二者中较大的值赋值给变量 z。

(2) 若 int a=3,b=4; mmx=a>b?a+2:b+3;则 mmx 的值为 7。

(3) 若 int a=3,b=5,c=2,d=3; mmx=a>b?a:c>d?c:d；则 mmx 的值为 3(条件运算符具有右结合性)。

使用条件表达式时应注意如下问题：

(1) 条件运算符中的“?”和“:”是成对出现的，不能单独使用。

(2) 条件运算符的运算方向是自右向左的(即右结合性)。

例如：“d=a>b?a>c?a:c:b”等价于“d=a>b?(a>c?a:c):b”。

(3) 条件运算符的优先级低于算术运算符和关系运算符，但高于赋值运算符。

【例题 4-1】条件表达式应用示例。

编写一个程序，从键盘输入 3 个整数 a,b,c, 输出其中最大的数(用条件表达式实现)。

程序分析：首先定义 a,b,c,temp,max 等 5 个变量，接着从键盘输入 a,b,c 这 3 个变量的值，运用条件表达式求出变量 a,b 的较大值，赋值给变量 temp，再将 temp 值与第 3 个变量 c 进行比较，将比较得到的较大值赋值给变量 max，输出变量 max 值即为所求 3 个数的最大值。

程序代码如下：

```
#include <stdio.h>
int main( )
 { int a,b,c,temp,max;
   printf("please input a,b,c:");
   scanf("%d,%d,%d",&a,&b,&c);
   temp=(a>b)?a:b;
   max=(temp>c)?temp:c;
   printf("max=%d\n",max);
   return 0;
 }
```

程序运行结果如图 4-1 所示：

```
please input a,b,c:56,78,34
max=78
Press any key to continue
```

图 4-1　例题 4-1 的运行结果

4.4　if 语句

C 语言编程时，有时需要使程序根据条件有选择地执行语句。C 语言有两种选择语句：

(1) if 语句，有 3 种形式，分别是单分支选择 if 语句、双分支选择 if 语句和多分支选择 if 语句。

(2) switch 语句，用来实现多分支的选择结构。

本节先介绍 if 语句的 3 种形式，然后在此基础上介绍 if 语句的嵌套结构。

4.4.1　if 语句的三种形式

1. 单分支 if 语句

单分支 if 语句的形式为：

```
        if(表达式)  语句;
```

单分支 if 语句的执行过程：当表达式的值为非 0(逻辑真)时，则执行其后的语句；否则不执行该语句。其执行过程如图 4-2 所示：

例如：if(x<0)　x=-x;

　　　if(x<y)　{t=x; x=y; y=t;}

2. 双分支 if 语句

双分支 if 语句的形式为：

```
if(表达式 1)    语句 1;
else   语句 2;
```

双分支 if 语句的执行过程：当表达式 1 的值为非 0(逻辑真)时，则执行语句 1；否则执行语句 2。其执行过程如图 4-3 所示：

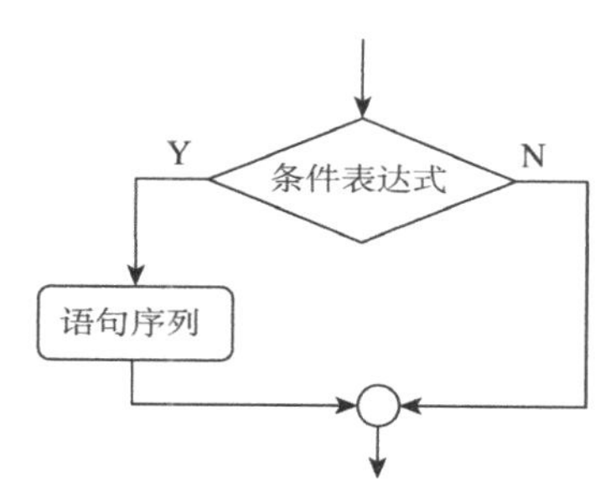

图 4-2　if 语句的执行过程

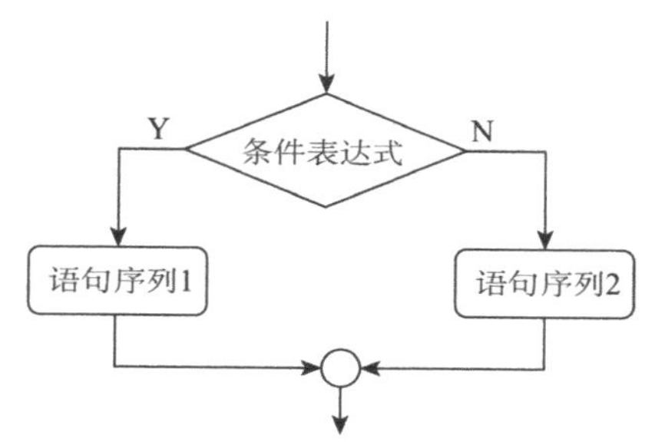

图 4-3　if-else 语句的执行过程

【例题 4-2】 if…else 语句应用示例。

```
#include <stdio.h>
 int  main()
{float score;
  printf("请输入学生成绩:");
  scanf("%f",&score);
  if(score>=60 &&score<=100)
      printf("成绩合格!\n");
   else
      printf("成绩不合格!\n");
   return  0;
  }
```

程序的输出结果如图 4-4 所示：

程序说明： 从键盘输入学生成绩 score，若 score 的值在 60 到 100(含 60 和 100)之间，则为“成绩合格!”，否则为 “成绩不合格!”。

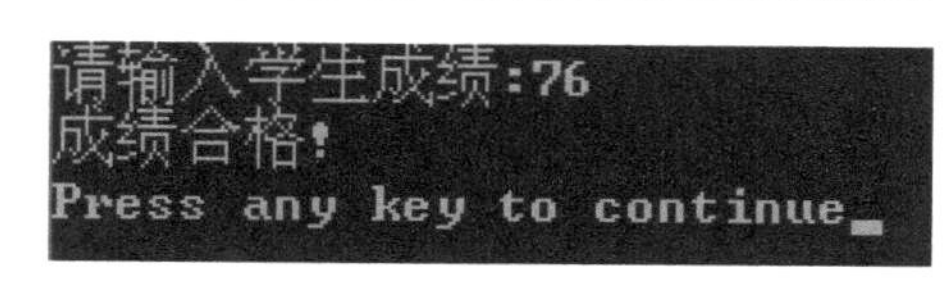

图 4-4　例题 4-2 的运行结果

3. 多分支 if 语句

多分支 if 语句适用于有 3 个或 3 个以上分支选择的情形，一般形式为：

```
if(表达式 1)    语句 1;
else if(表达式 2)    语句 2;
else if(表达式 3)    语句 3;
……
else if(表达式 n)    语句 n;
else                 语句 n+1;
```

多分支 if 语句的执行过程：当表达式 1 的值为非 0(逻辑真)时，执行语句 1；若表达式 1 的值为 0(逻辑假)，再判断表达式 2 的值是否为非 0(逻辑真)，若表达式 2 的值为真，执行语句 2；若表达式 2 的值为假，再判断表达式 3 是否为真，若表达式 3 的值为真，则执行语句 3；依此类推。若所有表达式的值都为假，则执行语句 n+1。

多分支 if 语句的执行过程如图 4-5 所示：

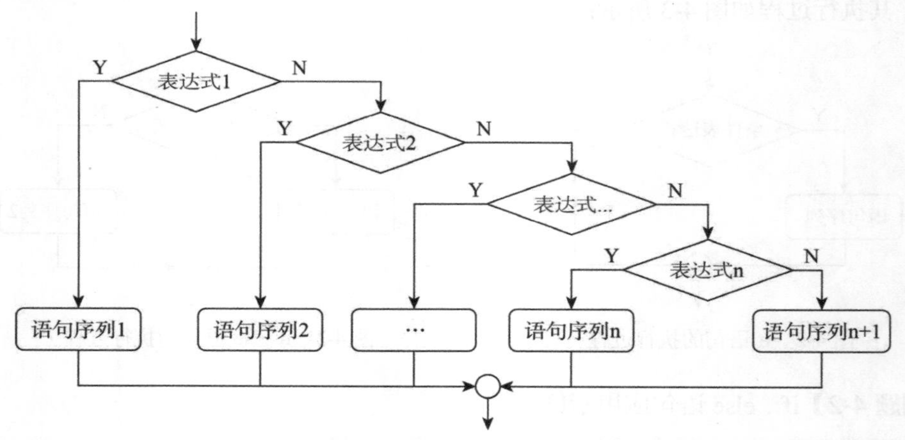

图 4-5　多分支 if 语句的执行过程

在多分支 if 语句中，每次只能满足其中一个表达式条件，执行其后对应的语句，而不能同时满足多个条件，执行其中的多个语句。

例如，如下的多分支 if 语句是正确的：

```
if(x<100)  cost=0.1;
else if(x<200)  cost=0.2;
else if(x<300)  cost=0.3;
else if(x<400)  cost=0.4;
     else      cost=0.5;
```

而若改写成下列语句则是错误的：

```
if(x>=400)  cost=0.5;
else if(x<400)  cost=0.4;
else if(x<300)  cost=0.3;
else if(x<200)  cost=0.2;
else if(x<100)  cost=0.1;
```

读者自己思考为什么？

【例题 4-3】多分支 if 语句应用示例 1。

编写一个程序。从键盘输入一个字符，判断该字符是数字字符、大写字母、小写字母还是其他字符，并输出相应的信息。

```
#include "stdio.h"
int main()
{ char ch;
  printf("请输入一个字符: ");
  ch=getchar();
  if(ch>='0'&&ch<='9')
       printf("你输入的是一个数字字符!\n");
  else if(ch>='A'&&ch<='Z')
       printf("你输入的是一个大写字母!\n");
  else if(ch>='a'&&ch<='z')
       printf("你输入的是一个小写字母!\n");
  else
       printf("你输入的是除数字和字母以外的其他字符!\n");
  return 0;
}
```

程序的输出结果如图 4-6 所示。

```
请输入一个字符: R
你输入的是一个大写字母!
```

图 4-6　例题 4-3 的运行结果

程序说明：定义一个字符 ch，调用字符输入函数 getchar()输入 ch 值。对 ch 字符值进行判断，若满足条件 ch>='0'&&ch<='9'，则该字符为数字字符；否则若满足条件 ch>='A'&&ch<='Z'，则该字符为大写字母；否则若满足条件 ch>='a'&&ch<='z'，则该字符为小写字母；否则该字符为其他字符。程序的流程图在此略。

【例题 4-4】多分支 if 语句应用示例 2。

编写一个程序。输入一个百分制成绩，要求输出成绩对应等级 A、B、C、D、E。90 分以上为等级 A，80～89 分为等级 B，70～79 分为等级 C，60～69 分为等级 D，60 分以下为等级 E。

```
#include <stdio.h>
int main()
{ double score;
  printf("please  input score(0-100):");
  scanf("%lf",&score);
  if(score>=90&&score<=100)    printf("The grade is A\n");
  else if(score>=80)   printf("The grade is B\n");
  else if(score>=70)   printf("The grade is C\n");
  else if(score>=60)   printf("The grade is D\n");
  else                 printf("The grade is E\n");
  return 0;
 }
```

程序运行结果如图 4-7 所示：

```
please input score(0-100):85
The grade is B
```

图 4-7　例题 4-4 的运行结果

4.4.2　if 语句的嵌套

在 if 语句中又包含一个或多个 if 语句称为 if 语句的嵌套。其两层嵌套结构一般有如下两种形式：

(1)

```
if(表达式 1)
    if(表达式 1_1)    语句 1;
    else              语句 2;
else
    if(表达式 1_2)  语句 3;
    else        语句 4;
```

(2)

```
if(表达式 1)
    if(表达式 1_1)    语句 1;
else
    if(表达式 1_2)    语句 2;
    else              语句 3;
```

上面的(1)结构中，if 语句中又嵌套了一个 if…else 结构，与第一个 if 匹配的 else 里又嵌套了一个 if…else 结构。缩进后对齐的 if 与 else 是匹配的。

上面的(2)结构中，if 语句中又嵌套了一个 if 语句，与第一个 if 匹配的 else 里又嵌套了一个 if…else 结构。缩进后对齐的 if 与 else 是匹配的。

学习 if 语句的嵌套要注意以下几个问题：

(1) 在 if 语句的嵌套结构中，应注意 if 与 else 的配对规则，else 总是与它最近的还没有配对的 if 相匹配。如果忽略了 else 与 if 配对，就会发生逻辑上的错误。

为避免产生逻辑错误，使程序结构更清晰，可以加{ }来确定配对关系，例如：

```
if(表达式 1)
            {if(表达式 2)   语句 1;}
 else   语句 2;
```

添加{ }后可清楚地表示出 else 与 if 的配对关系。

(2) 在 if 语句的嵌套结构中，if 与 else 匹配后，只能形成嵌套结构，不能形成交叉结构。

假设一个 if 语句的嵌套结构中两个 if，两个 else，正确的嵌套关系如图 4-8 所示，而非图 4-9 所示。

图 4-8　正确的 if 语句嵌套结构　　　　图 4-9　错误的 if 语句嵌套结构

【例题 4-5】 if 嵌套结构示例。

有一函数：$y=\begin{cases}-1 & (x<0)\\ 0 & (x=0)\\ 1 & (x>0)\end{cases}$ 用 if 的嵌套结构编写程序，输入 x 值，输出对应的 y 值。用 if 嵌套结构编写的如下几种程序代码都是正确的：

(1) 在 else 中嵌套一个 if…else 结构。

```
#include<stdio.h>
int  main( )
{int  x,y;
 printf("please input x:");
 scanf("%d", &x);
 if(x<0)   y=-1;
 else
     {if(x==0)  y=0;
      else   y=1;
 }
printf("x=%d,y=%d\n",x,y);
return 0;
}
```

(2) 在 if 中嵌套一个 if…else 结构。

```
#include<stdio.h>
int  main( )
{int  x,y;
 printf("please input x:");
 scanf("%d", &x);
 if(x>=0)
     if(x>0)  y=1;
     else  y=0;
else  y=-1;
printf("x=%d,y=%d\n",x,y);
return 0;
}
```

代码(2)也可稍加改变，改成代码(3)。

(3) 结构与(2)实际上是相同的，只是代码稍有不同。

```
#include<stdio.h>
int  main( )
{int  x,y;
 printf("please input x:");
 scanf("%d", &x);
 if(x<=0)
    if(x<0)  y=-1;
    else  y=0;
 else  y=1;
 printf("x=%d,y=%d\n",x,y);
 return 0;
}
```

上述(1)、(2)、(3)运行结果相同，如图 4-10 所示：

```
please input x:8
x=8,y=1
Press any key to continue_
```

图 4-10　例题 4-5 的运行结果

4.5　switch 语句

从前面的介绍知道，多分支选择结构可用 if 多分支语句或 if 的嵌套结构来实现，但对于分支较多的选择结构，用 if 多分支语句或 if 的嵌套结构表达，会使程序层次较深，可读性降低。C 语言提供另一种表达多分支选择结构的 switch 语句。switch 语句可根据 switch 后表达式的多种值，对应 case 表示的多个分支，switch 语句又称为开关语句。

switch 语句的一般形式为：

```
 switch(表达式)
  {case 常量1: 语句1; break;
    case 常量2: 语句2; break;
    case 常量3: 语句3; break;
     ……
    case 常量n: 语句n; break;
    default: 语句n+1; break;
  }
```

switch 语句的执行过程：首先对 switch 后的表达式进行计算，用得到的值依次与下面的常量值进行比较，当表达式的值与某个 case 后面的常量值相等时，就执行此 case 后的语句块，当执行到 break 语句时就跳出 switch 语句，转向执行 switch 语句后面的语句。switch 语句的执行流程如图 4-11 所示：

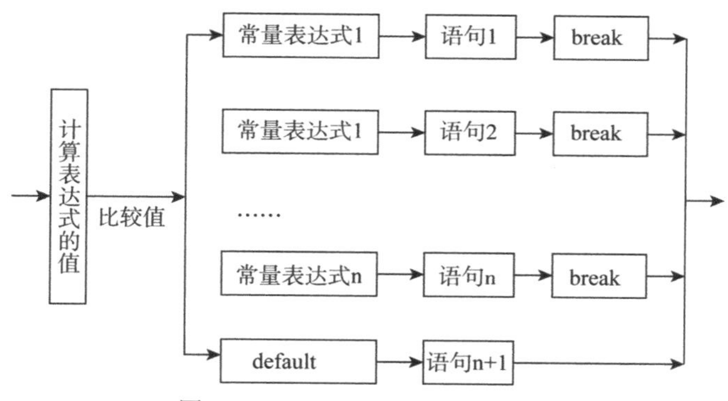

图 4-11　switch 语句的执行流程图

使用 switch 语句时应注意：

(1) switch 后的表达式必须为整型或字符型，不应为关系表达式或逻辑表达式。

(2) 各 case 常量与 switch 后表达式的数据类型应保持一致。

(3) 在同一个 switch 语句中，不允许 case 常量的值有重复，否则会出现矛盾的结果。

(4) switch 以匹配的 case 常量值作为入口，当执行完一个 case 语句后，为避免执行后面的 case 语句内容，可使用 break 语句跳出 switch 结构。若没有与 switch 表达式相匹配的 case 常量，则流程转去执行 default 后的语句。

(5) 可以没有 default，此时若没有与 switch 表达式相匹配的 case 常量，则不执行 switch 结构中的任何语句，流程直接转到 switch 语句的下一个语句执行。

(6) 各个 case 及 default 子句出现的先后次序不影响程序的执行结果。

(7) 多个 case 子句可共同执行一组语句。例如：

```
case 10:
case 9:
case 8:
case 7:
case 6: printf(“合格!\n”);break;
case 5:
case 4:
case 3:
case 2:
case 1:
case 0: printf(“不合格!\n”); break;
default: printf(“你输入的成绩不在 0-100 之间! \n”);
```

【例题 4-6】 switch 语句应用示例(用 switch 语句实现例题 4-4)。

编写一个程序。输入一个百分制成绩，要求输出成绩对应等级 A、B、C、D、E。90 分以上为等级 A，80～89 分为等级 B，70～79 分为等级 C，60～69 分为等级 D，60 分以下为等级 E。

程序分析：将学生成绩分为 A、B、C、D、E 五个等级，每个等级对应于不同的分数区间。输入不同的成绩，输出其对应的等级。可以用 switch 多分支语句实现，switch 后的表达式应为一个分数区间(此处需要设法把分数区间转换成一个整数)，case 常量则是 switch 表达式可能出现的值。

程序流程如图 4-12 所示：

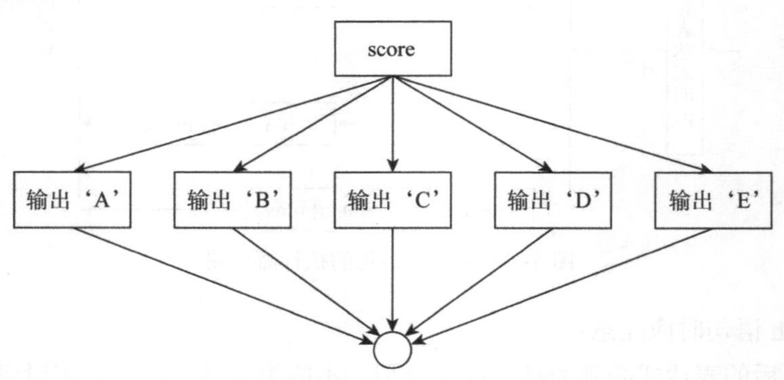

图 4-12　例题 4-6 程序流程图

程序代码如下：

```
#include <stdio.h>
int main()
{ double score;
  printf("请输入学生成绩:");
  scanf("%lf",&score);
  if(score<0||score>100)  printf("你输入的成绩超出正常范围! \n");
  else
      switch((int)score/10)
       {case 10:
         case  9: printf("对应的等级是A!\n"); break;
         case  8: printf("对应的等级是B!\n"); break;
         case  7: printf("对应的等级是C!\n"); break;
         case  6: printf("对应的等级是D!\n"); break;
         default: printf("对应的等级是E!\n");
}
return 0;
}
```

程序的运行结果如图 4-13 所示。

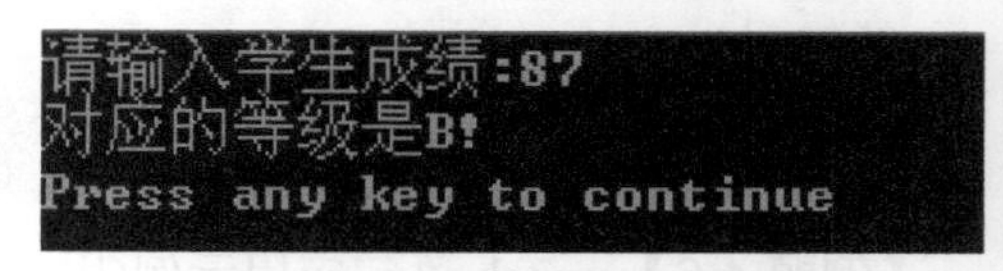

图 4-13　例题 4-6 的运行结果

程序说明：switch 后的表达式(int)score/10 用于将一个区间转换成一个整数。当 score 的值为 100，则(int)score/10 值为 10，对应等级 A；当 90<=score<100 时，则(int)score/10 值为 9，对应等级 A；当 80<=score<90 时，则(int)score/10 值为 8，对应等级 B；当 70<=score<80 时，则(int)score/10 值为 7，对应等级 C；当 60<=score<70 时，则(int)score/10 值为 6，对应等级 D；当 score<60 时，则(int)score/10 值可能为 5、4、3、2、1、0，对应等级 E。

4.6　程序举例

【例题 4-7】任意输入三角形的三边长，判断是否能构成三角形，如果能构成三角形求三角形面积。已知三角形的三边长 a,b,c,则计算三角形的面积公式为：

$area = \sqrt{s(s-a)(s-b)(s-c)}$，其中 s=(a+b+c)/2。

程序分析：输入三角形的三边长 a,b,c，判断该三边的长是否能构成三角形，判断的依据是任意两边之和大于第三边。若能构成三角形，则按照题中所给公式，计算三角形的面积。

程序源代码如下：

```
#include<stdio.h>
#include<math.h>
int main()
{ float a,b,c,s,area=0.0f;
  printf("please input a,b,c:");
  scanf("%f,%f,%f",&a,&b,&c);
  if(a+b>c&&a+c>b&&b+c>a)
    {s=(a+b+c)/2;
     area=sqrt(s*(s-a)*(s-b)*(s-c));
     }
 else  printf("The three sides don't be a tringle!\n");
 printf("area=%f\n",area);
return 0;
}
```

该程序的运行结果如图 4-14 所示：

```
please input a,b,c:6,7,8
area=20.333162
Press any key to continue_
```

图 4-14　例题 4-7 的运行结果

【例题 4-8】某公司对一产品按购买数量(n)进行打折优惠。该产品的单价为 98.5 元，打折标准为：

n＜200	不打折
200≤n＜600	9.5 折
600≤n＜1200	9.0 折
1200≤n＜2000	8.5 折
n≥2000	8.0 折

编程按其购买的数量计算应付货款。

程序分析：从题目可以看出，产品购买数量与折扣幅度是相关的，产品购买数量的区间刚好是 200 的整数倍，将购买数量除以 200 用 c 表示，可得到如下关系：

c<1　　　　不打折
1≤c<3　　9.5 折
3≤c<6　　9.0 折
6≤c<10　 8.5 折
c≥10　　　8.0 折

这样，便可使用 switch 语句确定购买数量与实际单价之间的关系。

程序源代码如下：

```
#include<stdio.h>
int main()
{ int n,c;
  float price=98.5,amount;
  scanf("%d",&n);
  if(n>=2000)   c=10;
  else  c=n/200;
  switch(c)
 { case 1:
   case 2: price=0.95*price; break;
   case 3:
   case 4:
   case 5: price=0.90*price; break;
   case 6:
   case 7:
   case 8:
   case 9: price=0.85*price; break;
   case 10: price=0.80*price; break;
  }
  amount=price*n;
  printf("amount=%.2f\n",amount);
return  0;
}
```

程序的运行结果如图 4-15 所示。

思考：如果用 if 语句来实现该题，该如何编写程序？

```
300
amount:28072.50
Press any key to continue
```

图 4-15　例题 4-8 的运行结果

【例题 4-9】输入一元二次方程 $ax^2+bx+c=0$ 的各项系数，计算方程的根并输出。

程序分析：从键盘输入 a,b,c 这 3 个系数值，根据 a,b,c 这 3 个系数值的不同，方程的根可以分为如下几种情况。

(1) 当 a=0 时：

若 b 也为 0，则等式无意义；

若 b 不为 0，则为一元一次方程 bx+c=0，得 x=-c/b。

(2) 当 $a\neq0$ 时：

若 $b^2-4ac\geqslant0$，则方程有两个实数根。

若 $b^2-4ac\leqslant0$，则方程有两个复数根。

本题采用 if 语句的嵌套结构实现。

程序的源代码如下：

```
#include<stdio.h>
#include<math.h>
int main( )
{ float a,b,c,d,m,n;
 printf("请输入一元二次方程的三个系数：a,b,c 的值：");
 scanf("%f,%f,%f",&a,&b,&c);
 printf("\n");
 if(a==0)
    {
     if(b==0)  printf("无意义的等式！\n");
     else  printf("x=%f\n",-c/b);
    }
 else
    {d=b*b-4*a*c;
     if(d>=0)
        {
         m=-b/(2*a);
         n=sqrt(d)/(2*a);
         printf("x1=%f\n",m+n);
         printf("x2=%f\n",m-n);
        }
    else
       {
        m=-b/(2*a);
        n=sqrt(-d)/(2*a);
        printf("x1=%f+%f\n",m,n);
        printf("x2=%f-%f\n",m,n);
       }
  }
 return  0;
}
```

程序的运行结果如图 4-16 所示。

```
请输入一元二次方程的三个系数：a,b,c的值：5,9,3

x1=-0.441742
x2=-1.358258
Press any key to continue
```

图 4-16　例题 4-9 的运行结果

本章小结

选择结构是结构化程序设计的基本结构之一，用于根据不同的条件选择不同的操作。

在表示选择结构的条件时，经常需要用到关系运算符和逻辑运算符。关系运算符表示两个操作数的大小关系，其运算结果为 1(当关系成立)或 0(当关系不成立)；逻辑运算符有逻辑与(&&)、逻辑或(||)和逻辑非(!)，逻辑运算的结果为 1(逻辑真)或 0(逻辑假)。在 C 语言中，逻辑真用 1 表示，逻辑假用 0 表示。但判断一个数的真假时，不管该数的数据类型，非 0 的数即为真，0 为假。

C 语言提供了两种不同的语句来实现选择结构：if 语句和 switch 语句。

if 语句有三种形式：单分支 if 语句、双分支 if 语句和多分支 if 语句。可以根据不同的需要选择不同的 if 语句。if 语句可以嵌套；在嵌套的 if 语句中，else 子句总与前面最近的还没有与 else 匹配的 if 配对，且只能形成嵌套结构，不能形成交叉结构。

switch 语句用于实现多分支结构，其表达式可以是整型、字符型或枚举类型。该语句中的 break 语句用于跳出 switch 语句。

在实际应用中要正确选择 if 语句和 switch 语句，用 switch 语句实现的编程一定可以用 if 语句来实现，而用 if 语句实现的编程不一定能用 switch 语句实现。

通过本章的学习，要求读者能熟练运用 if 语句和 switch 语句进行编程。

习　题　4

一、选择题

1. 能正确表示逻辑关系：“a≥10 或 a≤0”的 C 语言表达式是(　　)。

A. a>=10 or a<=0　　B. a>=0||a<=10　　C. a>=10 &&a<=0　　D. a>=10 || a<=0

2. 设 int x=1, y=1；表达式(!x||y--)的值是(　　)。

A. 0　　B. 1　　C. 2　　D. -1

3. 有如下程序段

```
int a=14,b=15,x;
```

```
char c='A';
x=(a&&b)&&(c<'B');
```

执行该程序段后，x 的值为(　　)。

A. true　　B. false　　C. 0　　D. 1

4. 有如下程序

```
int main( )
{ float  x=2.0,y;
if(x<0.0)  y=0.0;
else if(x<10.0)  y=1.0/x;
else  y=1.0;
printf(“%f\n”,y);
return  0;
}
```

该程序的输出结果是(　　)。

A. 0.000000　　B. 0.250000　　C. 0.500000　　D. 1.000000

5. 以下程序的输出结果是(　　)。

```
int main()
{ int a=4,b=5,c=0,d;
d=!a&&!b||!c;
printf("%d\n",d);
return  0;
}
```

A. 1　　B. 0　　C. 非 0 的数　　D. -1

6. 设 x、y、t 均为 int 型变量，则执行语句：x=y=3;t=++x||++y;后，y 的值为(　　)。

A. 不定值　　B. 4　　C. 3　　D. 1

7. 阅读以下程序：

```
int main( )
{ int x;
scanf(“%d”,&x);
if(x--<5)  printf(“%d”,x);
else  printf(“%d”,x++);
return  0;
}
```

程序运行后，如果从键盘上输入 5，则输出结果是(　　)。

A. 3　　B. 4　　C. 5　　D. 6

8. 若从键盘输入 60，则以下程序输出的结果是(　　)。

```
int main()
{ int a;
scanf("%d",&a);
```

```
if(a>40) printf("%d",a);
if(a>30) printf("%d",a);
if(a>20) printf("%d",a);
return 0;
}
```

A. 60　　B. 606060　　C. 6060　　D. 以上都不对

9. 若执行以下程序时从键盘上输入 9，则输出结果是(　　)。

```
int main( )
{ int n;
scanf("%d",&n);
if(n++<10)  printf("%d\n",n);
else  printf("%d\n",n--);
return 0;
}
```

A. 11　　B. 10　　C. 9　　D. 8

10. 有以下程序：

```
int main( )
{ int a=1,b=2,m=0,n=0,k;
k=(n=b>a)||(m=a);
printf("%d,%d\n",k,m);
return 0;
}
```

程序运行后的输出结果是(　　)。

A. 0,0　　B. 0,1　　C. 1,0　　D. 1,1

11. 有如下程序：

```
int main( )
{ int x=1,a=0,b=0;
switch(x){
case 0: b++;
case 1: a++;
case 2: a++;b++;
}
printf("a=%d,b=%d\n",a,b);
return  0;
}
```

该程序的输出结果是(　　)。

A. a=2, b=1　　B. a=1, b=1　　C. a=1, b=0　　D. a=2, b=2

12. 有以下程序：

```
int main( )
{int a=15,b=21,m=0;
  switch(a%3)
{ case 0:m++;break;
  case 1:m++;
  switch(b%2)
{ default:m++;
case 0:m++;break;
}
}
printf("%d\n",m);
}
```

程序运行后的输出结果是(　　)。

A. 1　　B. 2　　C. 3　　D. 4

13. 假定 w、x、y、z、m 均为 int 型变量，有如下程序段：

```
w=1; x=2; y=3; z=4;
m=(w<x)?w; x;
m=(m<y)?m;y;
m=(m<z)?m; z;
```

则该程序运行后，m 的值是(　　)。

A. 4　　B. 3　　C. 2　　D. 1

14. 以下程序的输出结果是(　　)。

```
int main( )
{ int a=5,b=4,c=6,d;
printf("%d\n",d=a>b?(a>c?a:c):b);
return  0;
}
```

A. 5　　B. 4　　C. 6　　D. 不确定

15. 设 a、b、c、d、m、n 均为 int 型变量，且 a=5、b=6、c=7、d=8、m=2、n=2，则逻辑表达式 (m=a>b)&&(n=c>d)运算后，n 的值为(　　)。

A. 0　　B. 1　　C. 2　　D. 3

二、填空题

1. 设 y 是 int 型变量，判断 y 为奇数的关系表达式是________________。
2. 表示“整数 x 的绝对值大于 5”值为“真”的 C 语言表达式是________________。
3. 若 int a=1,b=4,c=5; 则逻辑表达式!a+b>c&&b!=c 的值是________________。
4. 若 int a=3,b=4,c=5; 则表达式!(a>b)&&!c||1 的值是________________。
5. 以下程序运行后的输出结果是________________。

```
int main()
{ int x=10,y=20,t=0;
if(x==y)t=x;x=y;y=t;
printf("%d,%d\n",x,y);
return 0;
}
```

6. 以下程序运行后的输出结果是__________。

```
int main()
{ int a=1,b=3,c=5;
if (c=a+b) printf("yes\n");
else printf("no\n");
return 0;
}
```

7. 有以下程序：

```
int main( )
{ int n=0,m=1,x=2;
   if(!n)   x-=1;
   if(m)   x-=2;
   if(x)   x-=3;
  printf("%d\n",x);
   return  0;
}
```

执行后输出结果是______________。

8. 若有以下程序：

```
int main( )
{ int p,a=5;
if(p=a!=0)
printf("%d\n",p);
else
printf("%d\n",p+2);
return 0;
}
```

执行后输出结果是____________。

9. 以下程序运行后的输出结果是__________。

```
int main( )
{ int x=1,y=0,a=0,b=0;
switch(x)
{ case 1:
switch(y)
{ case 0:a++;break;
```

```
case 1:b++;break;
}
case 2:a++;b++;break;
}
printf("%d%d\n",a,b);
return  0;
}
```

10. 以下程序运行后的输出结果是__________。

```
int main( )
{ int p=30;
printf("%d\n",(p/3>0 ? p/10 : p%3));
return 0;
}
```

11. 以下程序运行后的输出结果是__________。

```
int main( )
{ int  a=3,b=4,c=5,t=99;
 if(b<a&&a<c)    t=a; a=c; c=t;
 if(a<c&&b<c)    t=b; b=a; a=t;
  printf("%d%d%d\n",a,b,c);
 return  0;
}
```

三、编程题

1. 从键盘输入一个整数，判断其能否既被 3 整除又被 5 整除。

2. 输入 3 个整数，按由大到小的顺序输出这 3 个数。

3. 编写一个程序实现这样的功能：商店卖软盘，每片定价 3.5 元，按购买的数量可给予如下优惠：购买满 100 片，优惠 5%；购买满 200 片，优惠 6%；购买满 300 片，优惠 8%；购买满 400 片，优惠 10%；购买 500 片以上，优惠 15%。根据不同的购买量，打印应付货款。

可以用多分支 if 语句或 switch 语句实现。

4. 在某商场购物时，当顾客消费到一定的费用时，便可以打折。

假设消费量 S 与打折的关系如下：

S≥100 元时，打 95 折；

S≥300 元时，打 90 折；

S≥500 元时，打 80 折；

S≥1000 元时，打 75 折；

S≥3000 元时，打 70 折；

编写一个程序，输入顾客的消费额，计算实际应支付的费用。

5. 给定一个不多于 5 位的正整数，要求：

(1) 求出它是几位数；

(2) 分别输出每一位数字；

(3) 按逆序输出各位数字，例如原数为 543，应输出 345。

6. 输入一个正整数 n，再输入 n 个学生的成绩，计算平均分，并统计各等级成绩的人数。成绩分为 5 个等级，分别为 A(90-100)、B(80-89)、C(70-79)、D(60-69)和 E(0-59)。

第5章　循环结构程序设计

循环结构是结构化程序设计的另一种基本结构。本章介绍C语言提供的3种基本循环语句：while语句、do…while语句和for语句。3种语句还可组合构成循环的嵌套，本章还介绍break语句和continue语句在循环结构中的应用。

本章教学内容：

- while语句
- do…while语句
- for语句
- 循环的嵌套
- break与continue语句
- 循环结构的综合编程

本章教学目标：

- 通过本部分的学习，使学生理解并掌握程序设计中构成循环的方法。
- 掌握for、while、do…while语句的用法。
- 掌握break、continue在循环语句中的作用。
- 能熟练运用循环的嵌套编程。
- 在实际应用中，能熟练地运用循环结构编程。

在实际应用中经常会遇到许多具有规律性的重复性操作，这些重复执行的操作可采用循环结构来完成。C语言提供3种循环结构：while循环、do…while循环和for循环。

5.1　while循环

```
while 循环的一般形式为:
      while(表达式)
        {
         循环语句;
        }
```

while后的表达式是逻辑表达式，又称为循环控制条件；循环语句又称为循环体。

while循环的执行过程为：先计算while后表达式的值，若值为真(非0)，则执行循环语句，执行完循环语句后再次回去判断while后的表达式，若表达式值依然为真，会再次执行循环语句，依次执行下去，直到某次while后的表达式的值为假(为0)时，循环结束，执行循环体后面的语句。若第 1 次计算 while 后的表达式就为假，则直接跳过循环语句，执行循环体后的语句。

使用 while 语句时应注意以下几点：

(1) while 后的表达式一般为关系表达式或逻辑表达式，也可以是其他类型的表达式。

(2) “循环语句”可以是一条空语句、一条简单的语句或复合语句。如果循环语句是一条简单语句，则循环语句的{ }可省略不写；如果循环语句是由几个语句组成的复合语句，那么复合语句必须用{ }括起来。

(3) 循环体内一般要有改变循环控制变量值的语句，使循环条件有“为假”的情况，否则会使程序陷入“死循环”，循环无法停止。

while 循环的执行流程如图 5-1 所示。

while 语句的特点：只要 while 后的表达式条件为真，就执行循环体语句。

下面列举例子，介绍如何利用 while 语句进行循环程序设计。

【例题 5-1】从键盘输入 50 个学生的成绩，输出其总分。

程序分析：这是一个累加问题，要先后将 50 个学生的成绩相加求和，程序需要进行 50 次加法运算，可以用循环结构来实现。程序中定义 3 个变量，分别是 score、i、sum，其中 score 表示不同学生的成绩，i 表示循环变量，用来控制循环次数，本题中 i 可以取 50 个值，表示循环进行 50 次，sum 用来存放成绩之和，sum 的初值为 0，每当输入一个学生的成绩，就将该成绩加到变量 sum 中。

为便于读者理解，给出该程序的流程图，如图 5-2 所示。

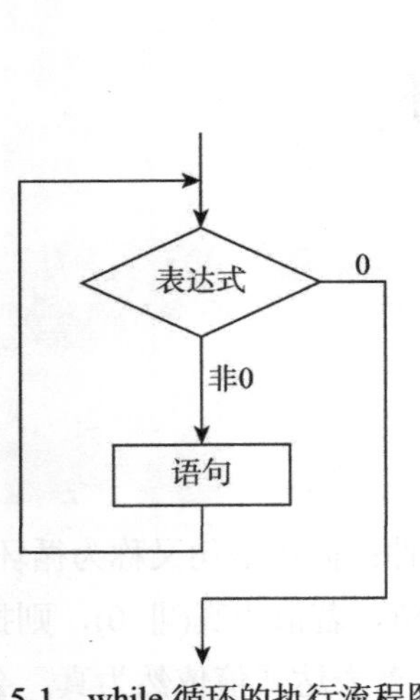

图 5-1　while 循环的执行流程图

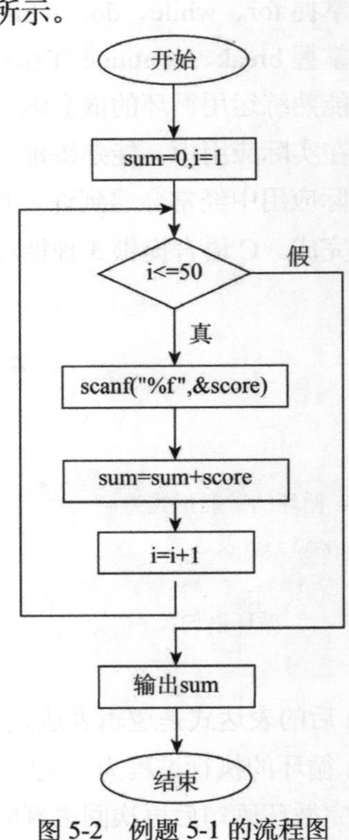

图 5-2　例题 5-1 的流程图

程序代码如下：

```
#include <stdio.h>
int main( )                                  //主函数
 {int i;                                     //定义循环控制变量 i, i 控制循环的次数
 float  score, sum;                          //定义变量 score 表示学生成绩，sum 表示成绩之和
 i=1;  sum=0;                                //给变量赋初值
  printf("请输入学生成绩：");                 //提示信息，提示输入学生成绩
  while(i<=50)                               //当 i<=50 时执行下面的循环语句
  {scanf("%f", &score);                      //每循环一次，输入一个学生的成绩
   sum=sum+score;                            //把每个学生的成绩加到变量 sum 中
    i=i+1;                                   //每执行一次循环体，i 值就增加 1
  }                                          //循环体结束
printf("50 个学生的成绩之和为:%f\n "+sum);   //输出 50 个学生的成绩之和
return  0;
}
```

该程序的输出结果与输入的数据有关，在此不给出运行结果。

程序说明：该程序求 50 个学生成绩之和，是典型的循环结构的应用。程序中定义了 score、i、sum 三个变量，每个变量各自代表不同的含义。每个变量的含义在上面的程序分析中已有说明，在程序注释中也给出了解释。需要注意，必须在循环进行前给变量 i 和变量 sum 赋初值，i 是循环变量，i 取值的个数代表循环进行的次数，所以在循环进行前，i 的初值为 1；变量 sum 用来存放学生成绩之和，在没有求和之前，sum 的初值为 0。

为加深读者对 while 循环的理解，下面再举一个例子。

【例题 5-2】用 while 语句求 sum=1+3+5+7+…+99 的和。

程序分析：这是一个求 1 到 99 之间奇数累加和的问题，相邻两个数之间相差 2，属于有规律数的累加问题，可以用循环结构来实现。在程序中定义 i、sum 两个变量，变量 i 是循环控制变量，用来控制循环的次数，i 初值为 1，i 取值的个数代表循环进行的次数；变量 sum 表示各个数相加的累加和，在进行累加求和前，sum 的初值为 0，循环每进行一次，就加一个数到变量 sum 中，依次循环下去…，直到循环结束，输出最后的变量 sum 值，即为所求的 1+3+5+7+…+99 的和。

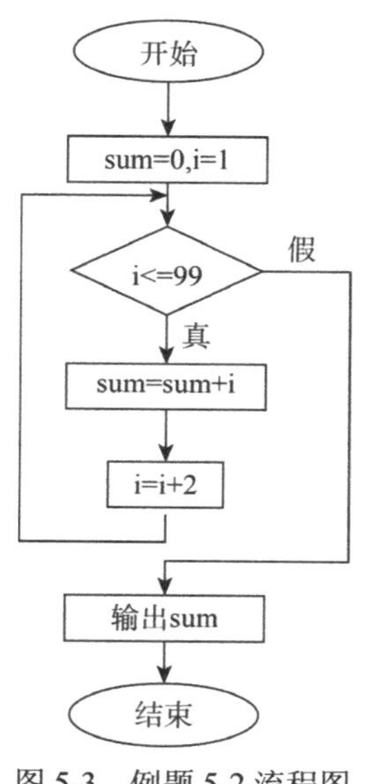

图 5-3　例题 5-2 流程图

该程序的流程图如图 5-3 所示。

程序代码如下：

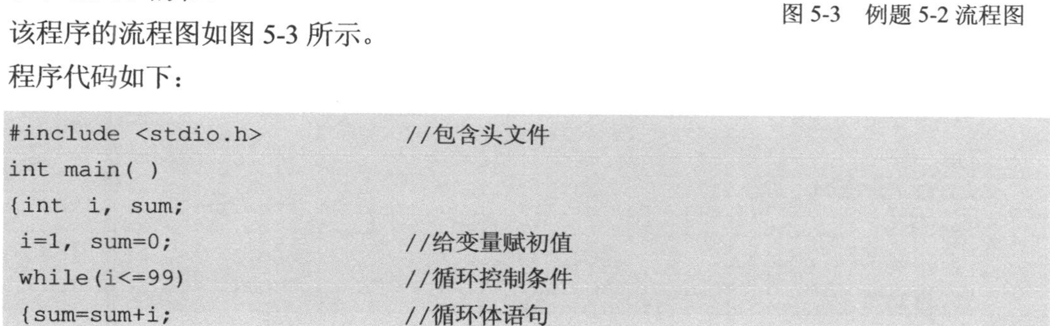

```
#include <stdio.h>                //包含头文件
int main( )
{int  i, sum;
 i=1, sum=0;                      //给变量赋初值
 while(i<=99)                     //循环控制条件
 {sum=sum+i;                      //循环体语句
```

```
  i=i+2;                              //循环每进行一次，变量 i 的值增加 2
 }
printf("sum=%d\n",sum);
return  0;
}
```

程序运行结果如图 5-4 所示：

```
sum=2500
Press any key to continue
```

图 5-4　例题 5-2 的运行结果

明白了例题 5-2，可尝试改写上面的程序，编程求 sum=1+1/4+1/7+1/10+…+1/100，程序的改写过程由读者自行完成。

以上两个例子都是用循环求累加和的范例，同样，用 while 循环结构也可以求有规律数的累乘积。

例如：求 s=n!(n 值从键盘输入)。

求 s=1*4*7*10*……*100。

求 s=1*1/4*1/7*1/10*……*1/100 等之类的累乘积问题。

这些问题在此就不一一解释，留给读者自己去思考。

下面介绍一个用循环实现的求累乘与累加的综合题。

【例题 5-3】 编写程序求 sum=1!+2!+3!+…+10!的值。

程序分析： 本题求的是阶乘的累加和，由上面的例题知道，求累乘和累加都可以用循环实现。在该题中可以定义 sum、s、i 三个变量，其中 i 是循环控制变量，用来控制循环进行的次数，本题中 i 的值取 1-10，循环进行 10 次；s 存放阶乘积，循环每进行一次，求出一个数的阶乘积，s 的初值应为 1；sum 存放各个数阶乘的和，sum 的初值应为 0，循环每进行一次，将一个数的阶乘积加到 sum 中。循环依次进行 10 次，循环结束后，所求的 sum 值即为程序所求的结果。

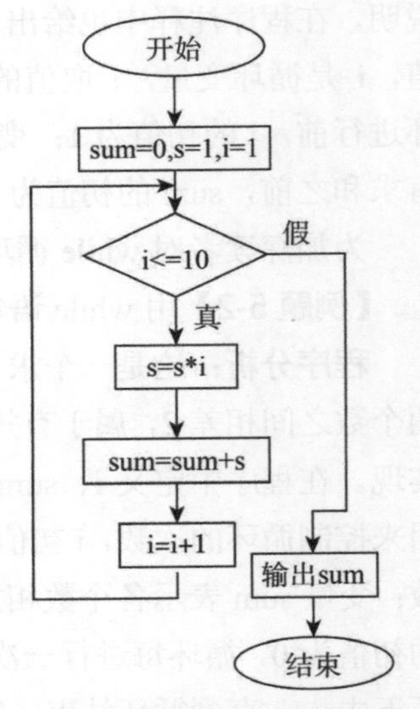

图 5-5　例题 5-3 程序流程图

程序的流程图如图 5-5 所示。

程序代码如下：

```
#include <stdio.h>
int main()
{long sum=0,s=1;
 int i=1;
 while(i<=10)
 {s=s*i;
  sum=sum+s;
 i=i+1;
```

```
}
 printf("1!+2!+3!+……+10!=%ld\n",sum);
 return 0;
}
```

程序的运行结果如图 5-6 所示：

```
1!+2!+3!+……+10!=4037913
Press any key to continue
```

图 5-6　程序运行结果

5.2　do…while 循环

do…while 循环的一般形式为：

```
do
        {
         循环体语句;
         }while(表达式);
```

do…while 循环的执行过程为：先执行循环体语句，再判断 while 后表达式的值，若表达式的值为真，再回头执行循环体语句，执行完循环体语句后再次判断 while 后表达式的值，若表达式的值为真，再次回去执行循环体语句……，依次循环下去，直到 while 后表达式的值为假时循环结束，程序接着执行循环体后的语句。

使用 do…while 循环语句时应注意以下几点：

(1) while 表达式后必须加分号，表示该语句的结束。

(2) do…while 循环先执行循环体语句，然后判断表达式的值，所以 do…while 循环至少执行一次。

(3) while 后的表达式常常是关系表达式或逻辑表达式，也可以是任意类型的表达式。

do…while 循环的执行流程如图 5-7 所示。

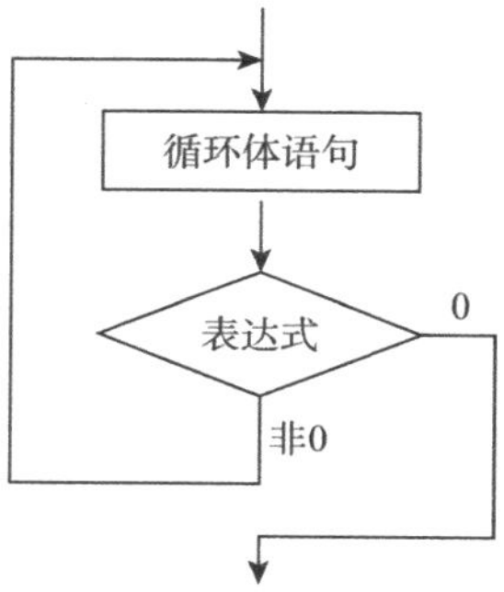

图 5-7　do…while 循环执行流程图

下面通过例子，介绍如何利用 do…while 语句进行程序设计。

【例题 5-4】 用 do…while 循环编程，求 sum=2+4+6+8+…+100 的值。

程序分析： 该题求 100 以内偶数的累加和，程序实现的思路与例题 5-2 相同，在此就不展开分析。

程序实现的流程如图 5-8 所示。

程序代码如下：

```
#include <stdio.h>
```

```
int main()
{int i,sum;
 i=2;  sum=0;
do
 {sum=sum+i;
  i=i+2;
 }while(i<=100);
 printf("sum=%d\n",sum);
 return 0;
}
```

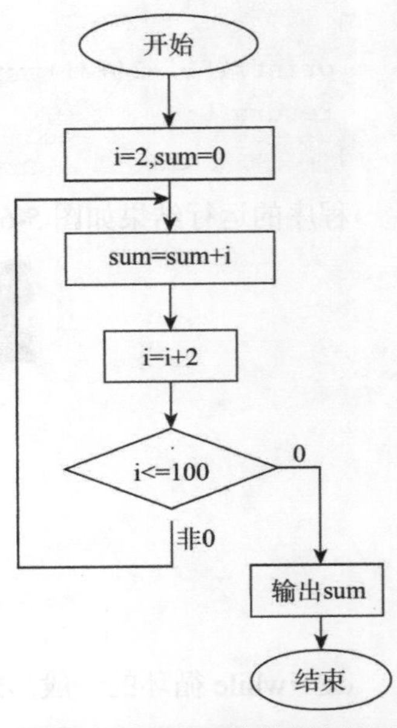

图 5-8　例题 5-4 的程序流程图

程序的运行结果如图 5-9 所示。

前面学习了 while 循环和 do…while 循环，一般来说，while 循环和 do…while 循环可以相互改写，但二者也有区别，主要表现在：当第一次循环条件为真时，二者的运行结果相同；当第一次循环条件为假时，二者的运行结果不同。当第一次循环条件为假时，while 循环的循环体执行 0 次，而 do…while 循环的循环体会执行 1 次。

```
sum=2550
Press any key to continue
```

图 5-9　例题 5-4 的运行结果

5.3　for 循环

在程序中，对于需要重复执行的操作可以用循环结构来实现，C 语言提供了 3 种循环结构，前面介绍了 while 循环和 do…while 循环，本节将介绍 for 循环结构。

C 语言中的 for 循环语句使用最灵活，for 循环语句既可用于循环次数已知的情况，又可用于循环次数未知而只给出了循环结束条件的情况，它可取代前面学过的 while 循环和 do…while 循环。

for 循环语句的一般形式为:

```
for(表达式 1; 表达式 2; 表达式 3)
{ 循环体语句;}
```

for 循环语句中 3 个表达式的作用分别为:

表达式 1：给循环变量赋初值，在整个循环过程中只执行一次。

表达式 2：循环控制条件表达式，满足该条件，循环继续，否则循环终止。

表达式 3：循环每进行一次，循环变量的改变值。

综合上述 3 个表达式的含义，for 循环语句可理解为:

for(循环变量赋初值;循环进行的条件;循环变量的变化)

　　{ 循环体语句; }

例如，sum=0;

for(i=5;i<=100;i=i+5)

sum=sum+i;

其中，“i=5”是给循环变量 i 赋初值 5，“i<=100”是循环进行的条件，当满足该条件时，循环进行，否则循环终止。“i=i+5”是循环每执行一次，循环变量 i 的变化(增加 5)。

for 循环语句的执行过程：先求表达式 1 的值，再判断表达式 2 的条件，若表达式 2 的值为真，则执行循环体语句，执行完循环体语句后，再执行表达式 3。然后判断表达式 2 的条件，若为真，再执行循环体语句……依次循环下去，直到某次表达式 2 的值为假时，循环结束。

下面给 for 循环语句的 3 个表达式及循环体语句编号：

for(循环变量赋初值;循环进行的条件;循环变量的变化)

①　　　　　②　　　　　④

{ 循环体语句; }

③

这样，for 循环语句的执行过程可用图 5-10 表示。

从 for 循环语句的执行过程可以看出，在 for 循环执行过程中，循环变量赋初值语句只被执行一次，另外的 3 个语句会按图中箭头方向依次反复执行多次，直到循环执行条件为假，循环终止。

为加深读者对 for 循环语句的理解，下面给出 for 循环语句的流程图 5-11。

下面看一个 for 循环的例子。

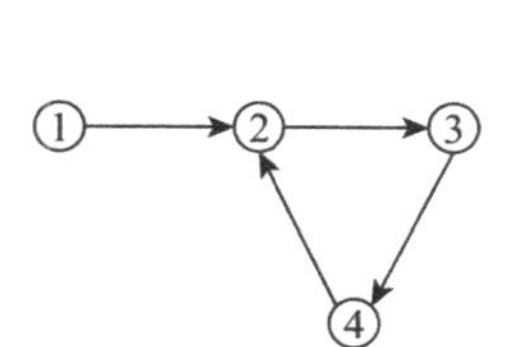

图 5-10　for 循环语句的执行过程

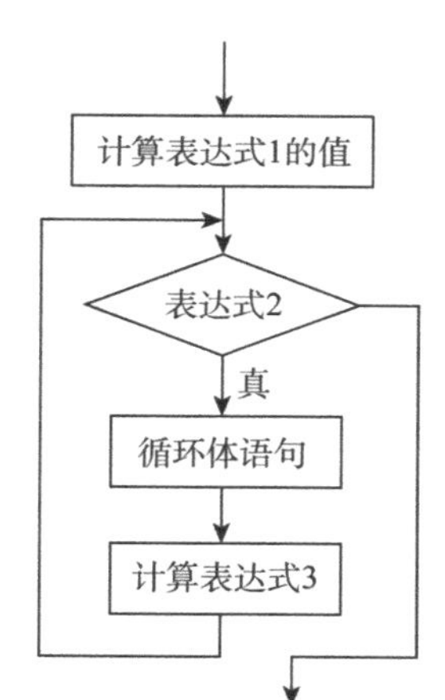

图 5-11　for 循环语句的流程图

【例题 5-5】将例题 5-4 改为用 for 循环实现。

用 for 循环编程，求 sum=2+4+6+8+…+100 的值。

程序分析：该题是求 100 以内的偶数之和，可以用 for 循环实现。可以定义 i、sum 两个变量，i 是循环控制变量，初值是 2，最大值是 100，即循环控制条件为 i<=100，循环每进行

一次，i 值增加 2，即 i=i+2。

程序代码如下：

```
#include <stdio.h>
int main()
{int i,sum;
 sum=0;
 for(i=2;i<=100;i=i+2)
 sum=sum+i;
 printf("2+4+6+8+…+100=%d\n",sum);
 return 0;
}
```

程序运行结果如图 5-12 所示：

```
2+4+6+8+…+100=2550
Press any key to continue
```

图 5-12　例题 5-5 的运行结果

for 循环语句的书写格式灵活，在使用时应注意以下几点：

(1) 可省略表达式 1，例如上例中：

```
sum=0;
for(i=2;i<=100;i=i+2)
sum=sum+i;
```

也可写成：

```
sum=0; i=2;
for(;i<=100;i=i+2)
sum=sum+i;
```

for 循环语句中可省略表达式 1，但是表达式 1 后的分号不能省略，此时应该在 for 语句的前面给循环变量赋初值。在整个 for 循环的执行过程中，赋初值的语句只被执行一次。

(2) 可省略表达式 2，但表达式 2 后的分号不能省略，当 for 循环语句中的表达式 2 省略，认为循环条件恒为真，此时循环会无限进行下去，永远不会终止。

例如上例若写成：

```
sum=0;
for(i=2;;i=i+2)
sum=sum+i;
```

的形式，则变量 i 的初值是 2，每循环一次 i 的值增加 2,变量 sum 的值会不断增加，循环会无限进行下去，永远不会终止。

(3) 可以省略表达式 3，当省略表达式 3 时，可将表达式 3 放在 for 循环的循环体语句中。

例如上例也可写成：

```
sum=0;
for(i=2;i<=100; )
{ sum=sum+i;
  i=i+2;
}
```

(4) 可同时省略表达式 1 和表达式 3，例如上例也可写成：

```
sum=0,i=2;
for( ;i<=100; )
{ sum=sum+i;
  i=i+2;
}
```

(5) 可同时省略表达式 1、表达式 2 和表达式 3，例如上例也可写成：

```
sum=0,i=2;
for( ; ; )
{sum=sum+i;
 i=i+2;
if(i>100)  break; //如果 i>100，执行 break 语句，循环跳出 for 循环结构。
}
```

(6) 表达式 1 和表达式 3 可以是一个简单表达式，也可以是一个逗号表达式，即包含多个表达式，中间用逗号隔开。

例如

```
  for(sum=0,i=2;i<=100;i=i+2,j=j+2)
      { sum=sum+i; }
```

必须注意，在 for 循环语句中，不管省略哪个表达式，分号都不能省略。

5.4　break 语句和 continue 语句

循环程序一般会按照程序给定的循环条件正常执行，但有时需要提前结束循环，即中途改变循环执行的状态，这时需要用到 break 语句和 continue 语句。下面将对 break 语句和 continue 语句进行介绍。

5.4.1　break 语句

第 4 章介绍了 break 语句的用法，break 语句可使流程跳出 switch 结构，程序继续执行 switch 结构后面的语句。break 语句除了上述用法外，还可用于从循环体内跳出，提前结束循环。

break 语句的一般形式为：

```
  break;
```

break 语句的功能：从循环体内跳到循环体外，提前终止循环的进行，接着执行循环体后的语句。

【例题 5-6】 用 for 循环语句编程，从键盘输入若干个数，当输入零时结束，分别统计其中输入正数和负数的个数。

程序分析： 该题要反复从键盘输入数字，应该用循环实现，但循环次数不确定，循环次数取决于输入数字的个数，循环结束的条件是输入零。

程序中定义如下 3 个变量：

x：存放从键盘输入的数字。

n1：统计输入正数的个数。

n2：统计输入负数的个数。

程序代码如下：

```
#include<stdio.h>
int main( )
{ int x,n1,n2;
  n1=n2=0;
  printf("请输入若干个数:");
  while(1)
    { scanf("%d",&x);
      if(x>0)  n1=n1+1;
      else if(x<0)  n2=n2+1;
      else   break;
     }
printf("正数的个数=%d,负数的个数=%d\n",n1,n2);
return 0;
}
```

程序的运行结果如图 5-13 所示：

```
请输入若干个数:34 -98 65 -76 54 -74 -53 98 72 -63 0
正数的个数=5,负数的个数=5
Press any key to continue_
```

图 5-13　例题 5-6 的运行结果

学习 break 语句时应注意两点：

(1) break 语句不能用于循环语句和 switch 语句之外的任何其他语句中。

(2) break 语句用在循环语句中时，通常与 if 搭配使用，形式如下(以 while 循环为例)：

```
while(条件表达式 1)
  { ……
    if(条件表达式 2)  break;
    ……
  }
```

在循环体中，当满足条件表达式 2 时，执行 break 语句，循环终止。

5.4.2　continue 语句

有时在程序中，需要提前结束本次循环，接着进行下一次循环条件的判断，而不终止整个循环的进行，这种情况下可使用 continue 语句。

continue 语句的一般形式为：

```
continue;
```

continue 语句的功能：提前结束本次循环，即跳过循环体中 continue 语句后面尚未执行的循环体语句，接着进行下一次循环条件的判断。

【例题 5-7】 输出 100 以内(不含 100)能被 3 整除且个位数为 6 的所有整数。

程序分析： 首先表示出 100 以内个位数为 6 的所有整数，然后判断每个 100 以内个位数为 6 的整数是否能被 3 整除。若不能被 3 整除，则本次循环结束，继续进行下一次循环条件的判断，若能被 3 整除，则输出该整数。

因该程序思路较简单，在此省略流程图。

程序代码如下：

```
#include<stdio.h>
int main()
{ int i,j;
for(i=0;i<=9;i++)
{j=i*10+6;
 if(j%3!=0) continue;
 printf("%d  ",j);
}
 return 0;
}
```

程序的运行结果如图 5-14 所示：

```
6   36   66   96   Press any key to continue
```

图 5-14　例题 5-7 的运行结果

continue 语句和 break 语句的区别是：continue 语句用于提前结束本次循环，接着进行下一次循环条件的判断，并不终止整个循环的进行；break 语句则终止整个循环过程。

这两个语句都常与 if 搭配使用，但各自的执行流程有所不同。

5.5　循环的嵌套

5.5.1　循环嵌套的定义

在编程中，有时需要在一个循环中嵌套另一个循环。在一个循环体内嵌套另一个完整的循环结构，称为循环的嵌套。外层循环称为外循环，内层循环称为内循环。如果内循环中又嵌套有循环结构语句，则构成多重循环结构。

前面学过的 while、do…while 和 for 这三种循环可以两两嵌套，形成如下的 6 种嵌套形式：

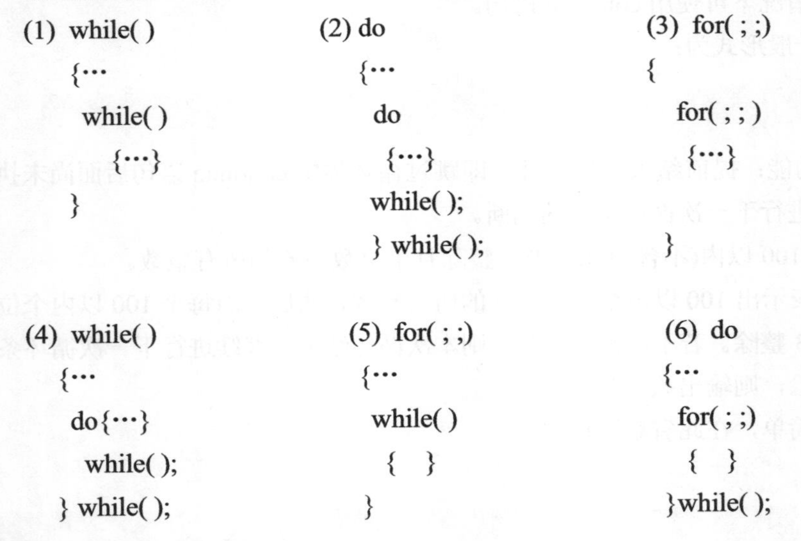

```
(1) while( )          (2) do               (3) for( ; ;)
    {…                    {…                   {
     while( )              do                   for( ; ; )
       {…}                  {…}                   {…}
    }                      while( );            }
                          } while( );

(4) while( )          (5) for( ; ;)        (6) do
    {…                    {…                   {…
     do{…}                 while( )             for( ; ;)
      while( );              {  }                 {  }
    } while( );           }                    }while( );
```

5.5.2　循环嵌套的应用

在一个循环体内嵌套另一个完整的循环体结构，称为循环的嵌套。下面以双重循环为例，来看嵌套循环的执行过程：

(1) 外层判断循环条件，若满足则进入外层循环体。

(2) 内层判断循环条件。

(3) 内层循环体执行。

(4) 内层循环变量累加，回到(2)执行，直到不满足内层条件，内循环退出。

(5) 外层循环变量累加，回到(1)执行，依次循环下去……，直到不满足外层循环条件，循环彻底退出。

下面通过实例加深对循环嵌套的理解。

【例题 5-8】用循环的嵌套编程，输出如下所示的九九乘法表。

```
1*1=1
1*2=2   2*2=4
1*3=3   2*3=6   3*3=9
1*4=4   2*4=8   3*4=12  4*4=16
1*5=5   2*5=10  3*5=15  4*5=20  5*5=25
1*6=6   2*6=12  3*6=18  4*6=24  5*6=30  6*6=36
1*7=7   2*7=14  3*7=21  4*7=28  5*7=35  6*7=42  7*7=49
1*8=8   2*8=16  3*8=24  4*8=32  5*8=40  6*8=48  7*8=56  8*8=64
1*9=9   2*9=18  3*9=27  4*9=36  5*9=45  6*9=54  7*9=63  8*9=72  9*9=81
```

程序分析：九九乘法表共 9 行，可以考虑让循环进行 9 次，每循环 1 次，输出一行。每行的式子个数不同，第一行 1 个，第二行 2 个，第三行 3 个……，第九行 9 个。可以考虑在行循环(外循环)里嵌套列循环(内循环)，内循环的次数取决于位于第几行，在第 n(1<=n<=9)行里内循环进行 n 次，输出 n 个式子。

程序中定义两个变量：

i：外循环的循环变量，i 取值 1-9，表示 1-9 行，i 的取值代表行数。外循环变量 i 是用来控制行的。

j：内循环的循环变量，变量 j 的取值个数取决于 i 值。j 的取值代表列数，j 能取几个值，代表该行有几列。内循环变量 j 是用来控制列的。

主要程序段实现如下：

```
for(i=1;i<=9;i++)                       //外循环控制行
 {for(j=1;j<=i;j++)                     //内循环控制列
  printf("%d*%d=%-5d",j,i,i*j);
  printf("\n");                         //每输出一行后换行
}
```

完整的程序代码如下：

```
#include<stdio.h>
int main()
{int i,j;
for(i=1;i<=9;i++)                       //外循环控制行
{for(j=1;j<=i;j++)                      //内循环控制列
printf("%d*%d=%-5d",j,i,i*j);
printf( "\n");                          //每输出一行后换行
}
return  0;
}
```

程序运行结果如图 5-15 所示：

```
1*1=1
1*2=2    2*2=4
1*3=3    2*3=6    3*3=9
1*4=4    2*4=8    3*4=12   4*4=16
1*5=5    2*5=10   3*5=15   4*5=20   5*5=25
1*6=6    2*6=12   3*6=18   4*6=24   5*6=30   6*6=36
1*7=7    2*7=14   3*7=21   4*7=28   5*7=35   6*7=42   7*7=49
1*8=8    2*8=16   3*8=24   4*8=32   5*8=40   6*8=48   7*8=56   8*8=64
1*9=9    2*9=18   3*9=27   4*9=36   5*9=45   6*9=54   7*9=63   8*9=72   9*9=81

Press any key to continue
```

图 5-15　例题 5-8 的运行结果

程序说明：该例实际上是打印一个乘法表，从 1*1 开始，一直到 9*9 结束。

程序的详细执行过程如下：

(1) 首先赋值 i=1，然后判断循环执行条件 i<=9，满足条件，进入外层循环体。

(2) 赋值 j=1，此时 i 值为 1，判断 j<=i，满足条件，进入内层循环，输出 1*1=1。执行

j++后，j 值为 2，判断 j<=i，不满足条件，本次内循环结束，执行换行语句，到此第一次外循环结束。

(3) 执行 i++，也就是 i=2 了，然后判断 i<=9，满足条件，再次进入外层循环体。

(4) 赋值 j=1，此时 i=2，判断 j<=i，满足条件，进入内层循环体，输出 1*2=2。执行 j++后，j 值为 2，判断 j<=i，满足条件，继续执行内循环体，输出 2*2=4。再次执行 j++后，j 值为 3，判断 j<=i，不满足条件，本次内循环结束，执行换行语句，到此第二次外循环结束。

(5) 由此重复下去，i=3 时，打印“1*3=3　2*3=6”；i=4 时，打印“1*4=4　2*4=8　3*4=12”……当 i=9 时执行最后一轮循环，打印“1*9=9 .... 8*9=72　9*9=81”，之后累加 i =10，不满足外循环条件，循环彻底退出。

【例题 5-9】“百鸡百钱”问题：用 100 元钱，买 100 只鸡，已知公鸡每只 5 元，母鸡每只 3 元，小鸡 1 元钱买三只，现用 100 元钱买 100 只鸡，公鸡、母鸡、小鸡各可以买多少只？

程序分析：假设要买 x 只公鸡，y 只母鸡，z 只小鸡，可以列出下列方程：

$$x+y+z=100$$

$$5x+3y+z/3=100$$

从方程中可以大概确定变量 x,y,z 的取值范围：0<=x<=20，0<=y<=33，0<=z<=100。这样各个变量在取值范围内不断变化各自的取值，就可以得到问题的全部解。实际上就是要在 x,y,z 的所有可能的组合中找出合适的解，可以用循环的嵌套来实现，代码如下：

```
#include<stdio.h>
int main( )
{int  x,y,z;
for(x=0;x<=20;x++)
for(y=0;y<=33;y++)
for(z=0;z<=100;z++)
if(x+y+z==100&&5*x+3*y+z/3.0==100)
    printf("公鸡%d 只，母鸡%d 只，小鸡%d 只\n", x,y,z);
    return 0;
}
```

程序运行结果如图 5-16 所示。

图 5-16　例题 5-9 的运行结果

程序说明：这实际上用的是穷举法，穷举法是最简单、最常见的一种程序设计方法，它充分利用了计算机处理的高效性。穷举法的基本思想是：对问题的所有可能状态一一测试，直到找到合适的解或将全部可能状态都测试过为止。

使用穷举法的关键是确定正确的穷举范围，穷举的范围不能过分扩大，以免影响程序的运行效率；也不能过分缩小，以免遗漏正确的结果而产生错误。以上程序中采用的三重循环实际上穷举了 x,y,z 的全部可能组合。

5.6　循环程序举例

【例题 5-10】 输出 3～100 中的所有素数。

程序分析：素数是只能被 1 和自身整除的大于 1 的整数。根据定义，对于任意一个大于 1 的整数 n，如果不能被从 2 到 n-1 中的任一数整除，则该数 n 就为素数。

判断 n 是否为素数可以用一个循环来表示，求 3～100 中的素数再用一个循环来表示，因此，程序的结构用两层循环，即循环的嵌套。

程序的算法描述如下：

(1) 定义循环控制计数器 n，n 的初值为 3；

(2) 定义循环变量 i；

(3) 判断 n<=100 是否成立，如果成立，i=2，执行步骤(4)，否则执行步骤(8)；

(4) 判断 i<=n-1 是否成立，如果成立，执行步骤(5)，否则执行步骤(6)；

(5) 判断 n%i 是否等于 0，如果等于 0，执行步骤(6)，否则将 i 的值增加 1，转向步骤(4)；

(6) 判断 i 是否大于等于 n，如果是，则 n 为素数，输出 n，执行步骤(7)，否则直接转向步骤(7)；

(7) 将 n 的值增 1，转向步骤(3)；

(8) 程序结束。

程序代码如下：

```
#include<stdio.h>
int main()
{ int  i,n;
  printf("3～100 中的素数为:\n");
for(n=3;n<=100;n++)
{ for(i=2;i<=n-1;i++)
  if( n%i==0)
      break;
  if(i>=n)
      printf("%d\t",n);
}
printf("\n");
return 0;
}
```

程序的运行结果如图 5-17 所示：

```
3~100中的素数为:
3       5       7       11      13      17      19      23      29      31
37      41      43      47      53      59      61      67      71      73
79      83      89      97
```

图 5-17　例题 5-10 的运行结果

【例题 5-11】输入一行字符串，分别统计出其中英文字母、空格、数字和其他字符的个数。

程序分析：本题通过循环方式输入一个字符串，每循环一次，输入一个字符，到输入回车键时结束，回车键在转义字符里为'\n'。可定义一个字符变量 c，用 c=getchar()输入第一个字符，循环的控制条件表示为 c!= '\n'。

程序代码如下：

```
#include<stdio.h>
int main()
{ int letter,space,number,other;
  char c;
  letter=space=number=other=0;
while((c=getchar())!='\n')
{if(c>='a'&&c<='z'||c>='A '&&c<='Z')
     letter++;
 else if(c=='')
     space++;
 else if(c>='0'&&c<='9')
     number++;
else
     other++;
}
printf("字母%d 个,空格%d 个, 数字%d 个, 其他字符%d 个\n",letter,space,
number,other);
return 0;
}
```

程序运行结果如图 5-18 所示：

```
wr34 ty &* 54er
字母6个,空格3个, 数字4个, 其他字符2个
Press any key to continue_
```

图 5-18　例题 5-11 的运行结果

程序说明：定义 letter、space、number、other 这 4 个变量分别表示输入的字符中字母、空格、数字及其他字符的个数。在没有输入字符前，这 4 个变量的初值均为 0。用循环方式输入字符，每当输入一个字母时，变量 letter 加 1；每当输入一个空格时，变量 space 加 1；每当输入一个数字时，变量 number 加 1；每当输入一个其他字符时，变量 other 加 1。

【例题 5-12】打印如下图形。

```
  *
 ***
*****
 ***
  *
```

程序分析：该图形在输出时可分成上下两部分，上部分输出 3 行，下部分输出 2 行。

用次数为 n 的循环控制输出图形的 n 行(外层循环)；

外层循环的循环体如下：

- 用次数型循环输出该行的前导空格(内层循环)；
- 用次数型循环输出该行的字符(内层循环)；
- 输出回车换行符。

每行的前导空格数和字符数的公式推导如下：

行数	1	2	3	4	5	i 行(i≤3)	i 行(i>3)
前导空格数	2	1	0	1	2	3-i	i-3
符号*数	1	3	5	3	1	2i-1	2(5-i)+1

程序源代码如下：

```
#include<stdio.h>
int main()
{ int i,j;
   for(i=1;i<=3;i++)                                  /*控制输出前 3 行 */
    {for(j=1;j<=3-i;j++)  printf(" ");               /*控制输出前 3 行的前导空格数*/
     for(j=1;j<=2*i-1;j++)  printf("*");             /*控制输出前 3 行的“*”符号数*/
     printf("\n");                                    /*输出第 i 行的回车换行符 */
    }
  for(i=4;i<=5;i++)/*控制输出后 2 行 */
   { for(j=1;j<=i-3;j++)  printf(" ");               /*控制输出后 2 行的前导空格数*/
     for(j=1;j<=2*(5-i)+1;j++)  printf("*"); /*控制输出后 2 行的“*”符号数*/
     printf("\n");/*输出第 i 行的回车换行符 *        /
   }
 return  0;
 }
```

程序的运行结果如图 5-19 所示：

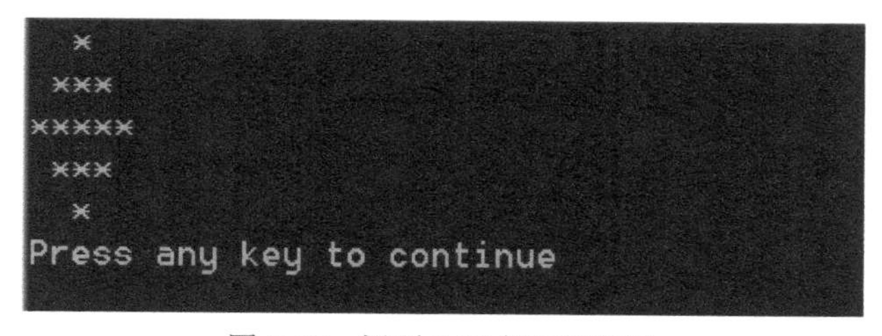

图 5-19　例题 5-12 的运行结果

程序说明： 对于较简单图形，就不必分为两部分输出。例如，若要输出如下图形：

```
**
 ****
  ******
   ********
```

用次数为 4 的循环控制输出图形的 4 行(外层循环)；

外层循环的循环体如下：

- 用次数型循环输出该行的前导空格(内层循环)；
- 用次数型循环输出该行的字符(内层循环)；
- 输出回车换行符。

每行的前导空格数和字符数的公式推导如下：

行数	1	2	3	4	i(行)
前导空格数	0	1	2	3	i-1
符号“*”数	2	4	6	8	2i

程序清单如下：

```
int main( )
{ int i,j;
  for(i=1;i<=4;i++)                                       /*控制输出 4 行 */
    { for(j=1;j<=i-1;j++)  printf("");         /*控制输出每行的前导空格数*/
      for(j=1;j<=2*i;j++)  printf("*");        /*控制输出每行的“*”符号数*/
      printf("\n"); /*输出每行的回车换行符 */
    }
return 0;
 }
```

【例题 5-13】求 Fibonacci 数列的前 20 项。Fibonacci 数列的特点如下：前 2 项的值均为 1，从第 3 项开始，每一项是其前 2 项之和。

$$Fn=\begin{cases}1 \ (n=1,2)\\ F_{n-1}+F_{n-2} \ (n\geqslant 3)\end{cases}$$

这是一个有趣的古代数学问题，由意大利的著名数学家 Fibonacci 提出。

程序分析：Fibonacci 数列的前两项均为 1，后面任意一项都是其前两项之和。程序在计算中需要用两个变量存储最近生成的两个序列值，且生成了新数据后，两个变量的值要更新。题目要求输出 20 项，循环次数确定，可采用 for 循环。

假设前两项分别用 f1=1 和 f2=1 表示，则新项 f3=f1+f2，然后更新 f1 和 f2：f1=f2 及 f2=f3，为计算下一个新项 f3 做准备。

程序源代码如下：

```
#include<stdio.h>
int main( )
{ int  i;
long int f1=1,f2=1,f3;
printf("\n");
printf("%-12ld%-12ld",f1,f2);
for(i=3;i<=20;i++)
{ f3=f1+f2;
    f1=f2;
    f2=f3;
```

```
printf("%-12ld",f3);
if(i%5==0)   printf("\n");
}
return  0;
}
```

程序的运行结果如图 5-20 所示：

```
1           1           2           3           5
8           13          21          34          55
89          144         233         377         610
987         1597        2584        4181        6765
Press any key to continue
```

图 5-20　例题 5-13 的运行结果

本 章 小 结

循环结构是结构化程序设计的另一种基本结构。在实际应用中常会遇到许多具有规律性的重复性操作，这些重复执行的操作可采用循环结构来完成。C 语言提供了 3 种循环结构：while 循环、do…while 循环和 for 循环。其中 while 循环是当型循环，先判断条件后执行循环体语句；而 do…while 循环是直到型循环，先执行循环体语句然后判断循环条件；for 循环是计数型循环，一般用于循环次数已知的情况。在 3 种循环中，for 循环语句的功能最强，使用也最灵活。

循环结构中的 break 语句用于退出循环结构，break 语句除了用在循环结构中外，还可以用在 switch 语句中，switch 语句中的 break 表示跳出 switch 结构。循环结构中的 continue 语句用于结束本次循环，继续进行下一次循环条件的判断。

循环的嵌套指在一个循环体内嵌套另一个完整的循环体结构，利用循环的嵌套能解决很多实际问题。

通过本章的学习，要求读者能熟练运用循环结构进行编程。

习 题 5

一、选择题

1. 有如下程序：

```
int main()
{int n=9;
```

```
while(n>6) {n--;printf("%d",n);
return 0;}
}
```

该程序段的输出结果是(　　)。

A. 987　　B. 876　　C. 8765　　D. 9876

2. 有以下程序段：

```
int k=0;
while(k=1)   k++;
```

while 循环执行的次数是(　　)。

A. 无限次　　B. 有语法错误，不能执行

C. 一次也不执行　　D. 执行 1 次

3. t 为 int 类型，进入下面的循环之前，t 的值为 0。

```
while( t=l )
{ …… }
```

则以下叙述中正确的是(　　)。

A. 循环控制表达式的值为 0　　B. 循环控制表达式的值为 1

C. 循环控制表达式不合法　　D. 以上说法都不对

4. 以下程序的输出结果是(　　)。

```
int main()
{ int num=0;
 while(num<=2)
{ num++; printf("%d\n",num);}
 return 0;
}
```

A. 1
2
3
4　　B. 1
2
3　　C. 1
2　　D. 1

5. 设有以下程序：

```
int  main()
{ int n1,n2;
scanf("%d",&n2);
while(n2!=0)
{ n1=n2%10;
n2=n2/10;
printf("%d",n1);
return 0; }
}
```

程序运行后，如果从键盘输入 1298；则输出结果为(　　)。

A. 8921　　B. 1298　　C. 892　　D. 以上都不对

6. 以下程序中，while 循环的循环次数是(　　)。

```
int main()
{int i=0;
while(i<10)
{ if(i<1) continue;
if(i==5) break;
i++;
}
......
return  0;
}
```

A. 1　　B. 10

C. 6　　D. 死循环，不能确定次数

7. 下面程序的功能是输出以下形式的金字塔图案：

```
           *
          ***
         *****
        *******
int main()
{ int i,j;
  for(i=1;i<=4;i++)
  { for(j=1;j<=4-i;j++)printf(" ");
    for(j=1;j<=______;j++)printf("*");
    printf("\n");
  }
  return 0;
}
```

在下画线处应填入的是(　　)。

A. I　　B. 2*i-1　　C. 2*i+1　　D. i+2

8. 有以下程序：

```
int main()
{ int  k=5,n=0;
  while(k>0)
  {  switch(k)
     {  default: break;
        case  1: n+=k;
        case  2:
        case  3: n+=k;
     }
    k--;
```

```
 }
 printf("%d\n",n);
    return  0;
}
```

程序运行后的输出结果是(　　)。

A. 0　　B. 4　　C. 6　　D. 7

9. 有以下程序：

```
int main( )
{ int x=0,y=5,z=3;
  while(z-->0&&++x<5)    y=y-1;
  printf("%d,%d,%d\n",x,y,z);
return 0;}
```

程序执行后的输出结果是(　　)。

A. 3,2,0　　B. 3,2,-1　　C. 4,3,-1　　D. 5,-2,-5

10. 以下叙述正确的是(　　)。

A. do…while 语句构成的循环不能用其他语句构成的循环来代替。

B. do…while 语句构成的循环只能用 break 语句退出。

C. 用 do…while 语句构成的循环，在 while 后的表达式为非零时结束循环。

D. 用 do..while 语句构成的循环，在 while 后的表达式为零时结束循环。

11. 有如下程序：

```
int main()
{ int x=23;
do
{ printf("%d",x--);}
while(!x);
}
return 0;

}
```

该程序的执行结果是(　　)。

A. 321　　B. 23　　C. 不输出任何内容　　D. 陷入死循环

12. 以下程序段：

```
int x=3;
do
{ printf("%d",x-=2); }
while (!(--x));
```

其输出结果是(　　)。

A. 1　　B. 3 0　　C. 1 -2　　D. 死循环

13. 以下程序运行后的输出结果是(　　)。

```
int main()
{ int i=10, j=0;
do
{j=j+i; i--; }
while(i>2);
printf("%d\n",j);
return 0;
}
```

A. 52　　B. 25　　C. 50　　D. 以上都不对

14. 有以下程序段：

```
int n=0,p;
do
{scanf("%d",&p);n++;}
while(p!=12345&&n<3);
```

此处 do…while 循环的结束条件是(　　)。

A. p 不等于 12345 并且 n 小于 3

B. p 等于 12345 并且 n 大于等于 3

C. p 不等于 12345 或者 n 小于 3

D. p 等于 12345 或者 n 大于等于 3

15. 有以下程序：

```
int main()
{ int s=0,a=1,n;
scanf("%d",&n);
do
{ s+=1; a=a-2; }
while(a!=n);
printf("%d\n",s);
return 0;
}
```

要使程序的输出值为 2，则应该从键盘给 n 输入的值是(　　)。

A. -1　　B. -3　　C. -5　　D. 0

16. 有如下程序：

```
int main()
{ int i,sum;
for(i=1;i<=3;sum++) sum+=i;
printf("%d\n",sum);
return 0;
}
```

该程序的执行结果是(　　)。

A. 6　　B. 3　　C. 死循环　　D. 0

17. 以下程序执行后 sum 的值是(　　)。

```
int  main()
{ int  i,sum;
for(i=1;i<6;i++) sum+=i;
printf("%d\n",sum);
return  0;
}
```

A. 15　　B. 14　　C. 不确定　　D. 0

18. 若有以下程序：

```
int main()
{int y=10;
 while(y--);
 printf("y=%d\n", y);
return 0;
}
```

程序运行后的输出结果是(　　)。

A. y=0　　B. y=-1　　C. y=1　　D. while 构成无限循环

19. 以下程序的输出结果是(　　)。

```
#include <stdio.h>
int main()
{int  i;
 for(i=1;i<=5;i++)
  {if(i%2 )  printf("*");
   else  continue;
printf("#");
}
printf("$\n");
return 0; }
```

A. *#*#*#$　　B. #*#*#*$　　C. *#*#$　　D. #*#*$

20. 以下的 for 循环(　　)。

```
for(x=0,y=0; (y!=123)&&(x<4); x + + );
```

A. 是无限循环　　B. 循环次数不定

C. 执行 4 次　　D. 执行 3 次

21. 以下程序的输出结果是(　　)。

```
int main()
{int a,b;
```

```
for(a=1,b=1;a<=100;a++)
{if(b>=10) break;
if(b%3==1)
{b+=3; continue;}
}
printf("%d\n",a);
return 0;
}
```

A. 101　　B. 6　　C. 5　　D. 4

二、填空题

1. 以下程序的功能是：输出 100 以内(不含 100)能被 3 整除且个位数为 6 的所有整数，请填空。

```
int main()
{int i,j;
for(i=0;________;i++)
{j=i*10+6;
if(________)
 continue;
printf("%d  ",j);}
return 0;
}
```

2. 以下程序的功能是计算：s=1+12+123+1234+12345。请填空。

```
int main()
{int t=0,s=0,i;
 for( i=1; i<=5; i++)
{t=i+________;
 s=s+t;
}
 printf("s=%d\n",s);
return 0;
}
```

3. 执行以下程序后，输出#号的个数是________。

```
#include <stdio.h>
int main()
{ int  i,j;
for(i=1;i<5;i++)
for(j=2;j<=i;j++)
    putchar('#');
}
 return 0;
}
```

三、编程题

1. 从键盘输入一个正整数 n，输出它的所有因子。

2. 从键盘输入 10 个数，求总和。

3. 输入数，当输入零时则结束，统计其中输入正数和负数的个数。

4. 编写一个程序，输入 15 个整数，统计其中正数、负数和零的个数。

5. 编写一个应用程序，求出 200～300 之间满足以下条件的三位数：该三位数的各位数字之和是 12，该三位数的各位数字之积是 42，输出满足条件的三位数。

6. 打印出所有“水仙花数”。所谓“水仙花数”是指一个三位数，其各位数字的立方和等于该数字本身，如 $xyz=x^3+y^3+z^3$。

7. 编写程序：输出以下 4×5 的矩阵。

```
1   2   3   4   5
2   4   6   8   10
3   6   9   12  15
4   8   12  16  20
```

8. 编写程序，求 $s=\frac{1}{1!}+\frac{1}{2!}+\frac{1}{3!}+\frac{1}{4!}+...+\frac{1}{n!}$ (n 是正整数，n 值从键盘输入)。

9. 编写程序，求 sum=1!+2!+3!+…+10!

10. 一个球从 100 米高度自由落下，每次落地后反弹回原高度的一半，再落下。求它在第 10 次落地时，共经过多少米？第 10 次反弹多高？

11. 有一分数序列：

$$\frac{2}{1},\frac{3}{2},\frac{5}{3},\frac{8}{5},\frac{13}{8},\frac{21}{13},\cdots$$

求出这个数列的前 20 项之和。

12. 从键盘输入一个正整数 n，计算该数的各位数字之和并输出。例如，输入数是 5246，则计算 5+2+4+6=17 并输出。

13. 每个苹果 0.8 元，第一天买 2 个苹果，第二天开始，每天买前一天的 2 倍，直到购买的苹果个数是不超过 100 的最大值，编写程序，求每天花多少钱？

14. 用 40 元钱买苹果、西瓜和梨共 100 个，且三种水果都有。已知苹果 0.4 元一个，西瓜 4 元一个，梨 0.2 元一个。问可以购买苹果、西瓜和梨各多少个？请编写程序输出所有购买方案。

15. 输入一个正整数 n，再输入 n 个学生的成绩，计算平均分，并统计各等级成绩的人数。成绩分为 5 个等级，分别为 A(90～100)、B(80～89)、C(70～79)、D(60～69)和 E(0～59)。

第6章　数　组

数组是程序设计中常用的数据结构。数组是类型相同的多个数据的有序集合，数组中的每一个元素属于同一种类型，用一个统一的数组名和下标来唯一地标识数组中的元素。利用数组可方便地用统一的方式来处理一批具有相同性质的数据。

本章教学内容：

- 一维数组
- 二维数组
- 字符数组

本章教学目标：

- 理解和掌握一维数组的定义、引用、初始化以及在编程中的应用。
- 理解和掌握二维数组的定义、引用、初始化以及在编程中的应用。
- 理解和掌握字符数组的定义、初始化、存储以及在编程中的应用。
- 理解和掌握数组的输入、输出方法。
- 理解和掌握字符串处理函数的用法。
- 理解和掌握数组的综合编程。

6.1　一维数组

在前面的章节中，我们学习了C语言的简单数据类型，如整型、实型、字符型、枚举型等。这些简单的数据类型所处理的数据往往较简单。但在实际应用中，需要处理的数据往往是复杂多样的，一方面，要处理的数据量可能很大，如要对全校同学的英语四六级成绩进行排序，用简单类型的单个变量来描述大量数据很不方便。另一方面，数据与数据之间有时存在一定的内在联系，例如学生的学号和姓名都是学生信息，用单一类型的单个变量无法准确地描述这些数据，难以反映出数据之间的联系。

为能更方便、简洁地描述较复杂的数据，C语言提供了一种由若干个简单数据类型按照一定规则构成的复杂数据类型，即构造数据类型(或组合类型)，如数组类型、结构体类型、共用体类型等。C语言中复杂数据类型的引入，使得C语言描述复杂数据的能力更强，给实际问题中复杂数据的处理提供了方便。

本章将分一维数组、二维数组、字符数组三节介绍在C语言中如何定义和使用数组。

6.1.1 一维数组的定义

在 C 语言中要使用数组，必须先定义后使用。

一维数组的定义形式为：

```
类型标识符  数组名[常量表达式];
```

例如：int a[8];

定义了一个整型的一维数组，该数组的数组名为 a，有 8 个元素，每个元素均为整型，该数组的 8 个元素分别为：a[0]、a[1]、a[2]、a[3]、a[4]、a[5]、a[6]、a[7]。其中 0~7 称为数组的下标。

定义数组时应注意以下几点：

(1) 类型标识符可以是任意一种基本数据类型或构造数据类型。

(2) 数组名的命名规则需要符合 C 语言标识符的命名规则。

(3) 常量表达式表示元素个数，即数组长度。

(4) 数组元素的下标是从 0 开始的。上例 int a[8];中数组 a 的第一个元素是 a[0]，数组 a 的最后一个元素是 a[7]。引用数组元素时不能越界。对于越界引用数组元素，VC++编译系统无法检查出语法错误，因此读者在编程时应注意数组的越界问题。

(5) 常量表达式可以是整型常量、符号常量，也可以是整型表达式。但不允许是变量，C 语言不允许对数组进行动态定义。

例如下面对数组的定义是正确的：

```
int  b[2*3+4];
#define N 10
int  a[N];
```

而下面对数组的定义是错误的，C 语言不允许对数组进行动态定义。

```
int  n=6;
int a[n];
```

(6) 在同一个程序中，数组名不允许与其他变量同名。

如以下的表示是错误的：

```
int a,a[5];  //错误，数组名与变量同名。
```

定义一维数组后，编译系统为数组在内存中分配一片连续的内存单元，按数组元素的顺序线性存储。

例如：int a[10];

编译系统在内存中为数组 a 分配 40 个字节(在 VC++环境下，每个整型占 4 个字节空间)的内存单元来顺序存放数组 a 的各元素。假设数组 a 的首地址(即第一个元素 a[0]的地址)为 4000，则第 2 个元素的地址为 4004，第三个元素的地址为 4008……，第 10 个元素的地址为 4000+(n-1)×4=4036。数组 a 在内存中的存储形式如图 6-1 所示。

a[0]	a[1]	a[2]	a[3]	a[4]	a[5]	a[6]	a[7]	a[8]	a[9]
4000	4004	4008	4012	4016	4020	4024	4028	4032	4036

图 6-1　数组 a 在内存中的存储形式

6.1.2　一维数组的引用

数组元素的使用方式与普通变量相似。在 C 语言中，可对单个数组元素进行输入、输出和计算。C 语言规定，只能引用单个数组元素，而不能一次引用整个数组。

数组元素的表示形式为：

```
数组名[下标]
```

下标可以是整型常量、符号常量，也可以是整型表达式，如：

```
#define  N  6
a[5]=a[4+5]-a[N];
```

【例题 6-1】 从键盘给数组 a 的 10 个元素依次输入值，然后反序输出。

程序分析： 定义整型数组 a[10]，采用循环方式依次给数组 a 的 10 个元素输入值，即依次输入 a[0]、a[1]、a[2]、a[3]、a[4]、a[5]、a[6]、a[7]、a[8]、a[9]共 10 个元素的值。再次使用循环，依次反序输出 10 个元素值。

程序代码如下：

```
#include<stdio.h>
int  main()
{ int i,a[10];
printf("请依次输入数组 a 的 10 个元素值：\n");
for(i=0;i<10;i++)
scanf("%d",&a[i]);
printf("数组 a 反序输出为：\n");
for(i=9;i>=0;i--)
printf("%4d",a[i]);
printf("\n");
return 0;
}
```

程序运行结果如图 6-2 所示：

```
请依次输入数组a的10个元素值:
10 20 30 40 50 60 70 80 90 100
数组a反序输出为:
 100  90  80  70  60  50  40  30  20  10
Press any key to continue
```

图 6-2　例题 6-1 的运行结果

6.1.3 一维数组的初始化

给数组赋值的方法常用的有三种：用赋值语句对数组元素逐个赋值、初始化赋值和动态赋值。

数组初始化赋值是指在定义数组时给数组元素赋初值。数组初始化在编译阶段进行，采用数组初始化赋值能缩短程序运行时间，提高程序运行效率。

对数组元素的初始化有以下几种形式：

(1) 在定义数组时可以对数组的所有元素赋初值。例如：

```
int a[10]={10,20,30,40,50,60,70,80,90,100};
```

经过上面的初始化赋值后，数组 a 的每个元素依次对应于{}中的一个值，即 a[0]=10，a[1]=20，a[2]=30，a[3]=40，a[4]=50，a[5]=60，a[6]=70，a[7]=80，a[8]=90，a[9]=100。

(2) 可以只给部分元素赋值。例如：

```
int  a[10]={1,2,3};
```

定义的整型数组 a 有 10 个元素，前 3 个元素的值依次分别是 1、2、3，后 7 个元素的值为 0(因为是整型数组，当没有给数组元素赋初值时，按默认值处理，整型元素的默认值是 int 类型)。

(3) 当定义数组时，可省略方括号中元素的个数。当省略方括号中元素的个数时，以元素的实际个数为准。例如：

```
int  a[]={1,2,3,4,5};
```

此时方括号[]中默认的值是 5，因为在{}中赋了 5 个值。

6.1.4 一维数组程序举例

【例题 6-2】输入 10 个学生成绩，求其最高分、最低分和平均分。

程序分析：可以定义一个长度为 10 的 int 型数组，使用循环，依次输入 10 个学生的成绩存放在对应的 10 个元素中。定义四个变量 max、min、sum、avg 分别存放 10 个学生的最高分、最低分、总分以及平均分。求最高分的方法可采用打擂台法，先假设第一个学生的成绩为最高分，将第一个学生成绩赋值给变量 max，然后将后面每个学生成绩依次与最高分 max 进行比较，将二者的较大值赋给变量 max，依次比较下去，最后变量 max 的值即为 10 个成绩中的最高分；采用同样的方法，可求得 10 个学生的最低分。为求 10 个学生的平均分，需要先得到总分 sum，先给变量 sum 赋初值为 0，每当输入一个学生成绩，就将该成绩加到 sum 变量中，依次可以得到总分 sum；总分 sum 除以人数 10，即得到平均分 avg。

程序代码如下：

```
#include<stdio.h>
int  main()
{int score[10],i,max,min,sum;
float avg;
```

```
sum=0;
  /*输入 10 个学生成绩并计算总分*/
printf("请输入 10 个学生成绩:\n");
for(i=0;i<10;i++)
{scanf("%d",&score[i]);
sum=sum+score[i];
}
  /*求最高分和最低分*/
max=min=score[0];
for(i=0;i<10;i++)
{ if(score[i]>max)  max=score[i];
if(score[i]<min)  min=score[i];
}
  /*求平均分*/
avg=sum/10.0;
  /*输出最高分、最低分和平均分*/
printf("10 个学生的最高分=%d,最低分=%d,平均分=%.2f\n",max,min,avg);
return 0;
 }
```

程序运行结果如图 6-3 所示：

```
请输入10个学生成绩:
87 76 87 97 75 84 65 83 79 81
10个学生的最高分=97,最低分=65,平均分=81.40
Press any key to continue
```

图 6-3　例题 6-2 的运行结果

【例题 6-3】编写程序，定义一个含有 30 个元素的 int 整型数组。依次给数组元素赋偶数 2,4,6，…，然后按照每行 10 个数顺序输出，最后按每行 10 个数逆序输出。

程序分析：采用循环方式依次给数组的 30 个元素赋偶数值，再利用循环控制变量，顺序或逆序地逐个引用数组元素。本题示范了在连续输出数组元素值的过程中，如何利用循环控制变量进行换行。

程序代码如下：

```
#include<stdio.h>
#define  M  30
int main()
{ int a[M],i,k=2;
   /*给数组 a 元素依次赋偶数值 2,4,6…*/
for(i=0;i<M;i++)
{ a[i]=k;
  k=k+2;
}
printf("按每行 10 个数顺序输出: \n");
for(i=0;i<M;i++)
```

```
{ printf("%4d",a[i]);
if((i+1)%10==0)   printf("\n");
     }
printf("按每行 10 个数逆序输出: \n");
for(i=M-1;i>=0;i--)
printf("%3d%c",a[i],(i%10==0)?'\n':'  ');
printf("\n");
return 0;
}
```

程序的运行结果如图 6-4 所示:

```
按每行10个数顺序输出:
   2   4   6   8  10  12  14  16  18  20
  22  24  26  28  30  32  34  36  38  40
  42  44  46  48  50  52  54  56  58  60
按每行10个数逆序输出:
 60  58  56  54  52  50  48  46  44  42
 40  38  36  34  32  30  28  26  24  22
 20  18  16  14  12  10   8   6   4   2

Press any key to continue
```

图 6-4　例题 6-3 的运行结果

【例题 6-4】用冒泡排序法，将任意 10 个整数按由小到大的顺序排序(假设数据存放在数组 a 中)。

程序分析：冒泡排序法是一种常用的排序方法，将相邻的两个数进行比较，将二者中较小的数移到前面。用冒泡法对 n 个数由小到大排序，排序方法如下：

第 1 轮：先比较第 1 个数和第 2 个数，若第 1 个数大于第 2 个数，则两数交换，使小数在前，大数在后。再比较第 2 个数和第 3 个数，若第 2 个数大于第 3 个数，则两数再交换，使小数在前，大数在后。按这个规律，直到比较最后两个数(第 n−1 个数和第 n 个数)，使大数在前，小数在后。到此第 1 轮比较结束，最后一个数即为最大值，即最大数已“沉底”。

第 2 轮：在第 1 个数到第 n−1 个数的范围内(除了最后位置的最大数后)，重复第 1 轮的比较过程，第 2 轮比较完毕后，在倒数第 2 的位置上得到一个新的最大值(即整个数组中第 2 大的数)。

……

第 n−1 轮：在第 1 个数到第 2 个数的范围内，重复类似第 1 轮的比较过程，比较完毕后，在第 2 的位置上得到第 n−1 个最大数。

至此，整个冒泡排序过程结束，依次输出排序后的 10 个元素，即为所求结果。

由上可知，对于任意 n 个整数用冒泡法排序，共需要 n−1 轮排序过程。第 1 轮对 n 个数两两比较，共比较 n−1 次；第 2 轮对 n−1 个数两两比较，共比较 n−2 次；……第 n−1 轮对 2 个数两两比较，共比较 1 次。至此，全部比较结束。每次比较时，当前面一个数大于后面一个数时，就将两数的值进行交换。

冒泡排序第 1 轮比较的示意图如图 6-5 所示(为简单起见，这里仅演示有 6 个数字的情形)：

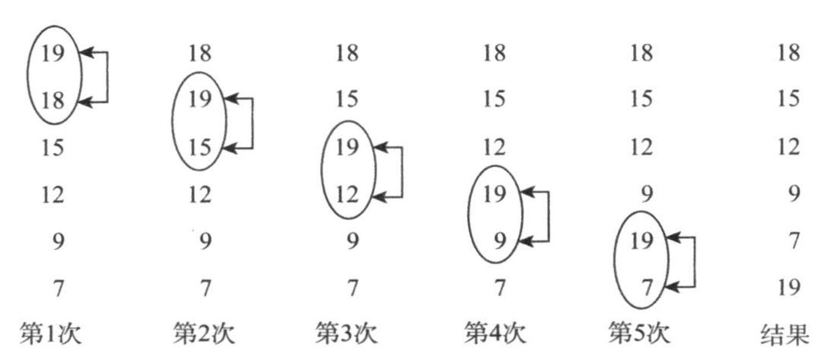

图 6-5 第 1 轮冒泡排序示意图

完整的冒泡排序示意图如图 6-6 所示(同样仅演示 6 个数字时的情形):

初始数	第1轮	第2轮	第3轮	第4轮	第5轮
19	18	15	12	9	7
18	15	12	9	7	9
15	12	9	7	12	12
12	9	7	15	15	15
9	7	18	18	18	18
7	19	19	19	19	19

图 6-6 冒泡排序示意图

根据以上分析，给出冒泡排序的源代码:

```
#include<stdio.h>
#define  N  10
int main()
{int  a[N];
int i,j,t;
printf("请输入任意的10个整数:\n");
for(i=0;i<N;i++)
scanf("%d",&a[i]);                    /*输入10个整数*/
printf("\n");
 /*冒泡排序的比较过程*/
    for(i=0;i<N-1;i++)                /*外循环用于控制比较轮数*/
   { for(j=0;j<N-i-1;j++)             /*内循环用于每轮比较的次数*/
     { if(a[j]>a[j+1])                /*相邻的两个数进行比较*/
      { t=a[j];
        a[j]=a[j+1];
        a[j+1]=t;
      }
    }
   }
printf("冒泡排序后的输出结果为:\n");
for(i=0;i<N;i++)
printf("%4d",a[i]);
printf("\n");
```

```
return 0;
 }
```

程序的运行结果如图 6-7 所示：

```
请输入任意的10个整数:
87 75 54 97 73 94 82 56 73 83

冒泡排序后的输出结果为:
  54  56  73  73  75  82  83  87  94  97
Press any key to continue
```

图 6-7　例题 6-4 的运行结果

【例题 6-5】已有一个从大到小排好序的数组，现输入一个数，要求按原来的排序规律将它插入数组中。

程序分析：设已排序的数有 10 个，放在数组 a 中，待插入的数存放在 x 中。要将数 x 按顺序插入数组 a 中，只需要满足：a[i]>=x>=a[i+1]，即要插入的数 x 应该介于数组 a 相邻的两个元素之间，需要找到插入数据 x 的位置，这个位置就是数组的下标 t，然后将插入点后面的数组元素后移一个位置，将数据 x 插入位置 t。

根据以上分析，程序的源代码如下：

```
 #include <stdio.h>
int main()
{ int i,t,x,a[11];
printf("为数组 a 由大到小输入值:\n");
for(i=0;i<10;i++)
scanf("%d",&a[i]);
printf("输入 x 值:\n");
scanf("%d",&x);
for(i=0,t=10;i<=9;i++)
{ if(x>a[i])
{ t=i;
  break;
 }
}
for(i=10;i>t;i--)
a[i]=a[i-1];
a[t]=x;
printf("输出插入 x 后的数组:\n");
for(i=0;i<11;i++)
printf("%4d",a[i]);
printf("\n");
return  0;
  }
```

程序运行结果如图 6-8 所示。

```
为数组a由大到小输入值:
98 96 90 87 86 83 81 76 70 65
输入x值:
85
输出插入x后的数组:
  98  96  90  87  86  85  83  81  76  70  65
Press any key to continue
```

图 6-8 例题 6-5 的运行结果

【例题 6-6】从键盘输入 9 个整数存入一维数组中，将数组的值倒置后重新存入该数组并输出。

程序分析：定义一个整型数组 a，用来存放 9 个整数值。前后倒置即将对应位置的值交换，即 a[0]与 a[8]交换，a[1]与 a[7]交换，a[2]与 a[6]交换，a[3]与 a[5]交换。

根据以上分析，程序源代码如下：

```
#include <stdio.h>
int main()
{ int a[9],i,t;
printf("请输入 9 个整数:\n");
for(i=0;i<=8;i++)
scanf("%d",&a[i]);
for(i=0;i<=(int)(9/2);i++)
{t=a[i];
a[i]=a[8-i];
a[8-i]=t;
}
printf("前后倒置后输出为:\n");
for(i=0;i<=8;i++)
printf("%4d",a[i]);
printf("\n");
return 0;
}
```

程序运行结果如图 6-9 所示：

```
请输入9个整数:
12 34 56 78 90 98 87 76 65
前后倒置后输出为:
  65  76  87  98  90  78  56  34  12
Press any key to continue
```

图 6-9 例题 6-6 的运行结果

6.2 二维数组

前面介绍了一维数组，若一个数组，它的每一个元素也是类型相同的一维数组时，该数组便是二维数组。数组的维数是指数组下标的个数，一维数组只有一个下标，二维数组有两个下标。

6.2.1　二维数组的定义

二维数组定义的一般形式为：

```
类型标识符　数组名[常量表达式 1][常量表达式 2];
```

第一个下标为行下标，第二个下标为列下标。

例如：int　a[2][3], b[3][4];

定义数组 a 为 2 行 3 列 6 个元素的整型二维数组，数组 b 为 3 行 4 列 12 个元素的整型二维数组。

数组的行列编号均从 0 开始，数组元素在内存中以行优先原则存放，即先存放第 0 行、再存放第 1 行……依此类推。按存放顺序，数组 a 的 6 个元素分别为：

```
a[0][0]  a[0][1]   a[0][2]
a[1][0]  a[1][1]   a[1][2]
```

数组元素在内存中是连续存放的，它们在内存中占据一片连续的内存空间。现假设数组 a 的第一个元素 a[0][0]在内存中的地址编号是 3000，每个整型元素占 4 个字节的空间，则第 2 个元素 a[0][1]的地址编号是 3004，第 3 个元素 a[0][2]的地址编号是 3008，第 4 个元素 a[0][3]的地址编号是 3012……，第 6 个元素 a[1][2]的地址编号是 3000+(n-1)×4=3020。数组 a 在内存中的存放如图 6-10 所示：

a[0][0]	a[0][1]	a[0][2]	a[1][0]	a[1][1]	a[1][2]
3000	3004	3008	3012	3016	3020

图 6-10　数组 a 元素在内存的存放图

数组 b 的 12 个元素分别为：

```
b[0][0]      b[0][1]    b[0][2]      b[0][3]
b[1][0]      b[1][1]    b[1][2]      b[1][3]
b[2][0]      b[2][1]    b[2][2]      b[2][3]
```

数组 b 的存放方式与数组 a 类似，在此不再赘述。

二维数组的定义应注意以下几个问题：

(1) 不能将二维数组的两个下标写在一个[]中。

```
如 int a[2,3];
```

这种写法是错误的。

(2) 二维数组可看成特殊的一维数组。二维数组可以看成一维数组的每一个元素又是一个一维数组。以上面定义的数组 a 为例，数组 a 可以看成由 a[0]、a[1]两个元素组成，这两个元素又各自包含了 3 个整型数组元素。如图 6-11 所示。

a[0]	a[0][0]	a[0][1]	a[0][2]
a[1]	a[1][0]	a[1][1]	a[1][2]

图 6-11　将二维数组看成特殊的一维数组

C 语言除了支持一维数组、二维数组外，也支持多维数组。如：

```
int  a[2][3][4];
```

在此不详细介绍多维数组，读者可在二维数组知识的基础上，自学多维数组。

6.2.2　二维数组的引用

二维数组和一维数组一样，只能逐个引用元素，不能整体性引用。二维数组元素引用的形式为：

```
数组名[下标 1][下标 2]
```

“下标 1”是第一维下标，也称行下标，“下标 2”是第二维下标，也称列下标。下标 1 和下标 2 的值都从 0 开始，下标 1、下标 2 均为常量。

从前面的介绍知道，若定义：

```
int  a[3][4];
```

则数组 a 有 12 个元素，分别为：

```
a[0][0]    a[0][1]    a[0][2]    a[0][3]
a[1][0]    a[1][1]    a[1][2]    a[1][3]
a[2][0]    a[2][1]    a[2][2]    a[2][3]
```

数组的每一个元素都可以当作一个变量来使用，以下都是数组元素正确的引用形式：

```
scanf("%d",&a[1][1]);
printf("%d",a[1][1]);
a[2][3]=a[0][0]+a[1][2]-a[1][1];
```

可用循环的嵌套给二维数组输入值，或输出数组中的值，例如：

```
int i,j,a[3][4];
  for(i=0;i<3;i++)                //外循环控制行
    for(j=0;j<4;j++)              //内循环控制列
scanf("%d",&a[i][j]);             //循环输入元素值

for(i=0;i<3;i++)
for(j=0;j<4;j++)
printf("%d",a[i][j]);             //循环输出元素值
```

下面看一个二维数组元素引用的例子。

【例题 6-7】 定义一个 3 行 4 列的整型数组，从键盘为数组赋值。求各元素之和，并将数组按照 3×4 矩阵的格式输出。

程序分析： 定义一个 3 行 4 列的整型数组 a，用循环的嵌套给数组 a 的元素赋值。每输入

一个元素值即存放到变量 sum 中(sum 的初值为 0)。输出二维数组时注意每输出一行就要换行。

程序源代码如下：

```
#include<stdio.h>
int main()
{int  a[3][4],i,j,sum;
sum=0;
printf("请输入数组 a 的 12 个元素值:\n");
  for(i=0;i<3;i++)                          //外循环控制行
    for(j=0;j<4;j++)                        //内循环控制列
      { scanf("%d",&a[i][j]);               //循环输入元素值
        sum=sum+a[i][j];                    //数组元素求和
      }
  printf("输出数组 a:\n");
  for(i=0;i<3;i++)
{for(j=0;j<4;j++)
printf("%4d",a[i][j]);                      //循环输出元素值
printf("\n");                               //每输出一行后换行
 }
printf("\n");
return  0;
 }
```

程序的运行结果如图 6-12 所示：

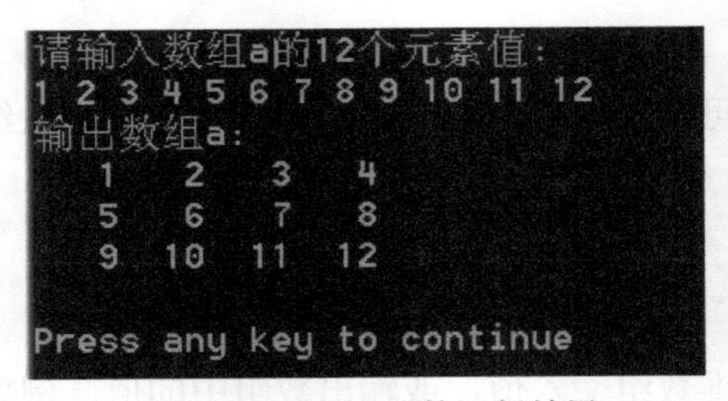

图 6-12　例题 6-7 的运行结果

6.2.3 二维数组的初始化

二维数组的初始化是指在定义二维数组时给二维数组元素赋值。二维数组的初始化有以下几种形式：

(1) 将二维数组各元素按顺序写在一个大括号里，按顺序给数组的各个元素赋初值。例如：

```
int  a[3][4]={1,2,3,4,5,6,7,8,9,10,11,12};
```

此时，a[0][0]=1，a[0][1]=2，a[0][2]=3，a[0][3]=4，a[1][0]=5，a[1][1]=6，a[1][2]=7，a[1][3]=8，a[2][0]=9，a[2][1]=10，a[2][2]=11，a[2][3]=12。

(2) 可以分行给二维数组的各元素赋值，将所有元素值放在一个大括号里，在大括号内，

每行按顺序再用一个大括号括起来，行与行间的大括号用逗号隔开。例如：

```
int  a[3][4]={{1,2,3,4},{5,6,7,8},{9,10,11,12}};
```

表示该二维数组有 3 行，第 1 行的 4 个元素分别为 1,2,3,4；第 2 行的 4 个元素分别为 5,6,7,8；第 3 行的 4 个元素分别为 9,10,11,12。

(3) 可以只对数组的部分元素赋初值，没有赋初值的元素值默认是 0(整型类)或者空字符(字符数组)，例如：

```
int a[3][4]={{1,2},{3,4},{5,6}};
```

则该数组为：

1　2　0　0

3　4　0　0

5　6　0　0

因是整型数组，凡是没有赋值的元素默认是 0。

(4) 若对二维数组的所有元素赋值，可省略第一维下标，任何时候都不能省略第二维的下标。例如：

```
int a[][4]={1,2,3,4,5,6,7,8,9,10,11,12};
```

是正确的，但不能写成：

```
int a[3][ ]={1,2,3,4,5,6,7,8,9,10,11,12};
```

6.2.4　二维数组程序举例

【例题 6-8】一个 3 行 4 列的二维数组，求出二维数组每列中最小元素，并依次放入一维数组中。

程序分析：定义一个 3 行 4 列的实型数组 a，一个实型一维数组 min，一维数组 min 用来存放二维数组中每列的最小值。先用循环的嵌套输入二维数组 a 的各元素值，再循环 4 次(因有 4 列)，分别找出每列最小值放入一维数组 min 中，找每列最小值采用前面一维数组中用到的打擂台算法。

据此分析，程序的源代码如下：

```
#include<stdio.h>
int main()
{int a[3][4],min[4],t;
int i,j;
printf("输入二维数组 a 的元素值:\n");
for(i=0;i<3;i++)
for(j=0;j<4;j++)
scanf("%d",&a[i][j]);
for(i=0;i<4;i++)
{ min[i]=a[0][i];
for(j=1;j<3;j++)
```

```
if(a[j][i]<min[i])  min[i]=a[j][i];
}
  printf("一维数组 a 为:\n");
for(i=0;i<4;i++)
printf("%4d",min[i]);
printf("\n");
  return 0;
}
```

程序的运行结果如图 6-13 所示：

```
输入二维数组a的元素值:
76 65 54 94 63 71 62 83 62 95 60 70
一维数组a为:
  62  65  54  70
Press any key to continue
```

图 6-13　例题 6-8 的运行结果

读者理解该题后思考，若要求出二维数组中每行的最小值，将每行最小值放到一个一维数组中，程序又该做怎样的修改？

【例题 6-9】将一个 3 行 4 列的二维数组转置为一个 4 行 3 列的二维数组并按矩阵的格式输出。

程序分析：定义两个二维数组 a[3][4]和 b[4][3]，从键盘输入数组 a 的元素值，行列互换后，将元素值一一对应赋给数组 b。两个数组元素的对应关系为：a[i][j]=b[j][i]。

程序的源代码如下：

```
#include<stdio.h>
int main()
{ int a[3][4],b[4][3],i,j;
printf("输入数组 a 个元素值:\n");
for(i=0;i<3;i++)
for(j=0;j<4;j++)
scanf("%d",&a[i][j]);
  printf("数组 a 转置前:\n");
  for(i=0;i<3;i++)
{ for(j=0;j<4;j++)
{ printf("%5d",a[i][j]);
b[j][i]=a[i][j];
}
printf("\n");
}
printf("数组转置后:\n");
for(i=0;i<4;i++)
{ for(j=0;j<3;j++)
printf("%5d",b[i][j]);
```

```
printf("\n");
}
 printf("\n");
 return 0;
}
```

程序的运行结果如图 6-14 所示：

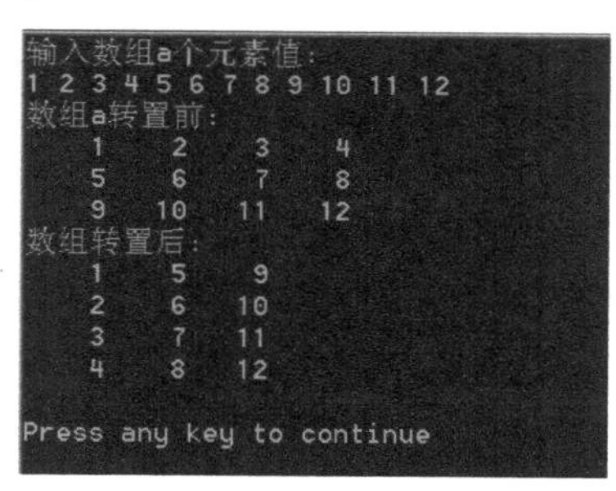

图 6-14　例题 6-9 的运行结果

【例题 6-10】 输入一个 4×4 的二维数组，并输出该数组的主对角线和副对角线上的元素。

```
#include<stdio.h>
int main()
{ int a[4][4],i,j;
  printf("请输入各元素值:\n");
  for(i=0;i<4;i++)
  for(j=0;j<4;j++)
     scanf("%d",&a[i][j]);
  printf("主对角线元素为:\n");
  for(i=0,j=0;i<4&&j<4;i++,j++)
     printf("%4d",a[i][j]);
  printf("\n");
  printf("副对角线元素为:\n");
  for(i=0,j=3;i<4&&j>=0;i++,j--)
     printf("%4d", a[i][j]);
  printf("\n");
  return 0;
}
```

程序的运行结果如图 6-15 所示：

```
请输入各元素值:
1 2 3 4 5 6 7 8 9 10 11 12 13 14 15 16
主对角线元素为:
   1   6  11  16
副对角线元素为:
   4   7  10  13
Press any key to continue
```

图 6-15　例题 6-10 的运行结果

6.3　字符数组与字符串

前面的章节介绍了一维数组和二维数组，本节主要介绍字符数组。

6.3.1　字符数组的定义与初始化

若一个数组的元素存放的是字符型数据，则该数组是字符型数组，字符型数组的每个元素存放一个字符。

例如：char　s[20];

定义了一个长度为 20 的字符数组，该数组可存放 20 个字符。每个字符在内存中占一个字节的内存空间，数组 s 占 20 个字节的空间。

字符数组的初始化与一维数组的初始化类似。例如：

```
char  m[7]={'G','r','e','a','t','e','!'};
```

初始化后，则 m[0]='G',m[1]='r',m[2]='e',m[3]='a',m[4]='t',m[5]='e',m[6]='!'。此时数组的长度与元素的个数刚好相等。

若字符数组的长度大于字符元素的个数，则将字符按顺序赋值给前面的元素，多余的元素值默认为'\0'(空字符)。例如：

```
charstr[10]={'C','h','i','n','a','!','\0','\0','\0','\0'};
```

数组 str 在内存中的存放情况如图 6-16 所示：

C	h	i	n	a	!	\0	\0	\0	\0
str[0]	str[1]	str[2]	str[3]	str[4]	str[5]	str[6]	str[7]	str[8]	str[9]

图 6-16　数组 str 存放情况图

上面定义的是一维数组，下面定义并初始化一个二维数组。

```
{ char s[3][5]={{' ',' ','*',' ',' '},{' ','*','*','*',' '},
                {'*','*','*','*','*' } };
```

数组 s 表示的图形如图 6-17 所示：

```
  *
 ***
*****
```

图 6-17　数组表示的图形

6.3.2　字符数组的引用

字符数组的引用与一维数组的引用类似，下面看一个字符数组引用的例子。

【例题 6-11】字符数组的输入和输出。

```
#include<stdio.h>
int main()
{ char c[10];
int i;
printf("给字符数组赋值:");
for(i=0;i<10;i++)
  scanf("%c",&c[i]);
printf("字符数组为:");
  for(i=0;i<10;i++)
  printf("%c",c[i]);
printf("\n");
  return  0;
}
```

程序运行结果如图 6-18 所示：

```
给字符数组赋值:beautiful!
字符数组为:beautiful!
Press any key to continue
```

图 6-18　例题 6-11 的运行结果

【例题 6-12】 输出一个图形。

```
#include<stdio.h>
int main()
char s[3][5]={{' ',' ','*',' ',' '},{' ','*','*','*',' '},
             {'*','*','*','*','*' } };
int i,j;
for(i=0;i<3;i++)
{ for(j=0;j<5;j++)
printf("%c",s[i][j]);
printf("\n");
}
return 0;
}
```

运行结果如图 6-19 所示：

图 6-19　例题 6-12 的运行结果

6.3.3　字符串和字符串结束标志

1. 字符串的概念

在 C 语言中，字符串是指用双引号括起来的一个或多个字符。字符串中的字符包括转移字符以及 ASCII 码表中的所有字符。例如：Hello、abc_123、a 都是合法的字符串。

2. 字符串结束标志

在 C 语言中，字符串是作为字符数组来处理的。字符串中的每一个字符分别存放到字符数组对应的元素位置中，但实际使用中有时出现这样的情况：字符数组的长度大于字符串的实际长度，此时多余的字符数组元素默认为'\0'。C 语言规定空字符'\0'作为一个“字符串的结束标志”，即字符串在存储时，系统会自动在每个字符串的末尾加上'\0'作为结束标志。例如字符串“China”在内存中占用 6 个字节空间，如图 6-20 所示：

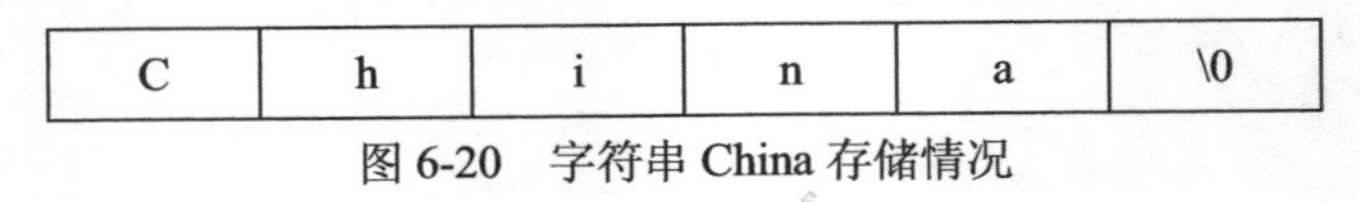

图 6-20　字符串 China 存储情况

可以看出，字符串在内存中所占的空间=字符串实际长度+1，在定义字符数组时应估计字符串的实际长度，保证字符数组的长度大于字符串的实际长度。

在此简单说明一下空字符'\0'的含义，'\0'是一个 ASCII 值为 0 的字符，无法在屏幕上显示，代表空操作，即什么也不能干，是字符串结束的标志。系统读取字符数组中的元素期间，当读到'\0'时，认为字符串结束。

明白了字符串是作为字符数组来处理的，那么对字符数组的初始化，则有了另一种形式，如下：

```
char  s[]={"How are you!"};
```

也可以写成：

```
char  s[]="How are you!";
```

此时字符数组 s 默认的长度是 13，末尾自动加上“\0”作为字符串的结束标志。存储情况如图 6-21 所示：

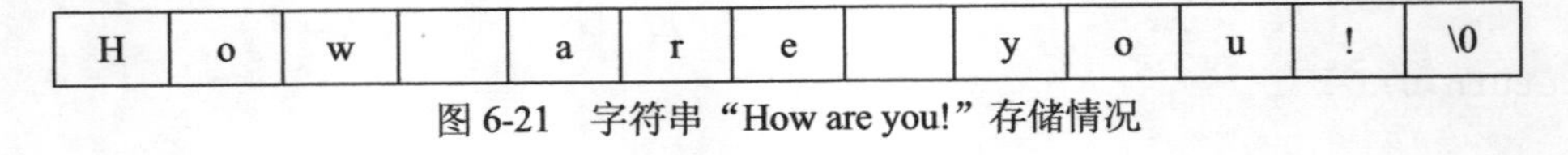

图 6-21　字符串“How are you!”存储情况

上述初始化语句也可写成下列形式：

```
char  s[]={'H','o','w','','a', 'r', 'e','', 'y', 'o', 'u', '!', '\0' };
```

注意：不能漏掉最后的'\0'字符，否则与上面的字符数组不等价。

6.3.4　字符数组的输入输出

可以采用%c 格式说明符用循环方式逐个输入、输出字符数组中的字符，最后再加上一个'\0'字符作为结束标志。也可以采用%s 格式说明符对字符串进行整体性输入输出。

(1) 用%c 格式说明符用循环方式逐个输入、输出字符。

例如：char　s[20];

```
int i;
```

```
for(i=0;i<20;i++)
scanf("%c",&s[i]);   //循环输入每个字符
for(i=0;i<20;i++)
printf("%c",s[i]);   //循环输出每个字符
```

(2) 用%s 格式说明符对字符串进行整体输入、输出。

例如：char s[20];

```
scanf("%s",s);  //整体输入字符串
printf("%s",s); //整体输出字符串
```

下面看一个字符数组输入、输出的例子。

【例题 6-13】字符数组输入、输出范例。

```
#include<stdio.h>
int main()
{char s1[10],s2[10],s3[10],s4[10];
 printf("please input string:\n");
 scanf("%s%s%s%s",s1,s2,s3,s4);
 printf("please output string:\n");
 printf("%s  %s  %s  %s\n",s1,s2,s3,s4);
 return 0;
}
```

程序运行结果如图 6-22 所示：

```
please input string:
abcd
efgh
jklm
kuld
please output string:
abcd  efgh  jklm  kuld
Press any key to continue
```

图 6-22　例题 6-13 的运行结果

6.3.5　字符串处理函数

在编写程序时，往往需要对字符串做一些处理，例如将两个字符串连接、比较字符串的大小、字符串字母的大小写转换等。为简化用户的程序设计，C 语言提供了丰富的字符串处理函数，用户在编程时，可直接调用这些函数，从而大大减轻编程的工作量。在使用字符串处理函数前，应先包含对应的头文件。在使用字符串输入输出函数前，应先包含头文件“stdio.h”；在使用字符串的比较、连接、大小写转换等函数前，应先包含头文件“string.h”。

表 6-1 列出了几个常用的字符串处理函数。

表 6-1　常用的字符串处理函数

函数原型	函数功能
gets(字符数组)	从键盘读入一个字符串到字符数组中，输入的字符串中允许包含空格，输入字符串时以回车键结束，系统自动在字符串的末尾加上'\0'结束符
puts(字符数组)	从字符数组的首地址开始，输出字符数组，同时将'\0'转换成换行符
strcpy(字符数组 1,字符串 2)	将字符串 2 复制到字符数组 1 中
strcat(字符数组 1,字符数组 2)	将字符数组 1 中的字符串与字符数组 2 中的字符串连接成一个长串，放到字符数组 1 中
strcmp(字符串 1,字符串 2)	按照 ASCII 码的顺序比较两个字符串的大小，比较的结果为整数，通过整数值的正、负或 0 来判断两个字符串的大小
strlen(字符数组)	求字符串的实际长度，不包括'\0'在内
strlwr(字符串)	将字符串中的所有大写字母都转换成小写字母
strupr(字符串)	将字符串中的所有小写字母都转换成大写字母

1. 字符串输入函数 gets( )

格式：gets(字符数组)

功能：从键盘读入一个字符串到字符数组中，输入的字符串中允许包含空格，输入字符串时以回车键结束，系统自动在字符串的末尾加上'\0'结束符。

注意：使用 gets()函数输入字符串与使用 scanf()函数的%s 格式输入字符串存在区别：使用 gets()函数输入字符串时，输入的字符串中可包含空格，空格可作为字符串的一部分，当输入回车键时字符串结束；而使用 scanf()函数的%s 格式输入字符串时，输入的字符串中不能包含空格，空格或回车键都是字符串的结束标志。

例如：

```
char  s[20];
gets(s);
```

若从键盘输入数据：Hello　yxl!

则字符数组 s 获得的值为：Hello　yxl!(包括空格)，系统自动在末尾加上'\0'作为结束标志。

下面看一个使用字符串输入函数 gets( )的例子。

【例题 6-14】字符串输入函数 gets( )使用示例。

```
#include <stdio.h>
int main()
{ char str[20];
  printf("please input string:\n");
  gets(str);  //输入字符串,输入的字符串中可以包含空格
  printf("output string:\n");
  printf("%s\n",str);  //输出字符串
  return  0;
 }
```

程序的运行结果如图 6-23 所示：

```
please input string:
good friends
output string:
good friends
Press any key to continue
```

图 6-23　例题 6-14 的运行结果

2. 字符串输出函数 puts()

格式：puts(字符数组)

功能：从字符数组的首地址开始，输出字符数组，同时将'\0'转换成换行符。

注意：字符串输出函数 puts()能自动换行，因此，在使用 puts( )函数时，一般其后不需要使用 printf("\n")；语句来输出换行符。

例如：

```
char  str[20]="Hello  yxl!";
puts(str); //输出字符串 str。
```

运行结果为：Hello　yxl!，光标自动移到下一行。

下面看一个使用字符串输出函数 puts( )的例子。

【例题 6-15】字符串输出函数 puts( )使用示例。

```
#include<stdio.h>
int main()
{char str[20]="what's your name?";
 puts(str);
 puts("I am John");
 return 0;
 }
```

程序运行结果如图 6-24 所示：

```
what's your name?
I am John
Press any key to continue
```

图 6-24　例题 6-15 的运行结果

此例中，语句 puts(str);输出字符串“what’s your name?”后，自动换行，在下一行输出字符串“I am John”。

3. 字符串复制函数 strcpy( )

格式：strcpy(字符数组 1,字符串 2)

功能：将字符串 2 复制放到字符数组 1 中，字符串 2 中的字符串结束标志‘\0’也一同复制后放到字符数组 1 中。

注意：

(1) 字符数组 1 的长度应大于或等于字符串 2，以保证字符数组 1 能存放得下字符串 2。

(2) 字符串 2 可以是字符串形式，也可以是字符数组名的形式。以下表达形式都是正确的：

```
char str1[15],str2[10]={"language"};
strcpy(str1,str2);
strcpy(str1,"language");
```

(3) 因数组不能进行整体赋值，故不能使用赋值语句给字符数组赋值。下面的表达是非法的。

```
char str1[15],str2[10]={"language"};
str1=str2;   //错误，不能用"="直接赋值。
str1="language";//错误，不能用"="直接赋值。
```

(4) 字符串 2 中的字符串结束标志'\0'也一同复制后放到字符数组 1 中。

下面看一个使用字符串复制函数 strcpy( )的例子。

【例题 6-16】字符串复制函数 strcpy( )使用示例。

```
#include<stdio.h>
#include<string.h>
int main()
{char  str1[20],str2[20],str3[20]="How are you?";
strcpy(str1,str3);   //不能写成 str1=str3;
strcpy(str2,"Fine,thank you!"); //不能写成 str2="Fine,thank you!";
puts(str1);
puts(str2);
return  0;
}
```

程序运行结果如图 6-25 所示：

```
How are you?
Fine,thank you!
Press any key to continue
```

图 6-25　例题 6-16 的运行结果

4. 字符串连接函数 strcat( )

格式：strcat(字符数组 1,字符数组 2)

功能：将字符数组 1 中的字符串与字符数组 2 中的字符串连接成一个长串，放到字符数组 1 中，原字符数组 1 末尾的‘\0’会被自动覆盖，连接后的新长串的末尾会自动加上‘\0’。

注意：

(1)字符数组 2 可以是一个字符数组，也可以是一个字符串。

(2) 字符数组 1 的长度必须充分大，能容得下连接以后的长串。

下面看一个使用字符串连接函数 strcat( )的例子。

【例题 6-17】字符串连接函数 strcat( )使用示例。

```
#include<stdio.h>
#include<string.h>
int main()
{char str1[20]="Hello";
 char str2[]="Wuhan";
 printf("%s\n",strcat(str1,str2));
 return  0;
}
```

程序的运行结果如图 6-26 所示：

```
Hello Wuhan!
Press any key to continue
```

图 6-26　例题 6-17 的运行结果

5. 字符串比较大小函数 strcmp()

格式：strcmp(字符串 1,字符串 2)

例如：strcmp(s1, s2);

　　strcmp(s1, "good");

　　strcmp("good","bad");

功能：按照 ASCII 码的顺序比较两个字符串的大小，比较的结果为整数，通过整数值的正、负或 0 来判断两个字符串的大小。

比较两个字符串大小的规则如下：

(1) 若字符串 1 等于字符串 2，函数值为 0。

(2) 若字符串 1 大于字符串 2，函数值为一个正整数。

(3) 若字符串 1 小于字符串 2，函数值为一个负整数。

两个字符串比较大小，比较的规则是从第一个字母开始，比较对应位字符的 ASCII 值的大小。若第一个字符相同，再比较第二个，依次比较下去，直到能比较出大小为止。如 strcmp("good","great")<0，strcmp("France","America")>0 等。

下面看一个使用字符串比较大小函数 strcmp()的例子。

【例题 6-18】字符串比较大小函数 strcmp()使用示例。

```
#include<stdio.h>
#include<string.h>
int main()
{char str1[10]={"China"};
 char  str2[10]={"America"};
 if(strcmp(str1,str2)>0) ptintf("Yes!\n");
 else  printf("No!\n");
return  0;
}
```

程序的运行结果如图 6-27 所示:

```
Yes!
Press any key to continue
```

图 6-27　例题 6-18 的运行结果

6. 字符串长度函数 strlen()

格式：strlen(字符数组)

功能：求字符串(字符数组)的实际长度，不包括‘\0’在内。

说明：函数的返回值是一个整数，返回值表示字符串中字符的实际个数。

下面看一个使用字符串长度函数 strlen( )的例子。

【例题 6-19】字符串长度函数 strlen()使用示例。

```
#include<stdio.h>
#include<string.h>
int main( )
{ char str1[20]="language";
  printf("%d\n",strlen(str1));
  printf("%d\n",strlen("computer"));
  return  0;
}
```

程序运行结果如图 6-28 所示：

图 6-28　例题 6-19 的运行结果

7. 将字符串中大写字母转小写字母的 strlwr()函数

格式：strlwr(字符串)

功能：将字符串中的所有大写字母都转换成小写字母。

例如，strlwr("ABcD")的结果是"abcd"。

8. 将字符串中小写字母转大写字母的 strupr( )函数

格式：strupr(字符串)

功能：将字符串中的所有小写字母都转换成大写字母。

例如，strupr("abcD")的结果是"ABCD"。

6.3.6　字符数组应用举例

【例题 6-20】输入六个国家的名称按字母顺序排列输出。

思路分析：六个国家名可由一个二维字符数组来处理。C 语言规定可以把一个二维数组当成多个一维数组处理，因此本题又可以按照六个一维数组来处理，每个一维数组就是一个国家名。用字符串比较函数比较每个一维数组的大小，并排序。

程序代码如下：

```
#include<stdio.h>
#include<string.h>
int main()
{ char st[20],cs[6][20];
  int i,j,p;
 printf("please input country's  name:\n");
 for(i=0;i<6;i++)
 gets(cs[i]);
 printf("\n");
 for(i=0;i<6;i++)
   { p=i;
    strcpy(st,cs[i]);
 for(j=i+1;j<6;j++)
      if(strcmp(cs[j],st)<0)
      {p=j;
       strcpy(st,cs[j]);
      }
     if(p!=i)
      { strcpy(st,cs[i]);
        strcpy(cs[i],cs[p]);
        strcpy(cs[p],st);
 }
      puts(cs[i]);
}
      printf("\n");
     return  0;
  }
```

程序的运行结果如图 6-29 所示：

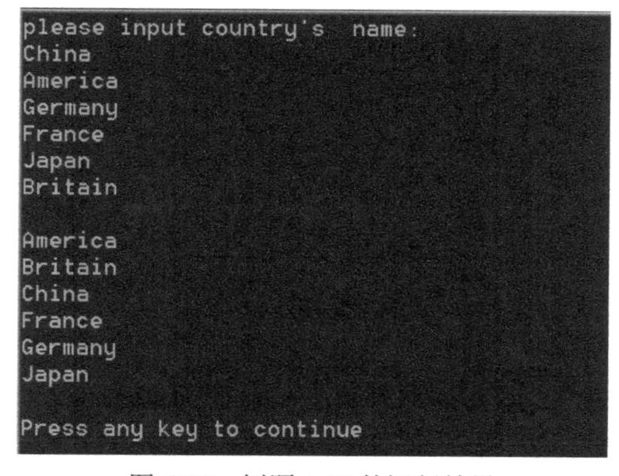

图 6-29　例题 6-20 的运行结果

【例题 6-21】输入一行字符，统计其中大写字母、小写字母、空格、数字以及其他字符的个数。

程序分析：使用 gets()函数输入一行字符，采用循环方式逐个判断是大写字母、小写字母、空格、数字还是其他字符。

程序代码如下：

```
#include<stdio.h>
#include<string.h>
int main()
{ char str[50];
  int i,n1,n2,n3,n4,n5;
  n1=n2=n3=n4=n5=0;
  gets(str);
for(i=0;str[i]!='\0';i++)
{ if(str[i]>='A'&&str[i]<='Z')       n1++;
  else if(str[i]>='a'&&str[i]<='z')    n2++;
  else if(str[i]=='')   n3++;
  else if(str[i]>='0'&&str[i]<='9')   n4++;
  else   n5++;
}
printf("字符串中大写字母%d 个，小写字母%d 个，空格%d 个，数字%d 个，其他字符%d 个
\n",n1,n2,n3,n4,n5);
return  0;
}
```

程序运行结果如图 6-30 所示：

```
yht56* jiu98 SEfr54&r
字符串中大写字母2个，小写字母9个，空格2个，数字6个，其他字符2个
Press any key to continue
```

图 6-30　例题 6-21 的运行结果

本 章 小 结

数组是类型相同的多个数据的有序集合，是程序设计中常用的数据结构。根据数组定义时下标个数的不同，数组又可分为一维数组、二维数组和多维数组。数组与普通变量一样，必须先定义后使用，对数组进行引用时只能引用数组元素，不能整体引用数组名。

在 C 语言中，同一个数组的不同元素通过数组下标来指定。规定 C 语言数组元素下标从 0 开始，最大下标为数组长度减 1。使用数组时，注意不能越界。

数组在内存中按线性方式存储，在内存中占据连续的一片内存空间，按照数组元素下标从小到大顺序存储。二维数组按照行优先原则存储。

若数组类型是字符型，则该数组是字符型数组。字符数组的初始化有两种方式：字符初始化和字符串初始化。同理，字符数组的输入、输出也有两种方式：逐个字符输入输出和整

个字符串输入输出。

C 语言提供了丰富的字符串处理函数，可对字符串进行输入、输出、连接、比较、大小写转换、复制，也可以求字符串长度。使用这些函数可大大减轻编程负担。在使用字符串输入、输出函数前，应包含头文件“stdio.h”，使用其他字符串函数则应包含头文件“string.h”。

习 题 6

一、选择题

1. 已知 int a[10]; 则对 a 数组的 10 个成员的有效引用分别是(　　)。

   A. a[1]…a[10]　　B. a[0]…a[9]　　C. a(1)…a(10)　　D. a(0)…a(10)

2. 以下对数组的初始化正确的是(　　)。

   A. int x[5]={1,2,3,4,5,6};　　B. int x[ ]={1,2,3,4,5,6};

   C. int x[5]={"wuhanshi"};　　D. int x[ ]=(1,2,3,4,5,6);

3. 对二维数组的正确定义是(　　)。

   A. int a[ ][ ]={1,2,3,4,5,6};　　B. int a[2][ ]={1,2,3,4,5,6};

   C. int a[ ][3]={1,2,3,4,5,6};　　D. int a[2,3]={1,2,3,4,5,6};

4. 若有 int a[3][4]; 则对 a 数组元素的正确引用是(　　)。

   A. a[2][4]　　B. a[1,3]　　C. a[1+1][0]　　D. a(2)(1)

5. 对二维数组进行初始化，以下语句正确的是(　　)。

   A. int a[2][ ]={{1,0,1},{5,2,3}};　　B. int a[ ][3]={{1,2,3,},{4,5,6}};

   C. int a[2][4]={{1,2,3},{4,5},{6}};　　D. int a[ ][4]={{1,0,1}{ },{1,1}};

6. 以下不能正确定义二维数组的选项是(　　)。

   A. int a[2][2]={{1},{2}};　　B. int a[ ][2]={1,2,3,4};

   C. int a[2][2]={{1},{2,3}};　　D int a[2][ ]={{1,2},{3,4}};

7. 以下程序的输出结果是(　　)。

```
int main()
{int a[4][4]={{1,3,5},{2,4,6},{3,5,7}};
 printf("%d%d%d%d\n",a[0][3],a[1][2],a[2][1],a[3][0]);
 return 0;
}
```

   A. 0650　　B. 1470　　C. 5430　　D. 输出值不确定

8. 以下程序的输出结果是(　　)。

```
int main()
{ int i,a[10];
```

```
 for(i=9;i>=0;i--)
   a[i]=10-i;
 printf("%d%d%d",a[2],a[5],a[8]);
 return 0;
}
```

A. 258　　B. 741　　C. 852　　D. 369

9. 有以下程序：

```
int main()
{int m[][3]={1,4,7,2,5,8,3,6,9};
  int i,j,k=2;
   for(i=0;i<3;i++)
   printf("%d ",m[k][i]);
   return 0;
}
```

执行后的输出结果是(　　)。

A. 4 5 6　　B. 2 5 8　　C. 3 6 9　　D. 7 8 9

10. 有如下程序

```
int main()
{int a[3][3]={{1,2},{3,4},{5,6}},i,j,s=0;
  for(i=1;i<3;i++)
  for(j=0;j<=i;j++)
     s+=a[i][j];
  printf("%d\n",s);
  return 0;
}
```

该程序的输出结果是(　　)。

A. 18　　B. 19　　C. 20　　D. 21

11. 有以下程序：

```
int main()
{ int aa[4][4]={{1,2,3,4},{5,6,7,8},{3,9,10,2},{4,2,9,6}};
  int i,s=0;
  for(i=0;i<4;i++)
     s+=aa[i][1];
  printf("%d\n",s);
  return 0;
}
```

程序运行后的输出结果是(　　)。

A. 11　　B. 19　　C. 13　　D. 20

12. 以下程序的输出结果是(　　)。

```
int main()
{int b[3][3]={0,1,2,0,1,2,0,1,2},i,j,t=1;
  for(i=0;i<3;i++)
  for(j=i;j<=i;j++)
    t=t+b[i][b[j][j]];
  printf("%d\n",t);
  return 0;
}
```

A. 3　　B. 4　　C. 1　　D. 9

13. 以下程序的输出结果是(　　)。

```
int main()
{ char ch[3][5]={"AAAA","BBB","CC"};
  printf("%s\n",ch[1]);
  return 0;
}
```

A. "AAAA"　　B. "BBB"　　C. "BBBCC"　　D. "CC"

14. 字符串拷贝库函数是(　　)。

A. gets( )　　B. puts( )　　C. strcat( )　　D. strcpy( )

15. 为了判断两个字符串 s1 和 s2 是否相等，应当使用(　　)。

A. if(s1==s2)　　B. if(s1=s2)

C. if(strcmp(s1,s2)==0)　　D. if(strcpy(s1,s2))

16. 判断字符串 s1 是否大于字符串 s2，应当使用(　　)。

A. if(s1>s2)　　B. if(strcmp(s1,s2))

C. if(strcmp(s2,s1)>0)　　D. if(strcmp(s1,s2)>0)

17. 以下语句的输出结果是(　　)。

```
printf("%d\n",strlen("school"));
```

A. 7　　B. 6　　C. 有语法错误　　D. 不定值

18. 下列程序的运行结果为(　　)。

```
#include<stdio.h>
 int main()
 {int a[3][3]={1,2,3,4,5,6,7,8,9},i,x=0;
  for(i=0;i<=2;i++)
     x+=a[i][i];
   printf("%d\n",x);
   return  0;
}
```

A. 15　　B. 12　　C. 13　　D. 6

二、填空题

1. 下面程序的功能是：将字符数组 a 中下标值为偶数的元素从小到大排列，其他元素不变。请填空。

```
#include<stdio.h>
#include <string.h>
int main()
{ char a[]="clanguage",t;
  int i, j, k;
  k=strlen(a);
  for(i=0; i<=k-2; i+=2)
  for(j=i+2; j<=k; ______ )
    if( ______ )
      {t=a[i]; a[i]=a[j]; a[j]=t;}
  puts(a);
  printf("\n");
  return 0;
}
```

2. 以下程序的功能是将字符串 s 中的数字字符放入 d 数组中，最后输出 d 中的字符串。例如，输入字符串：abc123edf456gh，执行程序后输出：123456。请填空。

```
int main()
{ char s[80], d[80];
  int i,j;
  gets(s);
  for(i=j=0;s[i]!='\0';i++)
  if( ______)
  { d[j]=s[i];j++;}
    d[j]='\0';
    puts(d);
    return 0;
  }
```

三、程序阅读题

1. 以下程序的执行结果是__________。

```
#include "stdio.h"
int main()
{  int a[ ]={9,7,5,3,1},b[ ]={-2,-4,-6,-8,-10},c[5];
   int i;
   for(i=0;i<5;i++)
   {c[i]=a[i]+b[i];
   printf("%3d",c[i]);
   }
  return 0;
}
```

2. 以下程序的输出结果是________。

```
#include "stdio.h"
int main( )
{  int a[3][3]={{1},{2},{3}};
   int b[3][3]={1,2,3};
printf( " %d\n " ,a[1][0]+b[0][1]);
printf( " %d\n " ,a[0][1]+b[1][0]);
return 0;
}
```

3. 以下程序的输出结果是________。

```
#include "stdio.h"
int main( )
{  int a[3][3]={{1,2},{3,4},{5,6}},i,j,s=0;
   for(i=0;i<3;i++)
   for(j=0;j<=3;j++)
     s+=a[i][j];
  printf("%d\n", s);
  return 0;
}
```

4. 以下程序的输出结果是________。

```
#include "stdio.h"
int main(  )
{  int n[3][3],i,j;
  for(i=0;i<3;i++)
  for(j=0;j<3;j++)
    n[i][j]=i+j;
  for(i=0;i<2;i++)
  for(j=0;j<2;j++)
    n[i+1][j+1]+=n[i][j];
  printf("%d\n",n[i][j]);
  return 0;
}
```

5. 有如下程序:

```
#include "stdio.h"
int main()
{ char ch[2][5]={"6937","8254"},*p[2];
  int i,j,s=0;
  for(i=0;i<2;i++)
    p[i]=ch[i];
  for(i=0;i<2;i++)
  for(j=0;p[i][j]>'\0';j+=2)
```

```
    s=10*s+p[i][j]-'0';
  printf("%d\n",s);
  return 0;
}
```

该程序的输出结果是__________。

6. 有以下程序：

```
#include "stdio.h"
int main()
{  int p[7]={11,13,14,15,16,17,18},i=0,k=0;
  while(i<7&&p[i]%2){k=k+p[i];i++;}
  printf("%d\n",k);
  return 0;
}
```

执行后输出的结果是__________。

四、编程题

1. 从键盘输入 100 个整数，输出其最小值和最大值。

2. 输入 10 个整数，将最小值与第一个数交换，最大值与最后一个数交换，然后输出交换后的 n 个数。

3. 统计从键盘输入的字符串中数字的个数。

4. 输入 10 个整数，用冒泡法排序并输出。

5. 从键盘输入 100 个整数，输出其中最大的数及其对应的数组下标值。

6. 已知数组 a 中的元素已按由小到大顺序排列，以下程序的功能是将输入的一个数插入数组 a 中，插入后，数组 a 中的元素仍由小到大排列。

7. 任意输入一个字符串，查找其中的几个子串。

8. 任意输入两个字符串放入两个字符数组中，并分别排序，然后采用“逐个比较两字符串中字符大小”的方法，将它们按由小到大的顺序合并到另一数组中。

9. 将一个 3×3 矩阵转置(即行和列互换)后输出。

第7章　函　数

本章教学内容：

- 模块化程序设计
- 函数定义、调用和声明
- 数组作为函数参数
- 函数的嵌套调用和递归调用
- 变量的作用域与存储方式

本章教学目标：

- 理解函数的概念，建立模块化程序设计的思想
- 熟练掌握定义、调用和声明函数的方法
- 掌握函数参数的两种传递方式
- 熟练掌握函数的嵌套调用和递归调用
- 理解变量存储类型的概念及各种存储类型变量的生存期和有效范围

7.1　函数概述

7.1.1　模块化程序设计

通过前面6章的学习，我们已经能编写一些简单程序，解决日常生活中的简单问题。随着信息技术的发展，要计算机解决的问题越来越复杂；如果还用以前逐条编写计算机语句的方法，解决比较大的问题需要成千上万条代码。

用计算机解决较大问题时，由于问题复杂涉及许多方面，每一方面有可能包含许多小问题。在生活中，最有效的方法是将较大问题按性质不同分成若干小的工作模块，再将这些小模块分配给适当的人执行，达到分工合作的效果。对于规模较大的程序，设计工作一般需要多个人甚至若干小组分头完成。如何组织程序再设计？如何将程序分为模块？需要遵循什么样的原则才能将各个程序模块组合成一个功能完善的系统？不能简单地采用以前编写小程序的方法来编写大程序，必须采用一种新方法——模块化程序设计来设计程序。

模块化程序设计的思想，指将复杂问题分解成若干子问题——模块，逐一解决每个子问题。例如绘制一个动物图案，需要分成用圆形画头，用菱形画躯干，用长矩形画四肢三个模块完成；建立一个学生信息管理系统，需要分成录入学生信息、显示学生信息、修改学生信息、查询学生信息、删除学生信息等五个模块完成。

同理，在编写大程序时，我们可将一个大程序分成几个小程序，每个小程序用一段C程序代码来描述，如学生信息管理系统五个模块可用以下五段代码来实现。

录入学生信息模块 void create(void){ ……}

显示学生信息模块 void display(void){ ……}

修改学生信息模块 void modify(void){ …… }

查询学生信息模块 void query(void){…… }

删除学生信息模块 void delete(void){……}

C语言通过函数来实现模块化程序设计，所以较大的C语言应用程序，往往是由多个函数组成的，每个函数分别对应各自的功能模块。以上每个功能模块各用一个函数表示，省略了函数体。

前面我们学过，C 程序必须有且只能有一个名为 main 的主函数，C 程序的执行总是从 main 函数开始，在 main 中结束。因此，这个学生信息管理系统还需要一个主函数 main 来调用和测试各模块。

7.1.2　函数的概念

函数是从英文 function 翻译过来的，其实，function 在英文中的意思既是“函数”，也是“功能”。从本质意义上讲，每个函数都是一段独立的C程序代码，它实现具体的、明确的功能，如前面章节用到的输出函数 printf()和输入函数 scanf()。

根据模块化程序设计的思想，一个C程序由一个或多个源程序文件组成，一个源程序文件由一个或多个函数组成，一个源文件可被多个C程序公用，如图7-1所示。在C语言中，一个源程序文件是一个编译单位，即以源程序为单位进行编译，而不是以函数为单位进行编译。对较大程序，一般不希望全放在一个文件中，而将函数和其他内容(如预编译命令)分别放在若干个源文件中，再由若干源文件组成一个C程序。这样可分别编写、分别编译，提高调度效率。

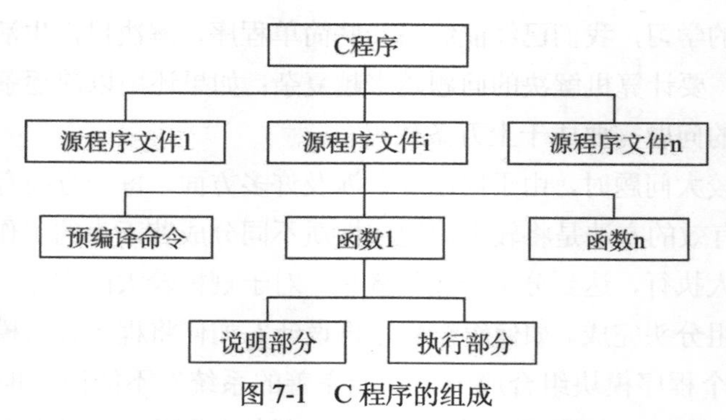

图 7-1　C 程序的组成

函数是C语言的基本单位，是程序设计的重要手段，C程序是一系列函数的集合。一个较大程序一般可分为若干个程序模块，每一个模块用来实现一个特定功能。在C语言中，每个程序模块均由不同的函数来实现。

从用户使用的角度看，函数有标准函数和用户自定义函数两种。标准函数(即库函数)由系统提供，用户不必自己定义这些函数，可直接使用它们，如前面章节用到的输出函数 printf()和输入函数 scanf()。用户自定义函数是需要用户自己定义的函数，用于满足用户的专门需要，必须先定义后使用，如下例自定义的求阶乘函数 factorial()。

【例题 7-1】 编写自定义函数 factorial, 求 n!。

```
long factorial (int n)       /* 定义 factorial 函数*/
{
  long fact;
  int  i;
  for (fact=1, i=2; i<=n; i++)
      fact *= i ;
  return ( fact );
}
```

如果程序功能较多，规模较大，用以前我们学过的知识，把所有代码都写在 main 函数中，就会使主函数变得庞杂、头绪不清，使读者阅读和维护变得很困难。有时程序中要多次实现某一功能，就需要多次重复编写实现此功能的程序代码，这会使程序变得冗长，不精炼。

若不用函数编程，读者可在需要的时候在main 函数中插入同样的一段代码，或者输入同样的或仅有几个参数差别的代码。如例题 7-2 中，循环语句块 for (fact=1, i=2; i<=m; i++) fact = fact * i; 解出 fact=m!；同理，类似的循环语句块还有两块，分别求 n!和(m−n)!。这样，是好理解了，但代码太长了，显得比较冗杂又占用空间。

【例题 7-2】 不用函数编写程序，求 $C_m^n = \frac{m!}{n!(m-n)!}$。

```
#include "stdio.h"
 int main()
{
  int i, m, n;
  long fact, c;
  scanf("%d%d",&m , &n);
  for(fact=1,i=2;i<=m;i++)          //循环语句块求m!
  fact=fact*i;
      c=fact;
  for (fact=1,i=2;i<=n;i++)         //循环语句块求n!
  fact = fact * i;
      c=c/fact;
  for(fact=1,i=2;i<=m-n;i++)        //循环语句块求(m-n)!
  fact=fact*i;
      c=c/fact;
  printf("%d!/(%d!*%d!)=%ld\n",m,n,m-n,c);
  return 0;
}
```

程序运行结果如图 7-2 所示。

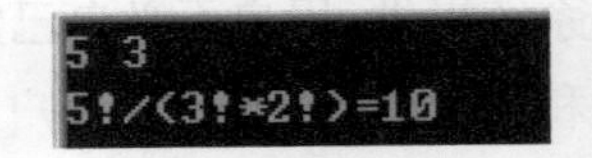

图 7-2　例题 7-2 的运行结果

若用函数的观点编程，读者可将多次使用的功能单独编写成一个函数，如例题 7-1 中的自定义函数 factorial 求 n!。例题 7-3 是利用函数 factorial 改写的例题 7-2。

【例题 7-3】用函数编写程序，求 $c_m^n = \dfrac{m!}{n!(m-n)!}$。

```
#include "stdio.h"
long factorial(int n)                    //自定义函数，求n!
{
  long fact;
   int  i;
   for(fact=1,i=2;i<=n;i++)
     fact*=i ;
   return  (fact);
}
int main()
{
  int m, n;
  long c;
  scanf("%d%d", &m, &n);
   c=factorial(m)/factorial(n);          //求m!/n!
  c=c/factorial(m-n);                    //求(m!/n!)/(m-n)!
  printf("%ld\n",c);
  return 0;
}
```

程序运行结果如图 7-3 所示。

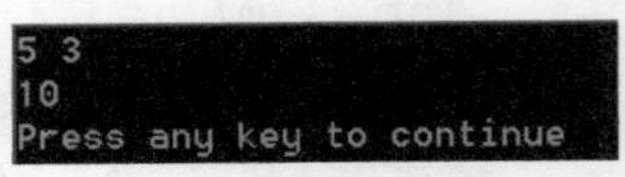

图 7-3　例题 7-3 的运行结果

教学中所编写的程序一般都比较简单，主要是练习语法，基本看不出函数编程的优越性。以后编写相对大型的程序或者课程设计作业，需要多次使用同一种功能时，读者可发现用函数编程可大大减少重复编写程序段的工作量，更便于实现模块化的程序设计。

7.1.3　函数的分类

1. 标准函数库介绍

不像COBOL、Fortran和PL/I等编程语言，C 语言的工作任务里不包含嵌入的关键字，所以几乎所有的 C 语言程序都使用标准函数库的函数。在C 语言程序设计里，C 标准函数库是所有符合标准的头文件(head file)的集合。

C 语言的编译系统提供了几百个标准库函数，这些函数所用到的常量、外部变量、函数类型及参数说明，都会被写成一个电脑文件，这个文件就称为头文件，但实际的函数实现被封存到函数库文件里。只有用编译预处理命令把相应的头文件包含到程序中，才能使用这些标准库函数。C 程序中用到标准输入输出函数时，就要包含用于标准输入输出的头文件stdio.h。例如语句printf("%d",x); scanf("%d",&x);中用到输出函数printf和输入函数scanf，因此需要在 main()函数之前加上#include<stdio.h>或#include"stdio.h"。

函数库的组织架构也会因为不同的编译器而有所不同。本书所采用的软件 VC++6.0 所提供的部分头文件如表 7-1 所示，如 stdio.h 头文件包含标准输入/输出函数；string.h 头文件包含字符串操作函数；math.h 头文件包含数学函数。

表 7-1　部分头文件说明

头文件包含	头文件注释	头文件包含	头文件注释
#include<assert.h>	设定插入点	#include<math.h>	定义数学函数
#include<ctype.h>	字符处理	#include<stdio.h>	定义输入/输出函数
#include<errno.h>	定义错误码	#include<stdlib.h>	定义杂项函数及内存分配
#include<float.h>	浮点数处理	#include<string.h>	字符串处理
#include<fstream.h>	文件输入/输出	#include<strstrea.h>	基于数组的输入/输出
#include<iomanip.h>	参数化输入/输出	#include<time.h>	定义关于时间的函数
#include<iostream.h>	数据流输入/输出	#include<wchar.h>	宽字符处理及输入/输出
#include<locale.h>	定义本地化函数	#include<wctype.h>	宽字符分类

标准函数库通常会随附在编译器上。因为 C 编译器常提供一些额外的非 ANSI C 函数功能，所以某个随附在特定编译器上的标准函数库，对其他不同的编译器来说是不兼容的。大多数 C 标准函数库在设计上做得相当不错，仅有少部分会为了商业利益，把某些旧函数视为错误或提出警告。

不同的 C 系统提供的库函数的数量和功能不同，将一些功能相近的函数编完放到一个文件里，供不同的用户进行调用。调用时把它所在的文件名用#include< >加到里面就可以了。

2. 函数的分类

在模块化程序设计中，函数就是功能。每个函数用来实现一个特定功能。函数的名字应反映其代表的功能。在设计一个较大程序时，往往把它分为若干个程序模块，每一个模块包括一个或多个小函数，每个小函数实现一个特定功能。

在编写 C 程序时，不要指望一个主函数 main 解决程序的所有问题。每个函数都应该做自己最应该做的事情，即相对独立的功能。一个 C 语言程序可以很大，但通常 C 程序可由一个主函数和若干个其他函数构成。从这个意义上说，函数往往就比较短小，故有“小函数大程序”之说。

C 程序可由一个主函数和若干个其他函数构成，主函数调用其他函数，其他函数也可互相调用，同一个函数可被一个或多个函数调用任意多次。main 函数又被称为主函数，是 C 程序的主干，不管 main 函数在程序的什么地方，一定是从 main 函数开始执行程序，从 main 函数结束程序。其他函数可使用库函数，也可使用自己编写的函数。在程序设计中善于利用函数，可减少重复编写程序段的工作量，同时可方便地实现模块化的程序设计。

在C语言中可从不同角度对函数进行分类，这些分类将在后面进行详细说明。

(1) 从用户函数定义的角度看，函数可分为标准函数和用户自定义函数。

标准函数：由C系统提供，用户无须定义，也不必在程序中进行类型说明。

用户自定义函数：由用户根据特定需要编写的函数。

(2) 从调用关系看，函数分为主调函数和被调函数。

主调函数：调用其他函数的函数。

被调函数：被其他函数调用的函数。

(3) 从函数返回值角度看，函数分为有返回值函数和无返回值函数两种。

有返回值函数：函数被调用执行完毕后将向调用函数返回一个执行结果，即函数的返回值。

无返回值函数：函数用于完成某项特定的处理任务，函数被调用执行完毕后不向调用者返回函数值。

(4) 从主调函数和被调函数之间数据传送的角度看，又可分为无参函数和有参函数。

无参函数：在函数定义、函数说明及函数调用中均不带参数。主调函数和被调函数之间不进行参数传送。

有参函数：也称为带参函数。在函数定义、函数说明及函数调用中均带有参数。主调函数和被调函数之间要进行参数传送。

7.2　函数定义

1. 函数定义的内容

C语言标准函数只实现最基本、最通用的功能，解决实际问题时需要编程者编写解决问题的程序代码并将其封装成函数，这个过程称为函数定义。按照计算机解决问题的方式，笔者认为函数定义应包括输入、处理、输出三个部分。从例题 7-1 编写的自定义函数 factorial 来看，函数输入的参数为整型变量 n，函数输出的参数为长整型变量 fact，封装的程序代码为函数处理，即求得 n!，函数 factorial 的结构如图 7-4 所示。

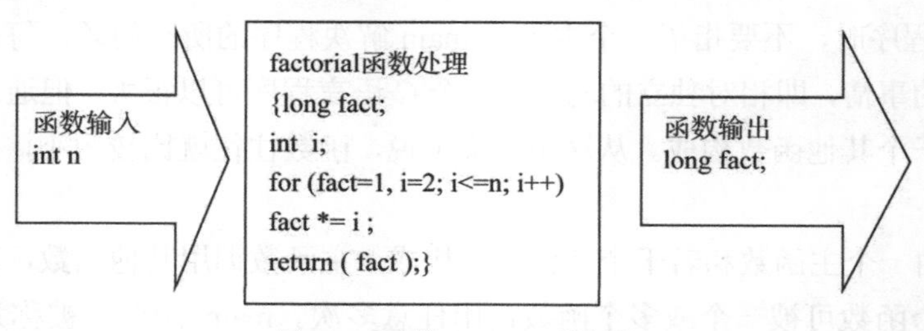

图 7-4　函数 factorial 的结构

与变量一样，在C程序中用到的所有函数也必须“先定义，后使用”。如果事先不定义，编译系统会报错，因为它不能通过函数名了解函数的功能和用法。C语言通过函数的定义来指定函数名称、函数返回值类型、函数实现的功能以及参数的个数与类型，并将这些信息通知编译系统。故定义函数应该让编译系统了解如下内容：

(1) 指定函数的名字，以便以后按名称调用；

(2) 指定函数参数的名称和类型；

(3) 指定函数的功能，这是在函数体中完成的；

(4) 指定函数类型，即函数返回值的类型。

从例题 7-1 编写的自定义函数 factorial 来看，指定的函数名 factorial 用于标识函数，以便主函数和其他函数以后按名称调用；函数参数的名称和类型在圆括号()内，参数名为 n，类型为 int；指定函数的功能由花括号{ }内的函数体实现。指定函数返回值的类型为长整型(long)，即指定变量 fact 的数据类型。

2. 函数定义的形式

从用户函数定义的角度看，函数有标准函数和用户自定义函数两类。标准函数由C系统提供，用户无须定义，程序设计者只需要用#include 指令把有关的头文件包含到本文件模块中即可。用户自定义函数是函数库并没有提供，由用户根据特定需要自行编写的函数。对于用户自定义函数，不仅要在程序中定义函数本身，还要在调用这个函数的函数中进行类型说明，然后才能使用。

用户自定义函数的函数定义形式如下：

```
类型标识符 函数名([形式参数1, 形式参数2,……])
{
声明部分
语句
}
```

函数定义说明如下：

(1) 函数名命名遵循标识符命名规则，但不能与该函数中的其他标识符相同，也不能与本程序中的其他函数重名。

(2) 按照有无形式参数的不同，函数定义的形式可分为无参函数和有参函数两种形式。当函数没有形式参数时，函数名后的一对括号不能省略。当函数有形式参数时，函数名后的一对括号内可有多个形式参数，各形式参数之间用逗号隔开。各形式参数可以是变量、数组等，但不能是常量。定义函数后，形式参数没有具体的值，只有当其他函数调用该函数时，各形式参数才会得到具体的值，形式参数只是一个形式上的参数。每个形参的类型必须单独定义，即使形式参数的类型相同，也不能合在一起定义。

如例题 7-4 所示，无参函数 print 没有形式参数，输出的数据类型也为空(void)，即不做任何运算，只完成一个打印“This is a C program”的任务。

【例题 7-4】编写无参函数 print，打印“This is a C program”。

```
void print( )
{
printf("This is a C program\n");
}
```

如例题 7-5 所示，有参函数 max 有两个形式参数，即整型变量 x 和整型变量 y。多个形式参数必须单独定义，如 int max(int x, int y) {…}是正确的函数定义形式；即使形式参数的类型相同，也不能合在一起定义，如改成 int max(int x, y) {…}是错误的函数定义形式。

【例题 7-5】编写有参函数 max，求两个整数中的较大数。

```
int max(int x,int y)
{
  int z;
  if (x > y) z = x;
  else z = y;
  return(z);
}
```

(3) 自定义函数的函数体编写方法与主函数类似。花括号内的函数体包括声明部分和各种语句。除形式参数外，若函数定义时还要用到其他变量，则必须在函数体内的声明部分进行定义，变量需先定义再使用，如例题 7-5 中，花括号内的语句 int z;即定义了整型变量 z。形式参数不必在函数的声明部分进行定义，但可以和函数体内定义的变量一样在语句部分使用。

(4) 圆括号外的类型标识符是函数输出结果的数据类型，即函数值的数据类型，又称函数的类型。如果调用函数后需要返回值，则在函数体中用 return 语句将函数值返回，并在函数首部的最前面给出该函数返回值的类型。如例题 7-5 花括号内的返回语句 return(z)；和圆括号外的类型标识符 int，指出返回值 z 为整型变量。如果不需要得到函数值，那么在函数体中不需要出现 return 语句，在函数首部的最前面将函数值的类型定义为 void。如例题 7-4 圆括号外的类型标识符 void，指出返回空。

3. 定义空函数

函数定义有一个特殊形式，即定义空函数。空函数，就是没有一条语句的函数，调用空函数什么也不做，直接返回。在 C 程序中，先用空函数占一个位置，可以使程序结构清晰，可读性好，以减少扩充新功能时对程序结构的影响。

定义空函数的一般形式如下：

```
类型名 函数名( )
{          }
```

例如：void main( )

　　{　　　}

主函数的函数体是空的，主函数 main 什么工作也不做，没有任何实际作用。

例如：void dummy ( )

　　{　　　}

用户自定义函数的函数体是空的，通过语句 dummy(); 调用 dummy 函数时，什么工作也个不做，没有任何实际作用。

7.3　函数调用

7.3.1　函数调用概述

从函数的调用关系看，有主调函数和被调函数之分。主调函数是调用其他函数的函数，被调函数是被其他函数调用的函数。从主调函数和被调函数之间是否传送数据看，有无参函数和有参函数之分。无参函数指在函数定义、函数声明及函数调用中均不带参数，主调函数和被调函数之间不进行参数传送。有参函数指在函数定义、函数声明及函数调用中均带有参数，主调函数和被调函数之间要进行参数传送。

如例题 7-6 所示，主函数 main 是主调函数，用户自定义的无参函数 print 和 print_star 是被调函数，函数定义及函数调用中均不带参数，主调函数、函数原型说明及被调函数之间不进行参数传送。

【例题 7-6】编写无参函数 print 和 print_star，打印三行符号。

```
#include <stdio.h>
int main()
{  void print_star()           //无参函数print_star的函数声明。
   void print( )               //无参函数print的函数声明。
   print_star();               //调用无参函数print_star，输出一行*符号。
   print();                    //调用无参函数print，输出一行符号。
   print_star();               //调用无参函数print_star，输出一行*符号
   return 0;
}
void print_star()              //定义无参函数print_star，输出一行*符号。
{
 printf("********************\n");
}
void print( )                  //定义无参函数print，输出一行符号。
{
 printf("This is a C program\n");
}
```

程序运行结果如图 7-5 所示。

```
********************
This is a C program
********************
```

图 7-5　例题 7-6 的运行结果

如例题 7-7 所示，main 是主调函数，用户自定义的有参函数 max 是被调函数，函数定义及函数调用中均带参数，主调函数、函数声明及被调函数之间需要进行参数传送。

【例题 7-7】编写有参函数 max，求出两个整数中的较大者。

```
#include <stdio.h>
int main( )
```

```
{ int max(int x,int y) ;          //有参函数 max 的函数声明
  int a,b,c;
  scanf("%d,%d",&a,&b);
  c= max(a,b);                    //调用有参函数 max，求出 a 和 b 两个变量中的较大者。
  printf("max=%d\n",c);
  return 0;
}
int max(int x,int y)              //定义有参函数 max，求出两个整数中的较大者。
{
  int z;
  if (x > y) z = x;
  else z = y;
  return(z);
}
```

程序运行结果如图 7-6 所示。

```
3,5
max=5
```

图 7-6　例题 7-7 的运行结果

在例题 7-6 和例题 7-7 的注释中，出现了函数声明、函数调用和函数定义三个概念。函数定义已在 7.2 节中做了详细说明；函数声明将在 7.3.2 节中讲解；函数调用的三大形式将在 7.3.3 节中讲解。

7.3.2　函数的声明

我们知道，C 程序中所涉变量必须先声明后使用，或者说先定义后使用。同样，函数也必须先声明(定义)后使用，即先声明才可被调用。函数声明又称为函数原型；使用函数原型是 ANSI C 的一个重要特点，它的作用主要是利用它在程序的编译阶段对调用函数的合法性进行全面检查。

函数声明与函数定义是有区别的，函数声明可与函数定义分开，一个函数只可定义一次，但可声明多次。函数定义确定函数功能，包括指定函数名称，指定函数返回值的类型、形式参数的类型、函数体等，是一个完整的、独立的函数单位。而函数声明把函数的名称、函数返回值的类型以及形式参数的类型、个数和顺序通知给编译系统，以便在调用该函数时系统按此进行对照检查，如检查函数名是否正确，实际参数与形式参数的类型和个数是否一致等。

函数声明与函数定义的首部基本上是相同的，函数声明由函数返回类型、函数名和形参列表组成。因此可简单地照写已定义的函数的首部，再加一个分号，就成为对函数的声明。在函数声明中，形式参数列表必须包括形式参数类型，但可以不对形式参数命名。

如例题 7-6 中，以下函数没有形式参数列表。

```
void print_star()                 //无参函数 print_star 的函数声明
void print( )                     //无参函数 print 的函数声明
```

如例题 7-7 中，max 函数可以有形式参数列表，也可以没有形式参数列表。

```
int max(int x,int y);             //有参函数 max 的函数声明
int max(int,int);                 //有参函数 max 的函数声明，省略形式参数名
```

C语言中，在一个函数中调用另一个函数需要具备如下条件：

(1) 被调用函数必须是已经定义的函数，即库函数或用户自己定义的函数。

(2) 如果使用库函数，应该在本文件开头加相应的#include指令。

(3) 如果使用自己定义的函数，而该函数位于调用它的函数的后面，则应该声明。

所以，函数声明适用于被调函数的定义出现在主调函数之后的情形，如例题7-7中，被调函数max出现在主调函数main之后需要声明。按照从上往下执行的顺序，编译系统可通过函数定义中函数首部提供的信息对函数的调用进行正确性检查，所以如果被调函数的定义出现在主调函数之前，可不做函数声明。如例题7-7中，若将有参函数max的定义放到主函数main之前，就可以省略有参函数max的函数声明。例题7-7的两种改写方案如图7-7所示。

方案1：有函数声明

```
#include <stdio.h>
int main( )
{  int max(int x,int y) ; //函数声明
  ……
}
int max(int x,int y)   //函数定义
{
  ……
}
```

方案2：无函数声明

```
#include <stdio.h>
int max(int x,int y)   //函数定义
{
  ……
}
int main( )
{
  ……
}
```

图7-7 有函数声明和无函数声明的两种改写方案

7.3.3 函数调用的形式

在程序中，通过函数调用来执行被调函数的函数体内的代码。程序中定义了自定义函数后，如何在主调函数中调用它呢？在C语言中，函数调用的过程与其他语言的子程序调用类似，函数调用的一般形式如下。

```
函数名([实际参数1, 实际参数2,……]) ;
```

实际参数列表中的参数可以是常数、变量或其他构造类型数据及表达式，且各实参之间用逗号分隔。实际参数列表中也可以没有实际参数。

如例题7-7中，对有参函数调用时，有实际参数列表。

```
max(a,b);          //调用有参函数max，求出a和b两个变量中的较大数。
max(3,5);          //调用有参函数max，求出3和5两个常数中的较大数。
```

如例题7-6中，对无参函数调用时，实际参数列表中也可以没有实际参数。

```
print_star( );   //调用无参函数print_star，输出一行*符号。
print( );        //调用无参函数print，输出一行符号。
```

按照函数调用在程序中出现的形式与位置来分，函数调用分为函数语句调用、函数表达式调用和函数参数调用三种形式。

【例题7-8】编写函数max，练习函数调用的各种形式。

```
#include <stdio.h>
```

```
int main( )
{  int max(int x,int y) ;     //有参函数max的函数声明
  int a,b,c,c1,c2,c3,c4,c5;
  scanf("a=%d,b=%d,c=%d",&a,&b,&c);
  c1=max(a,b);
  c2=max(3,5);
  c3=2+max(3,5);
  c4=max(a,max(b,c));
  c5=max(6,max(3,5));
  printf("c1=max(a,b)=%d\n",c1);
  printf("c2=max(3,5)=%d\n",c2);
  printf("c3=2+max(3,5)=%d\n",c3);
  printf("c4=max(a,max(b,c))=%d\n",c4);
  printf("c5=max(6,max(3,5))=%d\n",c5);
  printf("max=%d\n",max(1,max(2,3)));
  return 0;
}
int max(int x,int y)    //定义有参函数max，求出两个整数中的较大数。
{
  int z;
  if (x > y) z = x;
  else z = y;
  return(z);
}
```

程序运行结果如图 7-8 所示。

```
a=1,b=2,c=3
c1=max(a,b)=2
c2=max(3,5)=5
c3=2+max(3,5)=7
c4=max(a,max(b,c))=3
c5=max(6,max(3,5))=6
max=3
```

图 7-8　例题 7-8 的运行结果

1. 函数调用语句

函数调用语句是将函数作为独立语句，函数没有返回值，只完成相应操作。例如 funsum(n,m);等。

2. 函数表达式

调用语句作为一个表达式出现，要求函数返回一个确定的值，并且可参加表达式的运算。如例题 7-8 中，函数调用语句 max(a,b)返回 a 和 b 两个变量中的较大数值。

```
c1=max(a,b);    /*调用函数max，返回a和b两个变量中的较大值2，并赋给变量c1，即输出c1=max(a,b)=2。*/
c2=max(3,5);  /*调用函数max，返回3和5两个常量中的较大值5，并赋给变量c2，即输出c2=max(3,5)=5。*/
c3 =2+max(3,5);   /*调用函数max，返回3和5两个常量中的较大值5后加2等于7，并将常量7赋给变量c3，即输出c3 =2+max(3,5)=7。*/
```

3. 函数参数

函数参数指被调函数作为另一个函数的实参。例如 printf("1+2+3+...+100=%d\n",funsum(n,m)); 等。

如例题 7-8 中，函数调用语句 max(a,b)返回 a 和 b 两个变量中的较大值。

```
c4=max(a,max(b,c));    /*第 1 次调用函数 max(b,c)返回 b 和 c 两个变量中的较大值 3，第 2 次调用函数 max(a,3)返回变量a 和第 1 次函数调用的返回值 3 中的较大值 3，并将常量3 赋给变量 c4，即输出 c4=max(a,max(b,c))=3。*/
c5=max(6,max(3,5));   /*第 1 次调用函数 max(3,5)返回 3 和 5 两个常量中的较大值 5，第 2 次调用函数 max(6,5)返回常量6 和第 1 次函数调用的返回值 5 中的较大值 6，并将常量6 赋给变量 c5，即输出 c5 = max(6,max(3,5))=6。*/
printf("max=%d\n",max(1,max(2,3)));    /*第 1 次调用函数 max(2,3)返回 2 和 3 两个常量中的较大值 3，第 2 次调用函数 max(1,3)返回常量1 和第 1 次函数调用的返回值 3 中的较大值 3，第 3 次调用函数 printf 将第 2 次函数调用的返回值常量 3 输出，即输出 max=3。*/
```

7.3.4　函数调用时的数据传递

在调用有参函数时，主调函数与被调函数间有数据传递。主调函数向被调函数的数据传递通过实际参数和形式参数来实现；被调函数向主调函数的数据传递通过返回语句来实现。

1. 函数的参数

主调函数向被调函数的数据传递通过实际参数和形式参数来实现，即将函数调用时的实际参数传递给函数定义中的形式参数。

(1) 形式参数，简称形参，在定义函数时函数名后面括号中的变量称为“形式参数”。

如前面讲到函数定义的形式：

类型标识符函数名([形式参数 1, 形式参数 2,……])

圆括号(……)中包括各种形式参数组成的形式参数列表。

(2) 实际参数，简称实参。在主调函数调用一个函数时，函数名后面括号中的参数称为“实际参数”。

如前面讲到函数调用的形式：

函数名([实际参数 1, 实际参数 2,……]) ;

圆括号(……)中包括各种实际参数组成的实际参数列表。

例题 7-8 中的参数传递方式如图 7-9 所示，右侧为定义函数，函数头部 int max(int x,int y)中的变量 x 和变量 y 是形参；左侧为主函数，调用语句 c=max(a,b); 中的变量 a 和变量 b 是实参。

```
//主函数
#include <stdio.h>
int main( )
{  int max(int x,int y) ;
int a,b,c;
scanf("%d,%d",&a,&b);
c = max(a,b);
......
}
```

实参列表中变量 a 和 b 是实参

```
//定义函数
int max(int x,int y)
{ int z;
 if(x > y) z = x;
  else z = y;
  return(z);
}
```

形参列表中变量 x 和 y 是形参

图 7-9　例题 7-7 中的形参与实参

2. 函数的返回值

通过函数调用使主调函数能得到一个确定的值，这个返回的值就是函数的返回值，也称函数值。例题 7-8 中调用语句 c=max(3, 5); 使主调函数 main 得到一个确定的值，此时函数的返回值是 5，即 c=5。

被调函数向主调函数的数据传递是通过返回语句实现的，即函数的返回值是通过 return 语句获得的。return 语句将被调函数的一个确定值带回主调函数中。

return 语句一般有两种形式：

return(函数的返回值);

return　函数的返回值;

return 语句后面的括号可以省略，函数的返回值是常量、变量或表达式。

使用 return 语句应注意以下几点：

(1) return 后面的值可以是一个表达式。如语句 z=x>y? x:y; return(z);可合并为语句 return (x>y? x:y);

(2) 一个函数中可以有多个 return 语句，执行到哪一个 return 语句，哪一个就起作用。但一次只能执行其中一个，当执行到某个 return 语句时，则终止函数执行，并返回值。如语句 return (x>y? x:y);可改写成语句 if (x>y) then return (x); else return (y);

(3) return 后面可以无返回值，即语句 return;中无返回值，则该 return 语句只起到终止函数执行，返回主调函数的作用。

(4) 在定义函数时指定的函数类型一般应该和 return 语句中的表达式类型一致， 如果函数值的类型和 return 语句中表达式的值不一致，则以定义函数时指定的函数类型为准。

如例题 7-9 所示，自定义函数 max 的形参是 float 型，调用语句 c=max(a,b);中实参也是 float 型。在主函数 main( )中输入 a=2.3，b=4.5 后，在调用 max(a,b);时，把实参 a 和 b 的值 2.3 和 4.5 传递给形参 x 和 y。执行函数 max 中的函数体，使得变量 z 得到值 4.5。现在出现矛盾，函数定义语句 int max(float x,float y) {……} 中的函数值的类型为 int 型，返回语句 return(z);中变量 z 为 float 型。调用语句 c=max(a,b);后传递给变量 c 的值应该是 int 型，还是 float 型呢？

【例题 7-9】将例题 7-8 稍加改动，将 max 函数定义中的变量 z 改为 float 型，使函数返回值的类型与定义函数时指定的函数类型不同。

```
#include <stdio.h>
int main()
 {  int max(float x,float y);
    float a,b;  int c;
    scanf("a=%f,b=%f,",&a,&b);
    c=max(a,b);
    printf("max is %d\n",c);
    return 0;
 }
int max(float x,float y)    //求两个 float 型数据的较大者，指定的函数类型为 int
```

```
{   float z;     //此处修改，将max函数定义中的变量z改为float型
   z=x>y?x:y;
   return( z ) ;   //函数返回值的类型z为float型
}
```

程序运行结果如图 7-10 所示。

从程序的运行结果看，返回变量 c 的值为 4，是 int 型。因此，如果函数值的类型和 return 语句中表达式的值不一致，则以定义函数时指定的函数类型为准。

```
a=2.3,b=4.5
max is 4
```

图 7-10　例题 7-9 的运行结果

3. 数据传递的过程

当在主调函数中执行到函数调用语句时，如果有实参，先求解出各个实参的值，然后将每个实参值对应地传递给形参，之后程序流程转到被调函数，开始执行被调函数，当被调函数执行到函数体结束标志“}”时，返回到主调函数的调用位置继续执行主调函数。以例题 7-7 为例，在函数调用时，数据传递的过程，分 3 步完成，如图 7-11 所示。

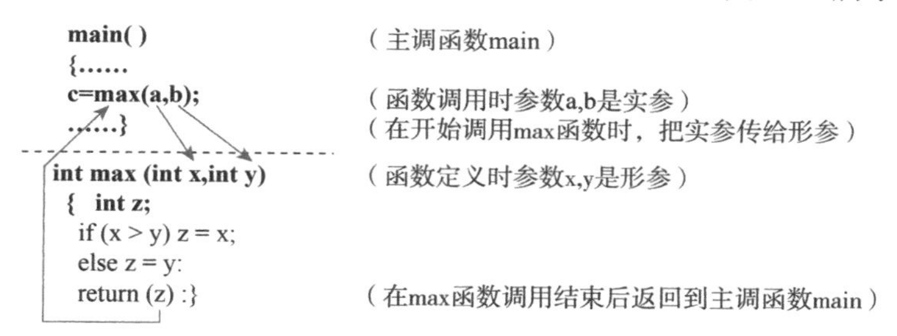

图 7-11　函数调用时的数据传递

(1) 当在主调函数(main 函数)中执行到函数调用语句 c=max(a, b);时，开始调用自定义函数 max，程序流程转到被调函数 max。首先计算实参的值，然后把实参的值赋给形参；如例题 7-7，如果用户输入 3 和 5，可知实参 a=3，实参 b=5；把实参的值赋给形参，可知形参 x=3，形参 y=5。

(2) 开始执行被调函数 max，求形参 x 和 y 中的最大值。比较形参 x 和 y 中的较大者赋给变量 z，即 z=5；通过语句 return(z);将变量 z 的值返回主调函数 main 中，把函数的结果赋给函数名 max。

(3) 调用结束，程序流程返回到主调函数的调用位置，并通过语句 c=max(a, b); 把函数的结果赋给主调函数 main 中的变量 c。最后继续执行主调函数。

7.3.5　函数参数传递的方式

主调函数向被调函数的数据传递是通过参数实现的，使用函数参数传递时，有值传递和地址传递两种方式。

使用传值方式时，系统将实参的值复制给形参，实参与形参断开了联系，在过程体内对形参的任何操作不会影响实参。使用传地址方式时，将实参的地址传递给形参。实参和形参指向同一地址，因此在被调过程体中对形参的任何操作都变成了对相应实参的操作，

实参的值就会随过程体内对形参的改变而改变。

本章前面列举的例子多是传值方式，传地址方式会在后续章节中进一步学习。

在 7.4 节中，数组作为函数的参数，数组元素作为参数传递是传值方式，数组名作为参数传递是传地址方式。

7.4　数组作为函数的参数

前面我们了解到，调用有参函数时，需要提供实参，如 max(3,5);等，且实参可以是常量、变量或表达式。数组中的每个元素相当于变量，可将数组元素用作函数参数，另还可将数组名用作函数参数。

将数组元素用作实参时，向形参变量传递的是数组元素的值，参数传递方式是值传递。用数组名作函数实参时，向形参传递的是数组首元素的地址，参数传递方式是地址传递。

1. 数组元素做函数的实参

将数组元素用做实参时，向形参变量传递的是数组元素的值，如调用语句 max(m,a[i]);表示求变量 m 和 a[i]中的值大者；调用语句 max(a[i],a[i+1]);表示求 a[i]和 a[i+1]中的较大者。数组元素可以作为实参，但不能作为形参。因为数组是一个整体，在内存中需要占用一段连续的空间，而形参是在函数调用时临时分配的存储单元，不可能为数组中的某个元素单独分配存储单元。将数组元素用作实参时，向形参变量传递的是数组元素的值，参数传递方式是值传递。

如例题 7-10 所示，自定义的有参函数 max 可求出两个整数中的较大数，调用语句 max(m,a[i]);表示求变量 m 和 a[i]中的较大者。变量 m 用来存放当前已经比较过的各数中的最大者，通过循环语句 for(i=1;i<10;i++)　if (max(m,a[i])>m) m=max(m,a[i]); 逐一比较，求变量 m 和 a[i]中的值大者。开始时设 m=a[0]，i=1，然后通过 max(m,a[1]) 将 m 与 a[1]进行比较，若 a[1]>m 则 m 为 m 和 a[1]中的大者，即 m=a[1]，以 a[1]的值取代 m 的原值，下一次以 m 的新值与 a[2]比较，即通过 max(m,a[2])得出 a[0]、a[1]、a[2]中的最大者。同理类推，经过 9 次循环，m 最后是 10 个数中的最大值。

【例题 7-10】 编写程序，利用传值方式求数组 10 个数中值最大的元素的值。

```
#include <stdio.h>
int main()
{   int max(int x,int y);
    int a[10],m,n,i;
    printf("10 integer numbers:\n");
    for(i=0;i<10;i++)
    scanf("%d",&a[i]);      //从键盘输入的 10 个数，分别赋给 a[0]～a[9]。
    printf("\n");
    m=a[0];
```

```
    for(i=1;i<10;i++)      // 求数组 a 中的最大值 m
    if (max(m,a[i])>m)
       m=max(m,a[i]);
       printf("largest number is %d\n",m);
    return 0;
  }
  int max(int x,int y)     //定义有参函数 max，求出两个整数中的较大数。
  { int z;
    if(x>y)   z=x;
    else z=y;
      return(z);
  }
```

程序运行结果如图 7-12 所示。

```
10 integer numbers:
-3 5 6 7 8 9 -4 0 11 1

largest number is 11
```

图 7-12　例题 7-10 的运行结果

2. 将数组名用作函数的实参

由于数组名代表数组在内存中存放区域的首地址，把数组名作为函数参数来实现大量数据的传递是一个非常好的数据传递方法。将数组名用作函数实参时，向形参传递的是数组首元素的地址，参数传递方式是地址传递。用数组名作函数参数时，不是把数组的值传递给形参，而是把实参数组的起始地址传递给形参数组，这样实参数组和形参数组就共占同一段内存单元，如图 7-13 所示，故形参数组 b[10]各元素的值如果发生变化，会使实参数组 a[10]各元素的值发生同样的变化。

图 7-13　实参数组和形参数组

数组名既可作为实参，也可作为形参，作为函数实参时，要求主调函数实参和被调函数形参是类型相同的数组(或地址)。如例题 7-12 所示，用数组名作函数参数，传地址方式应注意以下 4 点。

(1)用数组名作函数参数，应该在主调函数和被调用函数中分别定义数组。如被调函数中 b 是形参数组名，主调函数中 a 是实参数组名。

(2)实参数组与形参数组类型应一致，如不一致，结果将出错。如实参数组 int a[10]是整型数组，形参数组 int b[]也是整型数组。

(3)实参数组和形参数组大小可以一致也可以不一致，C 编译对形参数组大小不做检查，只是将实参数组的首地址传给形参数组。

(4)形参数组也可以不指定大小，在定义数组时在数组名后面跟一个空的方括号，为了在被调函数中处理数组元素，可另设一个参数，传递数组元素的个数。如 largest 函数的定义 int largest (int b[],int n)中，n 传递数组元素的个数。

如例题 7-11 所示，自定义的有参函数 largest 用于求出数组 a 中 n 个元素的最大者。在函数 largest 的定义中，变量 max 用来存放当前已经比较过的各数中的最大者，经过 n-1 次循环，max 最后是 n 个数中的最大值。

【例题 7-11】编写程序，利用传地址方式求数组 10 个数中值最大的元素的值。

```
#include <stdio.h>
int main()
{ int largest(int a[],int n);   //函数 largest 原型声明
  int a[10],m,i;
  printf("10 integer numbers:\n");
  for(i=0;i<10;i++)
  scanf("%d",&a[i]);   //从键盘输入的 10 个数，分别赋给 a[0]～a[9]。
  printf("\n");
  m=largest(a,10);     //调用 largest 函数，求数组 a 中 10 个元素中的最大者
  printf("%d\n",m);
  return 0;
}
int largest (int b[],int n)    //定义 largest 函数，求数组 b 中 n 个元素中的最大者
{  int i,max;
  for(i=1;i<n;i++)
  if (max<b[i]) max=b[i];
      return(max);
 }
```

程序运行结果如图 7-14 所示。

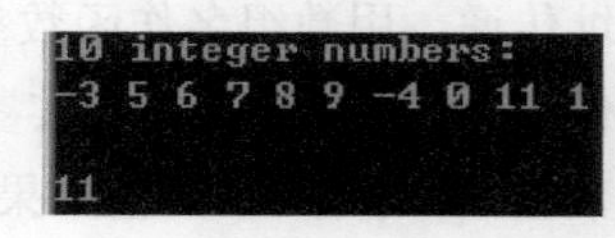

图 7-14　例题 7-11 的运行结果

有时需要用同一个函数处理几个不同长度的数组。如例题 7-12 有 3 个班级，分别有不同数目的学生，调用同一个求平均值的函数，分别求这 3 个班的学生的平均成绩。可定义一个求平均值函数 average，不指定数组长度，在形参表中增加一个整型变量 i 表示数组的长度，从主函数把数组实际长度从实参传递给形参 i，变量 i 用来在 average 函数中控制循环次数。

【例题 7-12】编写程序，有 3 个班级，分别有 5 名、8 名和 10 名学生，调用 average 函数，分别求这 3 个班的学生的平均成绩。

```
#include <stdio.h>
int main()
{ float average(float array[ ],int n);
  float score1[5]={98.5,97,91.5,60,55};               // 1 班 5 名学生的成绩
  float score2[8]={67.5,89.5 ,77,89.5,76.5,54,60,99.5}; // 2 班 8 名学生的成绩
  float score3[10]={99,69.5,66,99.5,86,54,63,90.5,56,78}; //3 班 10 名学生的成绩
  printf("1 班平均分=%6.2f\n",average(score1,5));    //求 1 班 5 名学生的平均分
  printf("2 班平均分%6.2f\n",average(score2,8));     //求 2 班 8 名学生的平均分
  printf("3 班平均分%6.2f\n",average(score3,10));    //求 3 班 10 名学生的平均分
  return 0;
}
float average(float array[ ],int n)           //求数组 array 中 n 个数的平均值
 { int i;
   float aver,sum=array[0];
   for(i=1;i<n;i++)
      sum=sum+array[i];
   aver=sum/n;
```

```
    return(aver);
}
```

程序运行结果如图 7-15 所示。

图 7-15　例题 7-12 的运行结果

如图 7-13 所示，用数组名做函数的实参，实参数组和形参数组共占同一段内存单元，若改变形参数组中各元素的值，实参数组中各元素的值也将随之变化，故各种排序程序中常利用这一特点来改变实参的值。

3. 将多维数组名用作函数实参

将多维数组名用作实参和形参，在被调函数中对形参数组定义时可指定每一维的大小，也可以省略第一维的大小说明，例如 int a [3][10];或 int a[ ][10];二者都合法而且等价。但不能把第二维以及其他高维的大小说明省略。因为从实参传送来的是数组起始地址，在内存中各元素是一行接一行地顺序存放的，而并不区分行和列，如果在形参中不说明列数，则系统难以确定行数和列数。

【例题 7-13】有 3 个学生，每个学生参加四门课程的考试，编写程序求每个学生四门课程的平均成绩。

(1) 算法和程序分析

3 名学生的各课程成绩可以使用二维数组存放，每个学生四门课程成绩存放一行，共存放三行。定义一个 m 行 n+1 列的数组存放学生的成绩，每一行的前 n 列用于存放每个学生的 n 门课程成绩，第 n+1 列用于存放每个学生的平均分。通过函数调用将各位学生成绩数组传递给求平均值的函数 avg，并将学生人数 m、课程门数 n 也通过虚实结合的方式传递给函数。

(2) 编写程序

```
#include <stdio.h>
void avg(float array[ ][5], int m, int n )  //求m个学生每人的n门课程平均分
{int i,j;
 for(i=0;i<m;i++)
{ array[i][n]=0;
  for(j=0;j<n;j++)
   array[i][n]=array[i][n]+array[i][j];      //累计第 i 个学生 n 门课程的成绩和
   array[i][n]=array[i][n]/n; }              //求第 i 个学生 n 门课程的平均分
}
int main()
{ float a[3][5] = { {90, 78, 82, 94}, {80, 85, 91, 78},{84, 100, 73, 95} };
  int i;
  avg(a, 3, 4);                              //求 3 个学生每人 4 门课程的平均分
  for (i=0; i<3; i++)
  printf("第%d 个学生的平均成绩=%6.2f\n", i+1, a[i][4]);
  return 0;
}
```

程序运行结果如图 7-16 所示。

(3) 程序说明

函数 avg 通过双重循环求每个学生的平均分，并将结果通过数组传回。数组 array[ ][5]存放 m 名学生的 n 门课程成绩，如 array[0][0]、array[0][1]、array[0][2]、array[0][3]分别用来存放第 0 个学生的 4 门课程成绩，array[0][4]用于存放其平均分。

图 7-16　例题 7-13 的运行结果

外循环控制学生序号 i，内循环控制课程的序号 j，并通过 array[i][n]=array[i][n]+array[i][j];语句累计第 i 个学生的成绩和，从而得到第 i 个学生的平均值存放于 array[i][n]。主函数 main 中调用语句 avg(a, 3, 4);求 3 个学生 4 门课程的平均成绩，其中 a[i][0]～a[i][3]分别存放的是第 i 个学生的各门课程成绩，a[i][4]存放的第 i 个学生的平均成绩。

7.5　函数的嵌套调用

一个 C 程序可包含多个函数，但必须包含(且只能包含)一个 main()函数。程序的执行从 main()函数开始，到 main()函数结束。程序中的其他函数必须通过 main()函数直接或者间接地调用才能执行。main()函数可调用其他函数，但不允许被其他函数调用，main()函数由系统自动调用。

C 语言的函数定义都是互相平行、独立的，一个函数并不从属于另一个函数，也就是说在定义函数时，一个函数内不能包含另一个函数的定义。C 语句不能嵌套定义函数，但可嵌套调用函数，也就是说，在调用一个函数的过程中，又可调用另一个函数。如图 7-17 所示，连 main 函数在内，有 3 层函数嵌套调用，即 main 函数中嵌套调用 f1 函数，f1 函数中嵌套调用 f2 函数。

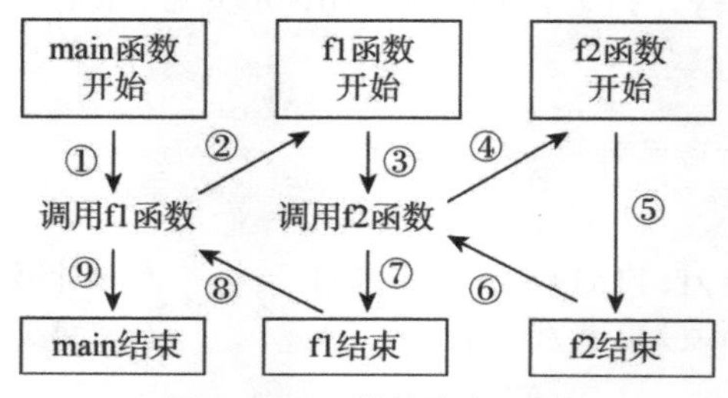

图 7-17　函数的嵌套调用

如图 7-17 所示，其 3 层函数嵌套调用的执行过程有如下 9 步：

第 1 步：执行 main 函数的开头部分；

第 2 步：遇函数调用 f1 的操作语句，流程转去 f1 函数；

第 3 步：执行 f1 函数的开头部分；

第 4 步：遇调用 f2 函数的操作语句，流程转去函数 f2；

第 5 步：执行 f2 函数，如果再无其他嵌套的函数，则完成 f2 函数的全部操作；

第 6 步：返回调用 f2 函数处，即返回 f1 函数；

第 7 步：继续执行 f1 函数中尚未执行的部分，直到 f1 函数结束；

第 8 步：返回 main 函数中调用 f1 函数处；

第 9 步：继续执行 main 函数的剩余部分直到结束。

如例题 7-14 所示，求 4 个整数中的最大值，这个问题并不复杂，完全可用我们以前的知识，只用一个主函数 main 得到结果。为让大家进一步理解函数的嵌套调用，本例设计了两个函数，定义函数 max4 用于求 4 个数中的最大值，定义函数 max2 用于求 2 个数中的最大值；并做了多次函数嵌套调用，函数 main 中调用 max4 函数，函数 max4 中 3 次调用 max2 函数。

【例题 7-14】用函数的嵌套调用编写程序，求 4 个整数中的最大值。

```
#include <stdio.h>
int main()
{ int max4(int a,int b,int c,int d); //max4 的函数声明
   int a,b,c,d,max;
   printf("4 integer numbers:");
   scanf("%d%d%d%d",&a,&b,&c,&d);  //输入 4 个整数
   max=max4(a,b,c,d);           //调用函数 max4,求 4 个数中最大值
   printf("max=%d \n",max);
   return 0;
}
int max4(int a,int b,int c,int d) //定义函数 max4
{  int max2(int a,int b); //max2 的函数声明
    int m;
    m=max2(a,b);    //调用函数 max2,求出 a,b 中的最大值 m
    m=max2(m,c);    //调用函数 max2,求出 m,c 中的最大值，即 a,b,c 中的最大值 m
    m=max2(m,d);    //调用函数 max2,求出 m,d 中的最大值，即 a,b,c,d 中的最大值 m
    return(m);
}
int max2(int a,int b)   //定义函数 max2,求 2 个数中的最大值
{  if(a>=b)
        return a;
    else
        return b;
}
```

程序运行结果如图 7-18 所示。

```
4 integer numbers:5 6 9 2
max=9
```

图 7-18　例题 7-14 的运行结果

针对例题 7-14，有以下几点需要说明：

(1) 函数嵌套调用中的函数声明

被调函数放在调用函数的前面，则在调用函数中可不进行声明，否则在调用函数中要对被调函数进行声明。如例题 7-14 中，因函数 max4 和函数 max2 的定义在主函数 main 的后面，故在主函数中要调用 max4 函数，在主函数开头处对函数 max4 进行声明；在函数 max4 中要调用 max2 函数，需要在函数 max4 开头处对函数 max2 进行声明。

(2) 函数嵌套调用的过程

函数 main 中调用 max4 函数，函数 max4 中 3 次调用 max2 函数。第 1 次调用 max2 函数，通过调用语句 m=max2(a,b);求出 a、b 中的最大值赋给 m；第 2 次调用 max2 函数，通过调用语句 m=max2(m,c);求出 m、c 中的最大值，也就是 a、b、c 中的最大值赋给 m；第 3 次调用 max2 函数，通过调用语句 m=max2(m,d);求出 m、d 中的最大值，也就是 a、b、c、d 中的最大值赋给 m。本例先求出 a、b 中的最大值赋给 m，再求出 a、b、c 中的最大值赋给 m，最后求出 a、b、c、d 中的最大值赋给 m，通过 m 值的一次次改变，进而求得最终结果。

(3) 程序的改进

① 可将 max2 函数的函数体改为只用一个 return 语句，返回一个条件表达式的值。

例如：int max2(int a,int b)

{ return(a>b?a:b); }

② 可将函数 max4 中 3 次调用 max2 函数的语句合成一条语句。

例如：max2(max2(max2(a,b),c),d);

③ 还可省略变量 m，将 max4 函数的函数体也改为只用一个 return 语句。例如：

```
int max4(int a,int b,int c,int d)
{  int max2(int a,int b);
   ruturn max2(max2(max2(a,b),c),d);
}
```

本例改进中的函数嵌套调用语句 max2(max2(max2(a,b),c),d); 更能帮助读者理解函数嵌套调用。函数嵌套调用由内向外，第 1 次调用 max2(a,b)，得 a、b 中的最大值；第 2 次调用 max2(max2(a,b),c)，得 a、b、c 中的最大值；第 3 次调用 max2(max2(max2(a,b),c),d);，得 a、b、c、d 中的最大值。

笔者认为，为理解函数嵌套调用，最好分析函数的嵌套调用关系图。此处的函数嵌套调用关系如图 7-19 所示，主函数 main 中调用了 fun1、fun2、fun4 三个自定义函数，函数 fun2 中又嵌套调用了自定义函数 fun3。

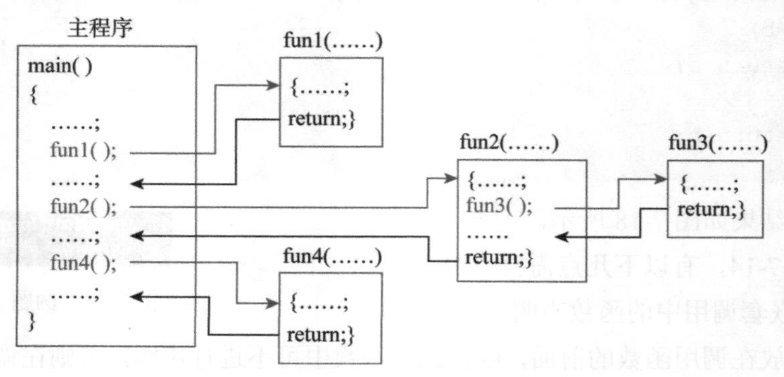

图 7-19 函数的嵌套调用关系图

7.6　函数的递归调用

7.6.1　递归及递归调用

C 语言的特点之一就在于允许函数的递归调用。在调用一个函数的过程中又出现直接或间接地调用该函数本身，称为函数的递归调用。递归按其调用方式分为直接递归和间接递归。直接递归，即递归过程 f 直接自己调用自己，如图 7-20(a)所示；间接递归，即递归过程 f1 包含另一过程 f2，而 f2 又调用 f1，如图 7-20(b)所示。

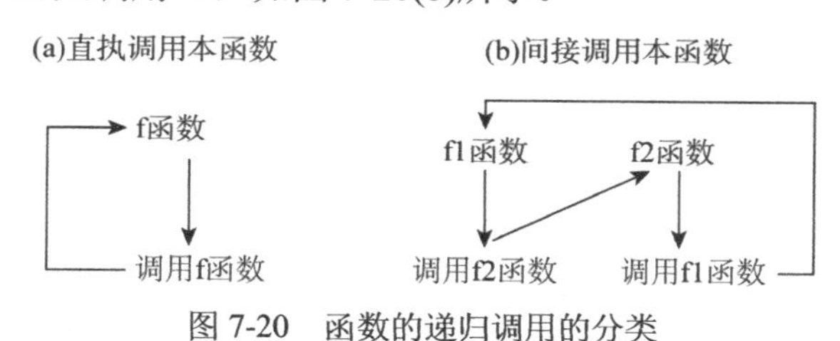

图 7-20　函数的递归调用的分类

关于递归的定义，初学者不易理解，有一个古老的故事可以帮助读者理解。从前有座山，山上有个庙，庙里有个老和尚和小和尚，老和尚给小和尚讲故事，讲的是：从前有座山，山上有个庙，庙里有个老和尚和小和尚，老和尚给小和尚讲故事，讲的是……这是一个典型的“递归”故事，可以无限次递归下去。

我们可把这个故事比喻成递归调用，但在 C 语言程序设计中，程序不可无限地递归下去，必须有递归结束条件，而且每次递归都应该向结束条件迈进，直到满足结束条件而停止递归调用。为此，可将上述“递归”故事修改如下：

从前有座山，山上有个庙，庙里有个老和尚和 3 岁的小和尚，老和尚给小和尚讲故事，讲的是：从前有座山，山上有个庙，庙里有个老和尚和 2 岁的小和尚，老和尚给小和尚讲故事，讲的是：从前有座山，山上有个庙，庙里有个老和尚和 1 岁的小和尚。这里的递归结束条件即小和尚的年龄，因为没有 0 岁的小和尚，所以讲到“庙里有个老和尚和 1 岁的小和尚”时，故事结束。每次递归都使小和尚的年龄减少一岁，所以总有终止递归的时候，不会产生无限递归。

从递归的定义知，编写递归程序有两个要点：一是要找到正确的递归算法，这是编写递归程序的基础；二是要确定递归算法的结束条件，这是决定递归程序能否正常结束的关键。再用一个通俗的例子来说明递归的定义，有 5 个学生坐成一排，问第 5 个学生多少岁？他说比第 4 个学生大 1 岁；问第 4 个学生多少岁？他说比第 3 个学生大 1 岁；问第 3 个学生多少岁？他说比第 2 个学生大 1 岁；问第 2 个学生多少岁？他说比第 1 个学生大 1 岁；最后问第 1 个学生多少岁？他说是 10 岁。请问第 5 个学生多大年龄？

【例题 7-15】用函数的递归调用来编写程序，求第 5 个学生的年龄。

(1) 算法和程序分析

从题意知，第 1 个学生是 10 岁，每个学生年龄都比其前 1 个学生的年龄大 1 岁。

假设有求第 n 个学生年龄的函数 age(n)，第 1 个学生是 10 岁，即可表示为 age(1)=10。

要求第 5 个学生的年龄，就必须先知道第 4 个学生的年龄，即表示为 age(5)=age(4)+1；
要求第 4 个学生的年龄，就必须先知道第 3 个学生的年龄，即表示为 age(4)=age(3)+1；
要求第 3 个学生的年龄，就必须先知道第 2 个学生的年龄，即表示为 age(3)=age(2)+1；
要求第 2 个学生的年龄，就必须先知道第 1 个学生的年龄，即表示为 age(2)=age(1)+1。

可以看到，当 n=1 时，第 1 个学生的年龄是 10 岁，即可表示为 age(1)=10。当 n>1 时，求第 n 个学生年龄的公式相同，即 age(n)=age(n-1)+1。用数学公式表示递归如下：

$$\begin{cases} age(n)=10 & (n=1) \\ age(n)=age(n-1)+1 & (n>1) \end{cases}$$

从递归公式看，递归算法是每个学生年龄都比其前 1 个学生的年龄大 1 岁，即 age(n)=age(n-1)+1。递归算法的结束条件是第 1 个学生是 10 岁，即 age(1)=10。

这个递归问题可分解成如图 7-21 所示的“回溯”与“递推”两个阶段。第 1 阶段是“回溯”，将第 n 个学生的年龄表示为第 n−1 个学生年龄的函数，而第 n-1 个学生的年龄仍不知道，还需要回溯到第 n−2 个学生的年龄……，向下回溯，直至回溯到第 1 个学生的年龄，age(1)=10。第 2 阶段是“递推”，按每个学生年龄都比其前 1 个学生的年龄大 1 岁的规律，从第 1 个学生的年龄推算出第 2 个学生的年龄为 age(2)=age(1)+1=11。

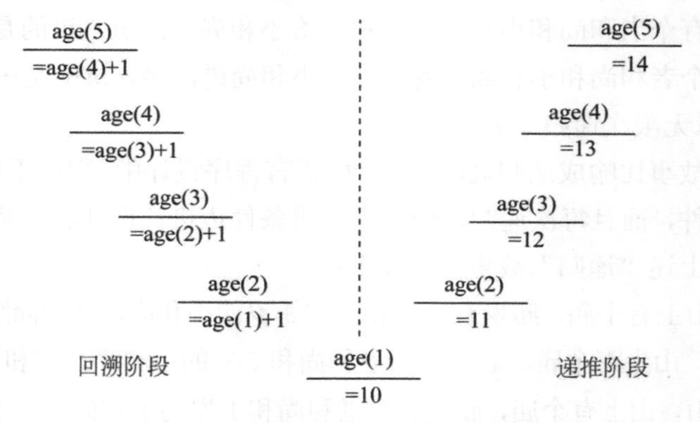

图 7-21　“回溯”与“递推”两个阶段

……，向上递推，直至推算出第 5 个学生的年龄。

(2) 编写程序

```
#include <stdio.h>
int age(int n)      //定义递归函数
{ int c;
    if(n==1)   c=10;                          //表示 age(1)=10
    else    c=age(n-1)+1;                     //表示 age(n)=age(n-1)+1
    return(c);
}
int main()
{ printf("第 5 个学生的年龄是%d\n",age(5)); //输出第 5 个学生的年龄
    return 0;
}
```

程序运行结果如图 7-22 所示。

第5个学生的年龄是14

图 7-22　例题 7-15 的运行结果

(3) 程序说明

主函数 main 中只有一个调用语句 age(5)，递归函数 age 却共被调用了 5 次，即如图 7-23 所示，有 age(5)、age(4)、age(3)、age(2)、age(1)。只有 age(5)是在主函数 main 中调用，其余 4 次是在 age 函数中调用，即 age 函数自己调用自己，递归调用 4 次。

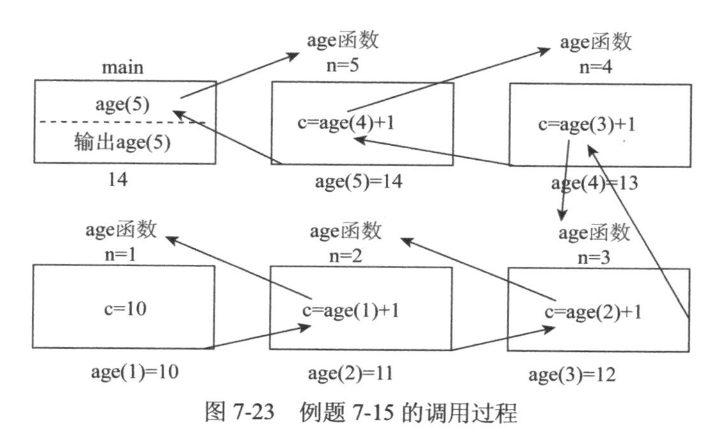

图 7-23　例题 7-15 的调用过程

7.6.2　递归问题的分类及解决方法

从日常需解决的递归问题来看，可分为数值问题和非数值问题两大类。数值问题，即可以表达为数学公式的问题，如求非负整数 n 的阶乘、求斐波那契数列的第 n 项等。非数值问题，即本身难以用数学公式表达的问题，如著名的汉诺塔问题、八皇后问题等。这两类问题具有不同的性质，所以解决问题的方法也不同。

1. 数值问题

对于数值问题，由于可表达为数学公式，所以可从数学公式入手推导出问题的递归定义，然后确定问题的边界条件，从而确定递归的算法和递归结束条件。

【例题 7-16】用递归方法，编写程序求 n!

(1) 算法和程序分析

求 n! 可使用递推方法，即从 1 开始，乘 2，再乘 3……，一直乘到 n。递推法的特点是从一个已知的事实(如 1!=1)出发，按一定规律推出下一个事实(如 2!=1!*2)，再从这个新的已知的事实出发，再向下推出一个新的事实(3!=3*2!) ……，直到 n!=n*(n-1)!。本例题可用下面的递归公式表示：

$$n!=\begin{cases}1 & (n=0,1)\\ n*(n-1)! & (n>1)\end{cases}$$

从递归公式看，本例题编写递归程序的两个要点，递归算法是 n!=n*(n-1)!，递归算法的结束条件是 1!=1 或 0!=1。

(2) 编写程序

```
#include <stdio.h>
int fac(int n)                  //定义递归函数 fac
{  int f;
   if(n<0)
      printf("n<0,data error!");
   else if(n==0||n==1)          //表示 1!=1 或者 0!=1
        f=1;
   else  f=fac(n-1)*n;          //表示 n!=n * (n-1)!
   return(f);
 }
int main()
 {  int n;  int y;
   printf("请输入数字，求阶乘:");
   scanf("%d",&n);
   y=fac(n);                    //调用 fac 函数，求 n!
   printf("%d!=%d\n",n,y);
   return 0;
}
```

程序运行结果如图 7-24 所示。

```
请输入数字，求阶乘:5
5!=120
```

图 7-24　例题 7-16 的运行结果

(3) 程序说明

主函数 main 中只有一个调用语句 fac(5)，递归函数 fac 却共被调用了 5 次，即如图 7-25 所示，有 fac (5)、fac (4)、fac (3)、fac (2)、fac (1)。只有 fac (5)是在主函数 main 中调用，其余 4 次是在 fac 函数中调用，即 fac 函数自己调用自己，递归调用 4 次。

2. 非数值问题

对于非数值问题，其本身难以用数学公式表达，求解非数值问题的一般方法是要设计一种算法，找到解决问题的一系列操作步骤。如果能够找到解决问题的一系列递归操作步骤，同样可用递归方法解决这些非数值问题。

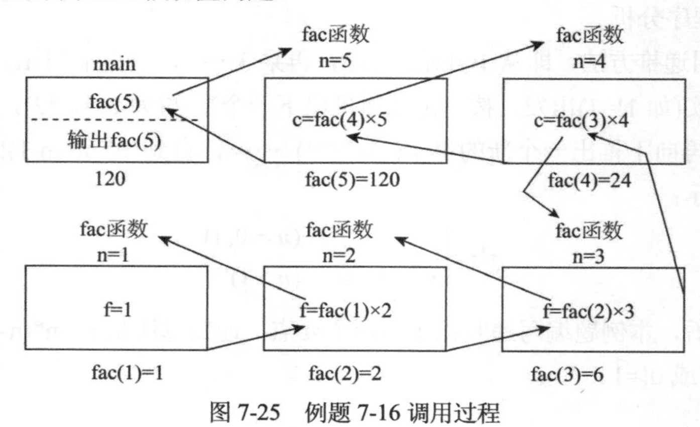

图 7-25　例题 7-16 调用过程

寻找非数值问题的递归算法常从分析问题本身的规律入手，先将问题进行化简，将问题的规模缩到最小，分析问题在最简单情况下的求解方法，将问题的规模缩到最小时的条件就是该递归算法的结束条件；再将问题分解成若干个小问题，其中至少有一个小问题具有与原问题相同的性质，得到的算法就是一个解决原问题的递归算法。

汉诺塔(Hanoi 塔)问题在数学界有很高的研究价值，也是我们所喜欢玩的一种益智游戏。相传在很久以前，在中东地区的一个寺庙里，几个和尚整天不停地移动着盘子，日复一日，年复一年，移盘不止，移动盘子的规则是：事先固定三根针，假设分别为A针、B针、C针，A针上套有64个中间带孔的盘子，盘子大小不等，大的在下，小的在上，要求把这64个盘子从A针移到C针，在移动过程中可以借助于B针，每次只允许移动一个盘子，且移动过程中的每一步都必须保证在三根针上都是大盘在下、小盘在上。据说当所有64个盘子全部移完的那一天就是世界的末日，故汉诺塔问题又被称为“世界末日问题”。

按n个盘子需要移动 2^n-1 次，把64个盘子都移动完毕约需 1.8×10^{19} 次，假设每秒移动一次，约需一万亿年，若用现代电子计算机计算，设一微秒可计算一次移动且不输出，也几乎需要一百万年。目前，由于计算机运算速度的限制，我们仅能找出问题的解决方法并解决较小n值的汉诺塔问题。

【例题 7-17】用递归方法，编写程序解决汉诺塔问题。

(1) 算法和程序分析

汉诺塔问题属于非数值问题，难以用数学公式表达其算法。从分析问题本身的规律入手，分两大步解决。第1大步将问题化简，当源A针上只有一个盘子，即n=1时，则只需要将1号盘从源A针移到目标C针；第2大步将问题分解，可分为3个小步骤操作：

第2.1步，将源A针上n−1个盘子借助于C针移到目标B针；

第2.2步，把源A针上剩下的一个n号盘子移到目标C针；

第2.3步，将源B针上n−1个盘子借助于A针移到目标C针。

可见，上述3步具有与原问题相同的性质，只是在问题的规模上比原问题有所缩小，可用递归实现。当源A针上只有一个盘子，即n=1时，则只需要将1号盘从源A针移到目标C针，这是递归结束的条件。对于有n(n>1)个盘子的汉诺塔，则需要先把前n−1个盘子从源针移动到辅助针，再把n号盘子移动到目标针，最后把前n−1个盘子移动到目标针，这是解决原问题的递归算法。整理上述分析结果，可写出如下完整的算法描述。

定义一个函数 void hanoi(int n,char a,char b,char c)，a为源针，b为借用针，c为目标针，函数hanoi的功能是将源针a上的n个盘子借助于借用针b移动到目标针c上，这样移动n个盘子的递归算法描述如下：

```
void hanoi (int n,char a,char b,char c)
{  if (n==1)  当源针 a 上只有一个盘子，即 n=1 时，
              则只需要将 1 号盘从源针 a 针移到目标针 c 针上；
      else
   {    第 1 步：将源针 a 的前 n-1 个盘子借助目标针 c 移动到借用针 b 上；
        第 2 步：将源针 a 上剩下的一个 n 号盘子移到目标针 c 针上；
        第 3 步：将借用针 b 针上的 n-1 个盘子借助于源针 a 移动到目标针 c 上。 }
}
```

以上第 1 步，第 3 步将源针上的盘子借助于借用针移动到目标针上，可以用递归算法描述。以上第 2 步，将源针上剩下的最后一个盘子移到目标针上，可定义一个函数 void move(int n,char a,char c)来描述。a 为源针，c 为目标针，函数 move 的功能是将编号为 n 的盘子由源针 a 移动到目标针 c。

(2) 编写程序

```
#include <stdio.h>
int i=1; //记录步数
 void move(int n,char a,char c)  //将编号为 n 的盘子由源针 a 移动到目标针 c
{   printf("第%d 步:将%d 号盘子%c---->%c\n",i++,n,a,c);
 }

void hanoi(int n,char a,char b,char c)  //将 n 个盘子由源针移动到目标针(利用借用针)
{   if (n==1)
  move(1,a,c);  //当只有一个盘子时，直接将源针 a 上的盘子移动到目标针 c
   else
   { hanoi(n-1,a,c,b); //将源针 a 上的前 n-1 个盘子借助目标针 c 移动到借用针 b 上
     move(n,a,c);     //将剩下的一个 n 号盘子从源针 a 移动到目标针 c 上
    hanoi(n-1,b,a,c); //将借用针 b 上的 n-1 个盘子借助于源针 a 移动到目标针 c 上
     }
}
int main()
{  printf("请输入盘子的个数:\n");
    int n;
    scanf("%d",&n);
    char x='A',y='B',z='C';
    printf("盘子移动情况如下:\n");
    hanoi(n,x,y,z);
    return 0;
}
```

程序运行结果如图 7-26 所示。

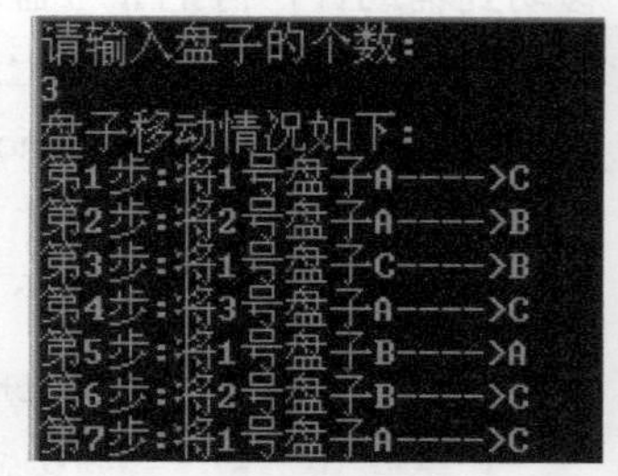

图 7-26　例题 7-17 的运行结果

(3) 程序说明

以 3 个盘子的移动为例，汉诺塔问题的移动分 7 步完成，如图 7-27 所示。

与程序运行结果一致，第 1 步，将 1 号盘子从 A 移到 C；第 2 步，将 2 号盘子从 A 移到 B；第 3 步，将 1 号盘子从 C 移到 B；第 4 步，将 3 号盘子从 A 移到 C；第 5 步，将 1 号盘子从 B 移到 A；第 6 步，将 2 号盘子从 B 移到 C；第 7 步，将 1 号盘子从 A 移到 C。

主函数 main 中只有一个调用语句 hanoi(n,x,y,z)，即 hanoi(3,A,B,C) 将源针 A 上的 3 个盘子借助于借用针 B 移到目标针 C 上。包括递归算法的“回溯”与“递推”阶段，本例题

的调用过程有14步，分三层递归，对应运行结果7步，如图7-28所示。

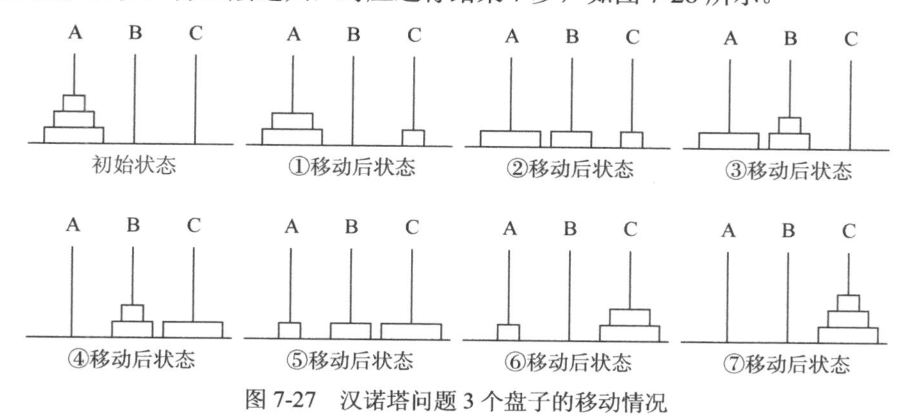

图7-27 汉诺塔问题3个盘子的移动情况

① 递归第一层，执行hanoi(3,A,B,C); 语句将源针A上的3个盘子借助于借用针B移动到目标针C上，需要执行hanoi(2,A,C,B); move(3,A,C); (对应运行结果第4步)hanoi(2,B,A,C); 三条语句。

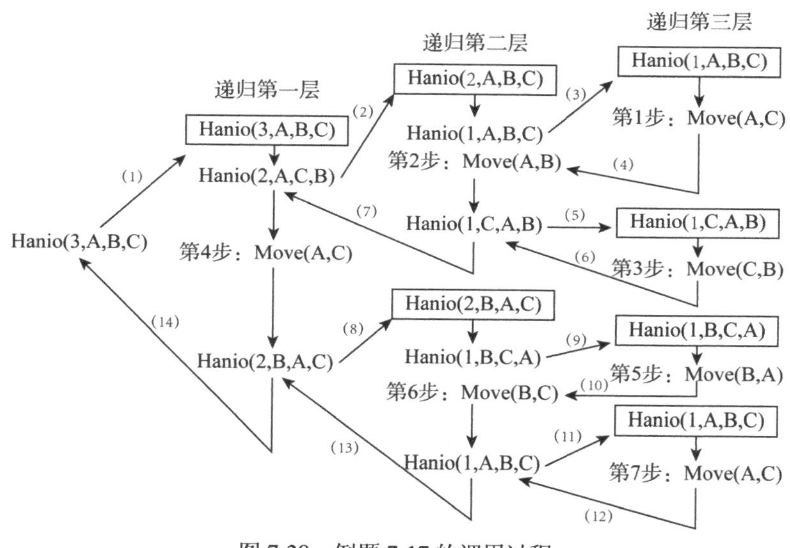

图7-28 例题7-17的调用过程

② 递归第二层分两步，第一步执行hanoi(2,A,C,B); 语句将源针A上的2个盘子借助于借用针C移动到目标针B上，需要执行hanoi(1,A,B,C); move(2,A,B) ; (对应运行结果第2步) hanoi(1,C,A,B);三条语句; 第二步执行hanoi(2,B,A,C);语句将源针B上的2个盘子借助于借用针A移动到目标针C上，需要执行hanoi(1,B,C,A); move(2,B,C);(对应运行结果第6步)hanoi(1,A,B,C);三条语句。

③ 递归第三层分四步，第一步执行hanoi(1,A,B,C) ;语句将源针A上的1个盘子借助于借用针B移动到目标针C上，仅需要执行move(1,A,B); (对应运行结果第1步)一条语句; 第二步执行hanoi(1,C,A,B);语句将源针C上的1个盘子借助于借用针A移动到目标针B上，仅需要执行move(1,C,B); (对应运行结果第3步)一条语句; 第三步执行hanoi(1,B,C,A);语句

将源针 B 上的 1 个盘子借助于借用针 C 移动到目标针 A 上，仅需要执行 move(1,B,A);(对应运行结果第 5 步)一条语句；第四步执行 hanoi(1,A,B,C);语句将源针 A 上的 1 个盘子借助于借用针 B 移动到目标针 C 上，仅需要执行 move(1,A,C); (对应运行结果第 7 步)一条语句。

7.7　变量的作用域与存储方式

前面已经介绍过，变量实际上是程序员可操纵的一个存储空间，每一个变量都有一个特定的数据类型，它决定了变量的存储空间的大小。在 C 语言中，每一个变量还有作用域表示变量的有效作用范围，生存期决定变量在存储空间中的存储方式。从变量作用域的角度看，变量可分为全局变量和局部变量。从变量生存期看，变量的存储有两种不同的方式，即静态存储方式和动态存储方式。

7.7.1　变量的作用域

变量只能在作用域范围内起作用，而在作用域以外是不能被访问的。变量的有效作用域从该变量的定义点开始，到和定义变量之前最邻近的开括号({)配对的第一个闭括号(})止。也就是说，作用域由变量所在的最近一对括号确定。我们定义变量可能有三种情况，在函数内的开头定义，在函数中的复合语句内定义，在函数的外部定义。

1. 局部变量

在一个函数内定义的变量只在本函数范围内有效，在复合语句内定义的变量只在本复合语句范围内有效，在函数内或复合语句内定义的变量称为“局部变量”。

【例题 7-18】阅读程序运行结果，进一步掌握局部变量。

```
#include <stdio.h>
void fun1( int a) //定义 fun1 函数
{ int b=1,c=2;   //变量 a、b、c 仅在 fun1 函数内有效
  printf("fun1 函数：a=%d,b=%d,c=%d\n",a,b,c);
}
int main ( )
{ int a=3,b=4; //变量 a、b 仅在 main 函数内有效
   { int c;   //变量 c 仅在复合语句内有效
     c=a+b;
     printf("复合语句内：a=%d,b=%d,c=%d\n",a,b,c);
   }
 fun1(6);   //调用 fun1 函数
 printf("main 函数：a=%d,b=%d\n",a,b);
 return 0;
}
```

（框注：变量 a、b、c 的有效范围；变量 c 的有效范围；变量 a、b 的有效范围）

程序运行结果如图 7-29 所示。

程序说明：

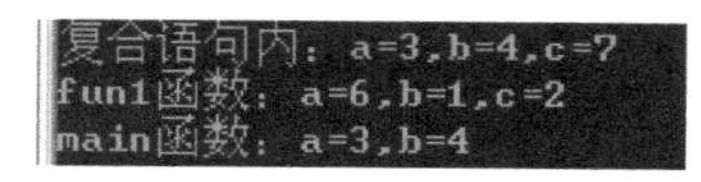

图 7-29　例题 7-18 的运行结果

(1) 在一个函数内定义的变量只在本函数范围内有效，如在主函数 main 中定义的变量 a、b 也仅在 main 函数内有效，并不因为是主函数而在整个程序或文件中有效。故由 main 函数中 int a=3,b=4; printf("main 函数：a=%d,b=%d\n",a,b); 输出“main 函数：a=3,b=4”。

(2) 形式参数也是局部变量，如 fun1 函数中的形参 a 仅在 fun1 函数内有效。其他函数可调用 fun1 函数，但不能直接引用 fun1 函数中的形参 a。fun1 函数定义中的变量 b、c 也仅在 fun1 函数内有效，故由 fun1 函数定义中的语句 int b=1,c=2;和 main 函数中的调用语句 fun1(6); 输出“fun1 函数：a=6,b=1,c=2”。

(3) 不同函数中可使用同名变量，如 fun1 函数中有变量 a、b、c，main 函数中也有变量 a、b、c。它们代表不同的对象，互不干扰，就像不同班有同名的学生一样。如 fun1 函数定义中的变量 a 与主函数 main 中定义的变量 a，在内存中占用不同的存储空间，互不干扰。

(4) 在函数内部，由一对花括号括起来的复合语句内定义的变量只在本复合语句范围内有效，如在函数 main 内的复合语句中定义了变量 c，变量 c 仅在该花括号内有效。复合语句中没有定义变量 a、b，但此时在 main 函数内，其内定义的变量 a、b 仍有效，故复合语句中 printf("复合语句内：a=%d,b=%d,c=%d\n",a,b,c); 输出“复合语句内：a=3,b=4,c=7”。

2. 全局变量

在函数内定义的变量是局部变量，而在函数之外定义的变量称为外部变量，外部变量也称“全局变量”。全局变量可由本文件中的其他函数共用，有效范围为从定义变量的位置开始到本源文件结束。

【例题 7-19】阅读程序运行结果，进一步掌握全局变量。

```
#include <stdio.h>
int a=1,b=2;                 //函数外部的变量 a、b 为全局变量
int max (int a,int b)        //定义 max 函数
{  int c;                    //max 函数内定义的变量 a、b、c 为局部变量
   c=a>b?a:b;
   return(c);
}
int main()
{ int s=0,a=3;               //main 函数内定义的变量 a、s 为局部变量
  s=max(a,b);                //调用 max 函数
  printf("s=%d\n",s);
  return 0;
}
```

程序运行结果如图 7-30 所示。

s=3

图 7-30　例题 7-19 的运行结果

程序说明：

(1) 定义在函数外部的变量 a、b 为全局变量，可由本程序中的其他

函数共用，有效范围为从定义变量的位置开始到本源文件结束。在 main 函数内定义的变量 a、s 为局部变量，只在本函数范围内有效。在 max 函数内定义的变量 a、b、c 为局部变量，只在本函数范围内有效。

(2) 如果在同一个文件或程序中，全局变量与局部变量同名，则在局部变量作用范围内，全局变量被“屏蔽”，即全局变量不起作用，局部变量有效。在执行调用语句 s=max(a,b);时，函数外部的全局变量 a (a=1)和 main 函数内定义的局部变量 a(a=3)都有效。此时在局部变量 a 作用范围内，全局变量 a 被“屏蔽”，则调用语句 s=max(a,b);中的 a 为局部变量 a(a=3)，b 仍为函数外部的全局变量 b(b=2)，故运行结果为“s=3”。

7.7.2　变量的存储方式

用户存储空间可分为程序区、静态存储区和动态存储区三个部分。

静态存储区存放的数据有全局变量和定义为 static 的局部变量。以静态存储方式存储的变量称为静态存储变量，它们在程序编译时分配存储空间并初始化，整个程序运行完才释放。在程序执行过程中它们占据固定的存储空间，而不动态进行分配和释放。

动态存储区存放的数据有函数形式参数、自动变量(未加 static 声明的局部变量)和函数调用时的现场保护和返回地址。以动态存储方式存储的变量称为动态存储变量，它们在函数开始执行时分配动态存储空间，其值在函数执行期间被赋值，函数执行结束时释放这些空间。

1. 动态存储变量

函数中的局部变量，如不声明为 static 存储类别，都是动态地分配存储空间，其数据都存储在动态存储区中。如函数中的形式参数、在函数内定义的变量，在复合语句中定义的变量都属于动态存储变量。这类局部变量称为动态存储变量，又称自动类变量，用关键字 auto 声明存储类别。在调用该函数时系统会给它们分配存储空间，在函数调用结束时将自动释放这些存储空间。

例如函数 fun2 中的动态存储变量：

```
int fun2(int a)
{  auto int b,c=3;  …… }
```

在 fun2 函数定义中，形式参数 a，局部变量 b、c 都属于动态存储变量，当执行 fun2 函数时，为变量 a、b、c 在动态存储区分配存储空间，fun2 函数执行结束后，自动释放变量 a、b、c 所占的存储空间。其中，如果变量是动态存储变量，关键字 auto 可以省略，

本教材前面章节的程序都省略了关键字 auto。

2. 用 static 声明的局部静态存储变量

函数中局部变量的值在函数调用结束后会消失，若希望局部变量的值不消失而保留原值，则可以指定局部变量为“静态存储变量”，用关键字 static 进行声明。用 static 声明的局部静态存储变量在程序开始执行时分配存储区，程序运行完毕后才释放。在程序执行过程中它们占据固定的存储空间，而不动态进行分配和释放。

【例题 7-20】阅读程序运行结果，进一步理解 static 声明。

```
#include <stdio.h>
void fun3()
{ auto int x=1;        //变量 x 用 auto 声明，是动态存储变量
  static int y=10;    //变量 y 用 static 声明，是静态存储变量
  x=x+1;
  y=y+1;
  printf("x=%d,y=%d,x+y=%d\n",x,y,x+y);
}
int main()
{ int i;
  for(i=1;i<=2;i++) fun3();    //循环语句使函数 fun3 被调用了两次
  return 0;
}
```

程序运行结果如图 7-31 所示。

```
x=2,y=11,x+y=13
x=2,y=12,x+y=14
```

图 7-31　例题 7-20 的运行结果

程序说明：

(1) 动态存储变量用 auto 声明，auto 可省略，故主函数 main 中的变量 i 和函数 fun3 中的变量 x 都是动态存储变量。在调用函数时，系统给它们分配存储空间，其值是在该函数执行期间被赋值的，在函数执行结束时就自动释放这些存储空间。

(2) 函数 fun3 中的变量 y 用 static 声明，是静态存储变量。静态存储变量是在程序编译时得到存储空间并被初始化的，如变量 y 是在程序编译时就得到存储空间并初始化为 10。变量 y 在整个程序执行过程中一直占用同一个存储单元，程序执行结束时才被释放，所以静态变量 y 一直保留前一次的值。

(3) 主函数 main 中的循环语句 for(i=1;i<=2;i++) fun3();使函数 fun3 被调用了两次。第一次调用函数 fun3，动态存储变量 x=1，x+1 后为 2；静态存储变量 y=10，y+1 后为 11；故输出“x=2,y=11,x+y=13”。第二次调用函数 fun3，动态存储变量 x 不保留前一次的值，仍为 x=1，x+1 后为 2；静态存储变量 y 保留前一次的值 y=11，y+1 后为 12；故输出“x=2,y=12,x+y=14”。

关于变量的存储方式，还有以下几点需要说明：

(1) 静态局部变量在编译时初始化，即赋初值，并只赋初值一次，如果函数被多次调用，静态变量将保留前一次的值。而对动态局部变量赋初值是在函数调用时进行，每调用一次函数重新赋一次初值，因此当函数被多次调用，动态变量将不能保留前一次的值。

(2) 如果在定义局部变量时不赋初值，对静态局部变量来说，编译时自动对数值型变量赋初值为 0，对字符变量赋初值为空字符。而对动态局部变量来说，如果不赋初值，则它的值是一个不确定的值。

(3) 在 C 语言中，每个变量和函数都有数据类型和数据的存储类别两个属性。变量的存储类型除了上述使用的 auto 和 static 外，还包括 register、extern。

本 章 小 结

函数是 C 语言的基本单位，是程序设计的重要手段，C 程序可包含一个主函数和多个其他函数。C 程序必须有且只能有一个名为 main 的主函数，其执行总是从 main 函数开始，到 main()函数结束。

函数，与变量一样，也必须“先定义，后使用”。函数定义包括函数首部和函数体两部分；函数首部包括返回数据类型、函数名和形式参数列表；函数体由一对花括号和包含在其中的语句(声明部分和执行部分)组成。

函数声明与函数定义是有区别的，函数声明可与函数定义分开，一个函数只可以定义一次，但可声明多次。函数声明适用于被调函数的定义出现在主调函数之后的情况。

在 C 程序中，通过对函数的调用来执行被调函数的函数定义中函数体内的代码，来实现函数的功能。按照函数调用在程序中出现的形式与位置来分，函数调用的形式分为函数语句调用、函数表达式调用和函数参数调用三种形式。

主调函数向被调函数的数据传递是通过参数实现的，参数传递方式有两种：值传递和地址传递。以数组作为函数的参数为例，数组元素作为参数传递是传值方式，数组名作为参数传递是传地址方式。

C 语言的函数定义都是互相平行、独立的，一个函数并不从属于另一个函数，也就是说在定义函数时，一个函数内不能包含另一个函数的定义。C 语句不能嵌套定义函数，但可以嵌套调用函数。

C 语言的特点之一就在于允许函数的递归调用。若在调用一个函数的过程中又直接或间接地调用该函数本身，则称为函数的递归调用。编写递归程序有两个要点：一是要找到正确的递归算法，这是编写递归程序的基础；二是要确定递归算法的结束条件，这是决定递归程序能否正常结束的关键。

每个变量都有一个特定的数据类型决定变量的存储空间大小，还有作用域表示变量作用的有效范围，生存期决定变量在存储空间中的存储方式。从变量作用域的角度看，变量可分为全局变量和局部变量。从变量生存期看，变量的存储有两种不同的方式，即静态存储方式和动态存储方式。

通过本章的学习，要求读者能理解函数的概念，建立模块化程序设计的思想。

习 题 7

一、选择题

1. 以下叙述正确的是(　　)。

　A. C 语言程序是由过程和函数组成的

B. C 语言函数可嵌套调用，例如：fun(fun(x))

C. C 语言函数不可以单独编译

D. C 语言中除了 main 函数，其他函数不可以作为单独文件形式存在

2. 下列叙述中正确的是(　　)。

A. C 语言程序将从源程序中第一个函数开始执行

B. 可在程序中由用户指定任意一个函数作为主函数，程序将从此开始执行

C. C 语言规定必须用 main 作为主函数名，程序将从此开始执行，在此结束

D. main 可作为用户标识符，用于命名任意一个函数作为主函数。

3. 以下正确的函数定义形式是(　　)。

A. double　fun(int x,int y);{　}　　B. double　fun(int x ;int y){ }

C. double　fun(int x,int y){　}　　D. double　fun(int x, y);{ }

4. 以下关于 return 语句叙述中正确的是(　　)。

A. 一个自定义函数中必须有一条 return 语句

B. 一个自定义函数中可以根据不同情况设置多条 return 语句

C. 定义 void 类型的函数中可以有带返回值的 return 语句

D. 没有 return 语句的自定义函数在执行结束时不能返回到调用处

5. 有以下程序：

```
#include <stdio.h>
int f(int x);
int main()
{ int n=1,m;  m=f(f(f(n)));  printf("%d\n",m); return 0;}
int f(int x)
{ return x*2;}
```

程序运行的输出结果(　　)。

A. 1　　B. 2　　C. 4　　D. 8

6. 设有如下函数定义：

```
int fun(int k)
{ if (k<1)  return 0;
  else if(k==1)  return 1;
  else return  fun(k-1)+1;}
```

若执行调用语句：n=fun(3);，则函数 fun 总共被调用的次数是(　　)。

A. 2　　B. 3　　C. 4　　D. 5

7. 对于在 C 语言源程序文件中定义的全局变量，其作用域为(　　)

A. 所在文件的全部范围　　B. 所在程序的全部范围

C. 所在函数的全部范围　　D. 由具体定义位置和 extern 说明来决定范围

8. 在 C 语言中，对于只有在使用时才占用内存单元的变量，其存储类型是(　　)。

A. auto 和 register　　B. extern 和 register

C. auto 和 static　　D. static 和 register

9. 以下说法不正确的是(　　)。

A. 标准库函数按分类在不同的头文件中声明

B. 用户可重新定义标准库函数

C. 系统不允许用户重新定义标准库函数

D. 用户若需要调用标准库函数，调用前必须使用预编译命令将该函数所在文件添加到用户源文件中

10. 以下程序的主函数调用了其前定义的 fun 函数：

```
#include<stdio.h>
int main()
{double a[15],k;
 k=fun(a); return 0;
}
```

则以下选项中错误的 fun 函数首部是(　　)。

A. double　fun(double　a[15])　　B. double　fun(double　*a)

C. double　fun(double　a[])　　D. double　fun(double　a)

二、程序阅读题

1. 有以下程序：

```
#include <stdio.h>
fun(int x)
{  if(x/2>0) fun(x/2);  printf("%d  ",x);  }
int main()
{  fun(6);
   printf("\n");
   return 0;
}
```

程序运行后的输出结果是________。

2. 有以下程序：

```
#include<stdio.h>
int a=5;
void fun(int b)
{   int a=10;   a+=b;  printf("%d",a);   }
 int main()
{  int c=20;   fun(c); a+=c;
   printf("%d\n",a);
    return 0;}
```

程序运行后的输出结果是________。

3. 有以下程序：

```
#include<stdio.h>
int f(int x,int y)
{ return ((y-x)*x);}
int main()
{ int a=3,b=4,c=5,d;
d=f(f(a,b),f(a,c));
printf("%d\n",d);
return 0;}
```

程序运行后的输出结果是________。

4. 有以下程序：

```
#include <stdio.h>
int fun()
{ static int x=1;
  x*=2;
  return x;
}
int main()
{ int i,s=1;
for(i=1;i<=3;i++) s*=fun();
printf("%d\n",s);
return 0;}
```

程序运行后的输出结果是________。

5. 有以下程序：

```
#include <stdio.h>
void fun(int p)
{ int d=2; p=d++; printf("%d",p);  }
int main()
{ int a=1;fun(a); printf("%d\n",a);
 return 0;}
```

程序运行后的输出结果是________。

三、编程题

1. 编写一个函数，统计任意一串字符中数字字符的个数，并在主函数中调用此函数。

2. 编写一个函数，对任意 n 个整数排序，并在主函数中输入 10 个整数，调用此函数排序。

3. 编写一个函数，将任意 n×n 的矩阵转置，并在主函数中调用此函数将一个 3×3 矩阵进行转置，并输出结果。

4. 编写两个函数，分别求两个整数的最大公约数和最小公倍数，用主函数调用这两个函数，并输出结果。要求两个整数由键盘输入，可求任意两个整数的最大公约数和最小公倍数。

5. 编写一个函数，求任意 n 个整数的最大数及其位置，并在主函数中输入 10 个整数，调用此函数。

6. 编写一个函数，分别统计任意一串字符中字母的个数，并在主函数中调用此函数。

7. 编写一个函数，使输入的一个字符串按反序存放，并在主函数中输入、输出字符串。

8. 编写一个函数，由实参传来一个字符串，统计此字符串中字母、数字、空格和其他字符的个数，并在主函数中输入字符串，输出上述统计结果。

9. 某班有 10 个学生五门课的成绩，分别编写 3 个函数实现以下要求：

(1) 每个学生平均分；(2)每门课的平均分；(3)找出最高分所对应的学生和课程。

在主函数中输入 10 个学生五门课的成绩，并调用上述函数输出结果。

10. 某班有 10 个学生三门课的成绩，分别编写两个函数实现以下要求：

(1) 找出有两门以上不及格的学生，并输出其学号和不及格课程的成绩；

(2) 找出三门课平均成绩在 85～90 分的学生，并输出其学号和姓名。

在主函数中输入 10 个学生三门课的成绩，并调用上述函数输出结果。

第8章　指　针

指针是C语言中的一个重要概念，也是C语言的一个重要特色，指针的使用非常灵活，通过指针，可灵活访问各种数据、有效地表示复杂数据结构、方便地使用数组和字符串，还可处理内存地址、访问硬件底层、动态分配和管理内存，从而编写出精炼而高效的程序。

指针的概念比较复杂，使用较灵活，使用上的灵活性容易导致指针使用不当，会造成许多意想不到的错误。在学习中必须多编程，多上机实践。

本章教学内容：

- 指针的概念
- 指针变量
- 指针与数组
- 指针与字符串
- 指向函数的指针
- 返回指针值的函数
- 指针数组

本章教学目标：

- 理解指针与指针变量的概念
- 掌握指针变量的定义、初始化、赋值、引用及运算。
- 掌握一维数组和二维数组的指针访问方法。
- 掌握字符指针的应用。
- 掌握指针数组的使用方法以及与指向一维数组的指针的区别。
- 了解以下用法：指针数组作为函数的参数、指向函数的指针及指针作为函数返回值。

8.1　指针的概念

计算机硬件系统的内存储器中，拥有大量的存储单元。一般把存储器中的若干个字节称为一个存储单元。为方便管理，为每个存储单元编号，这个编号就是存储单元的地址。每个存储单元都有一个唯一的地址，根据一个内存单元的地址可准确地找到该内存单元。内存单元的地址和内存单元的内容(值)是两个不同的概念，就像一个房间的房间号和该房间的住客一样。

C语言中，当定义一个变量时，编译器会为这个变量分配一块连续的内存单元，不同的数据类型的变量所占用的内存单元的个数不同。C语言规定，当一个内存变量占用多个内存单元时，将若干个连续的内存单元中的第一个单元的地址(即若干个单元中编号最小的那个内存单元的地址)作为该变量的地址。

内存中每一个字节都有一个编号，这就是内存单元的“地址”，它相当于宾馆中的房间号。在地址所标志的内存单元中存放的数据，相当于宾馆中居住的客人一样。通过地址就能找到所需的变量，即地址指向该变量。打个比方，某个宾馆的房间编号为 1101，这个 1101 就是房间的地址，或者说 1101 指向该房间。在 C 语言中，将地址形象地称为“指针”，意思是通过它能找到以它为地址的内存单元。

读者应了解变量的名称、变量的内容(值)、变量的地址三个概念的联系和区别。变量的名称是给变量空间取的一个易记的名字，变量在内存中的地址编号就是变量的地址，在地址所对应的内存单元中存放的数值就是变量的内容或值。

变量的存储单元是在编译时或程序运行时分配的，变量的地址不能人为确定，需要通过地址运算符&获取。例如，在如下程序段中：

```
int a;float b;char c;
scanf("%d%f%c",&a,&b,&c);
printf("%d,%f,%c",a,b,c);
```

由&a,&b,&c 分别得到变量 a,b,c 的内存地址。系统接收输入的三个值，分别放入 a,b,c 的内存地址中。输入时，根据内存单元的地址，找到相应的内存单元后输出。

一个变量的地址称为该变量的“指针”，专门存放变量地址的变量就是指针变量。指针变量就是地址变量(存放地址的变量)，指针变量的值(即指针变量中存放的值)是地址。

如图 8-1 所示，指针变量 p 存放整型变量 a 的地址，这样由指针变量 p 的值(图 8-1 中为 3012)就可以找到变量 a，因此指针变量 p 指向变量 a，指针变量中存放的地址就称为“指针”，指针就是地址。

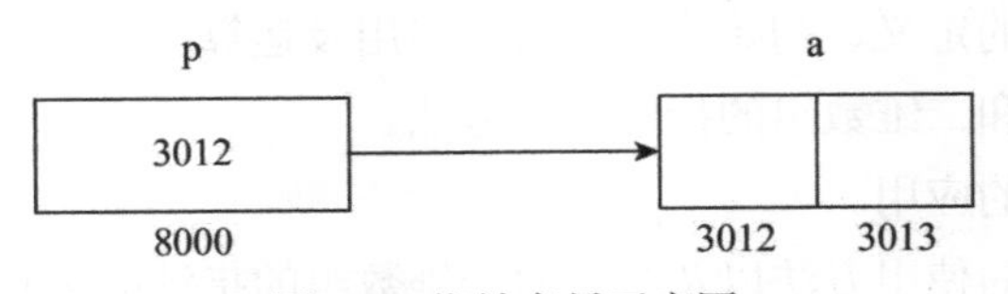

图 8-1　指针变量示意图

定义整型变量 a 后，系统在程序编译时给变量 a 分配了内存单元，每个变量都有相应的起始地址，如果向变量 a 赋值，例如 a=5，系统根据变量名 a 查出它相应的地址 3012，然后将整数 5 存放到起始地址为 3012 的存储单元中，这种直接按变量名访问的方式，称为“直接访问”方式。

将变量 a 的地址存放到另一个指针变量 p 中，然后通过指针变量 p 找到变量 a 的地址，从而访问 a 的方式，称为“间接访问”方式。打个比方，为打开甲保险箱，有两种方法，一种是将甲的钥匙带在身上，需要时直接找出甲的钥匙，打开甲保险箱。还有一种方法是将甲的钥匙放到乙保险箱中，如果需要打开甲保险箱，就先找出乙的钥匙，打开乙保险箱，得到甲保险箱的钥匙，用甲的钥匙打开甲保险箱，这就是“间接访问”。

8.2 指针变量

8.2.1 指针变量的定义

指针变量是专门来存放内存地址的变量，它是一种特殊变量，其特殊之处在于它的变量值是地址，而不是普通数据。

在C语言中，规定所有的变量在使用前都必须先定义后使用，指针变量也不例外，在引用指针变量之前必须先定义，定义指针变量的语句是：

```
基类型 *指针变量名;
```

其中，*表示这是一个指针类型的变量，其类型表示本指针变量所指向的变量的数据类型，即本指针变量中存放的是什么数据类型变量的地址。

例如：int *p;

float *q;

其中指针变量p指向整型变量，指针q指向float型变量。至于指针p具体指向哪个整型变量，应该由向p赋予的地址来决定，当指针变量赋值后，程序可通过指针p访问所指向的变量。

说明：

(1) 指针是一种数据类型，指针前面的“*”的意思是“指向”，表示该变量为指针变量。注意，指针变量名是p,q，不是*p,*q，指针变量名不包括“*”。

(2) 在定义指针变量时，必须指定基类型。我们知道，整型数据和实型数据在内存中所占的字节数是不相同的，一个指针变量只能指向同一个类型的变量，上面定义中的指针p只能指向整型变量，不能先指向整型变量，再指向实型变量。

(3) 从语法上讲，指针变量可指向任何数据类型的对象，如整型、实型、字符型、数组、函数、结构体等，从而表示复杂的数据类型。

8.2.2 指针变量的赋值

指针变量与普通变量一样，在使用之前不仅要定义说明，而且必须赋予具体的值。未经赋值的指针变量不能使用，否则会造成系统混乱。指针变量的值只能是地址，不能赋予任何其他数据，否则会引起错误。指针变量可通过不同的方法获取一个地址值。

1. 通过地址运算符“&”赋值

地址运算符“&”是单目运算符，运算对象放在地址运算符“&”的右边，用于求出运算对象的地址，通过地址运算符“&”可将一个变量的地址赋给指针变量。例如：

```
int  a,*p;
p=&a;
```

执行后变量 a 的地址赋给指针变量 p，指针变量 p 就指向变量 a。

2. 指针变量的初始化

与动态变量的初值一样，在定义了一个动态的指针变量后，其初值也是一个不确定的值。可在定义指针变量时给指针变量赋初值。例如：

int a, *p=&a;把变量 a 的地址赋给指针变量，这条语句等价于 int a, *p; p=&a;两条语句。

3. 通过其他指针变量赋值

可通过赋值运算符，将一个指针变量的地址赋给另一个指针变量。这样两个指针变量指向同一地址。

```
int a,*p1,*p2;
p1=&a;
p2=p1;
```

执行后指针变量 p2 和 p1 都指向整型变量 a。

需要注意，将一个指针变量的值赋给另一个指针变量时，这两个指针变量的基类型必须相同。

4. 用 NULL 给指针变量赋空值

除了给指针变量赋地址值外，还可给指针变量赋空值。例如：

```
int *p=null;
```

NULL 是 C 语言在头文件 stdio.h 中定义的一个符号常量，在使用 NULL 时，需要在程序中加上文件包含语句#include"stdio.h"。在执行该语句后，p 为空指针。在 C 语言中当指针值为 NULL 时，指针不指向任何有效数据，因此在程序中为防止错误地使用指针来存取数据，常在指针使用前，先赋初值为 NULL。NULL 可赋值给任何类型的指针变量。需要注意的是，指针变量赋空值和未对指针变量赋值的意义是不同的。

8.2.3　指针的运算

(1) 指向运算符*

指向运算符*作用在指针(地址)上，代表该指针所指向的存储单元，实现间接访问，因此又叫“间接访问运算符”。例如

```
int a=3,*p;
p=&a;
printf("%d",*p);
```

指向运算符*为单目运算符。根据运算符的作用，指向运算符*和地址运算符&互逆。

```
*(&a)==a    &(*p)==p
```

注意：在定义指针变量时，“*”表示其后是指针变量，在执行部分的表达式中，“*”表示其后是指向运算符。

【例题 8-1】通过指针变量访问整型变量。

```
#include<stdio.h>
int main ( )
{int a=123,*p;
 p=&a;
 printf("%d,%d\n",a,*p);
 *p=456;
 printf("%d,%d\n",a,*p);
 return 0;
}
```

程序第 3 行语句中，*p 表示定义了一个指针变量，随后 p 指向变量 a，所以第 1 个 printf 语句的结果都是 123，语句*p=456 表示把整数 456 赋给指针变量所指向的变量 a，该语句等价于 a=456，所以第 2 个 printf 语句的结果都是 456。

程序的运行结果如图 8-2 所示。

```
123,123
456,456
Press any key to continue
```

图 8-2　例题 8-1 的运行结果

(2) 指针的算术运算

一个指针可以加减一个整数 n，但其结果不是指针值直接加减 n，其结果与指针所指向变量的数据类型有关，指针变量的值应增加或减少 n*sizeof(指针类型)。

若 int a=3;

　int *p=&a;

设变量 a 的起始地址为 3000，则执行 p=p+3;后，指针下移三个整型的位置，p 的值应该是 3000+3*sizeof(int)=3000+3*2=3006，不应是 3003。

总结如下：

p=p+n，表示 p 向高地址方向移动 n 个存储单元(一个存储单元是指指针变量所占的存储空间)。

p=p-n，表示 p 向低地址方向移动 n 个存储单元(一个存储单元是指指针变量所占的存储空间)。

p++、++p 表示当前指针 p 向高地址移动 1 个存储单元。其中，p++表示先引用 p，再将 p 向高地址方向移动一个存储单元，++p 表示先移动指针再引用 p。

p--、--p 表示当前指针 p 向低地址移动 1 个存储单元。其中，p--表示先引用 p，再将 p 向低地址方向移动一个存储单元，--p 表示先移动指针再引用 p。

值得注意的是，同类型的指针可进行相减，其值是两个指针相距的元素个数，不能进行相加、相乘、相除运算。

(3) 指针的关系运算

与基本类型变量一样，指针可进行关系运算。在关系表达式中允许对两个指针进行所有的关系运算。

在指针进行关系运算前，指针必须指向确定的变量，即指针必须有初始值。另外只有相同类型的指针才能进行比较。

【例题 8-2】输入 a 和 b 两个整数，按从大到小的顺序输出 a 和 b。

```
#include<stdio.h>
int main()
{ int a,b,*p1,*p2,*p;
  scanf("%d%d",&a,&b);
  p1=&a;
  p2=&b;
if(a<b)
  { p=p1;p1=p2;p2=p;}
    printf("a=%d,b=%d\n",a,b);
    printf("max=%d,min=%d\n",*p1,*p2);
  return 0;
}
```

程序运行结果如图 8-3 所示。

```
3 5
a=3,b=5
max=5,min=3
Press any key to continue_
```

图 8-3　例题 8-2 的运行结果

说明：

本题中变量 a 和 b 的值并未交换，它们仍保持原值，但 p1 和 p2 的值改变了。p1 的值原为&a，后来变成&b；p2 原值为&b，后来变成&a。这样在输出*p1 和*p2 时，实际上是输出变量 b 和变量 a 的值，所以先输出 5，再输出 3(注意：*p1 代表 p1 所指向的变量，而 p1 为指针变量)。

指针变量值的交换情况见图 8-4 和图 8-5。

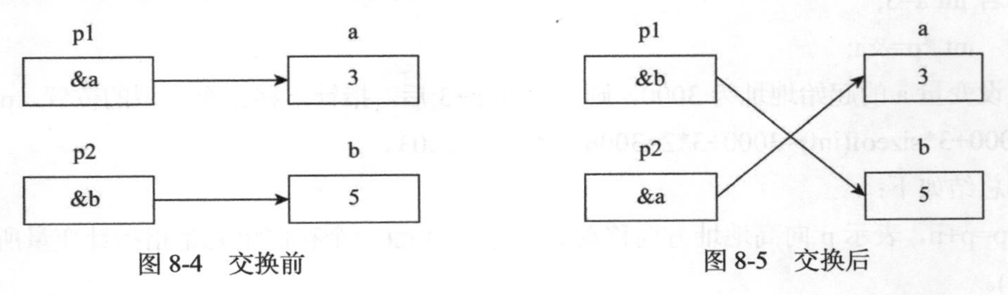

图 8-4　交换前　　　　图 8-5　交换后

本题并不交换整型变量的值，而是交换两个指针变量的值。

8.2.4　多级指针

按照上述指针的思路，可以推广到二级指针、三级指针、四级指针……。若一个指针指向不是一个最终的目的地址，而是指向一个指向目标的指针，则表示建立了一个多级指针或者成为指向指针的指针，如图 8-6 所示。

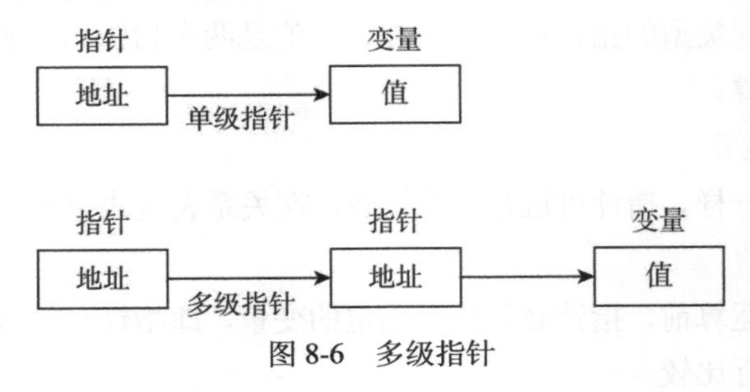

图 8-6　多级指针

使用多级指针的要点是：

(1) 多级指针变量均用基类型定义，定义 m 级指针变量，变量名前放 m 个*。

(2) 各指针变量都应取得低一级指针变量的地址后才能应用。

(3) 引用 m 级指针变量访问最终的普通变量时，变量名前需要使用个指向运算符*。

【例题 8-3】多级指针使用实例。

```
#include<stdio.h>
int main ( )
{ int a=5;
  int *p1,**p2,***p3;
  p1=&a;p2=&p1;p3=&p2;
  printf("%d\n",***p3);
return 0;
}
```

程序运行结果如图 8-7 所示：

```
5
Press any key to continue
```

图 8-7　例题 8-3 的运行结果

8.3　指针与数组

指针与数组具有密切的关系，任何能由数组下标完成的操作都可以用指针来实现，程序中使用指针可使代码更紧凑，更灵活。

8.3.1　指针与一维数组

一个数组的元素在内存中是连续存放的，数组第一个元素的地址称为数组的首地址。C 语言规定数组名是该数组的首地址，例如，有如下定义语句：

```
int a[10],*p;
```

则语句 p=a;和 p=&a[0]是等价的，都表示指针 p 指向数组 a 的首地址。

注意：C 语言规定，数组首地址即数组名是一个地址常量，是不能改变的，a++;是非法的。

若数组的首地址是 a，且指针变量 p 指向该数组的首地址(即 p=a;)，则：

数组的第 0 个元素 a[0]的地址是 a(等价于 p)；

数组的第 1 个元素 a[1]的地址是 a+1(等价于 p+1)；

数组的第 2 个元素 a[2]的地址是 a+2(等价于 p+2)；

……

数组的第 i 个元素 a[i]的地址是 a+i(等价于 p+i)；

……

数组的第 n-1 个元素 a[n-1]的地址是 a+n-1(等价于 p+n-1)。

引用数组可以使用下标法，也可以使用指针法，即通过指向数组元素的指针找到所需要的元素，也就是说任何能由数组下标完成的操作都可以用指针来实现，而且使用指针的程序代码更紧凑、更灵活。

由于 a+i 为 a[i]的地址，因此用指针给出数组元素的地址和内容有以下几种表示形式：

(1) p+i 和 a+i 都表示 a[i]的地址，它们都指向 a[i]。

(2) *(p+i)和*(a+i)都表示 p+i 或者 a+i 所指向对象的内容，即 a[i]。

(3) 指向数组元素的指针，也可表示成数组的形式，也就是说指针变量也可带有下标，如 p[i]与*(p+i)等价。

总结一下：若定义了一维数组 a 和指针变量 p，且 p=a，则有如下等价规则，如图 8-8 所示：

a[i] —相互等价— p[i] —相互等价— *(a+i) —相互等价— *(p+i)

&a[i] —相互等价— &p[i] —相互等价— a+i —相互等价— p+i

图 8-8　等价形式

以上假设 p 所指向的数据类型与数组 a 元素的数据类型一致，i 为整型表达式。

需要注意，虽然 p+i 与 a+i、*(p+i)与*(a+i)意义相同，但仍应注意 p 和 a 的区别，a 代表数组的首地址，是常量，不可变化，p 是一个指针变量，是可以变化的。

【例题 8-4】利用下标法实现数组中元素的输入和输出。

```
#include<stdio.h>
int main()
{int a[10],i;
printf("请输入 10 个整数：");
for(i=0;i<10;i++)
  scanf("%d",&a[i]);
printf("输出 10 个整数：");
for(i=0;i<10;i++)
  printf("%3d",a[i]);
return 0;
}
```

【例题 8-5】利用指针法实现数组中的元素的输入和输出。

```
#include<stdio.h>
int main()
{int a[10],*p,i;
p=a;
printf("请输入 10 个整数：");
for(i=0;i<10;i++)
```

```
  scanf("%d",p+i);
printf("输出 10 个整数: ");
for(i=0;i<10;i++)
  printf("%3d",*(p+i));
return 0;
}
```

【例题 8-6】利用指针法实现数组中元素的输入和输出。

```
#include<stdio.h>
int main()
{int a[10],*p,i;
printf("请输入 10 个整数: ");
for(p=a;p<a+10;p++)
  scanf("%d",p);
printf("输出 10 个整数: ");
for(p=a;p<a+10;p++)
  printf("%3d",*p);
return 0;
}
```

例题 8-6 利用指针变量的变化值直接得到数组成员的地址和值，例题 8-6 和例题 8-5 相比，更充分利用了指针，执行效率高，望读者仔细比较体会。

在使用指针时，应特别注意避免指针访问越界，例如在例题 8-6 中，for(p=a;p<=a+10;p++)是错误的。

【例题 8-7】计算并输出一个数组中所有元素的和、最大值、最小值、值为奇数的元素个数。

```
#include<stdio.h>
int main()
{int i,a[10]*p,sum,max,min,count;
p=a;
printf("请输入 10 个整数: ");
for(i=0;i<10;i++)
  scanf("%d",p+i);
sum=0;
for(i=0;i<10;i++)
   sum=sum+*(p+i);
max=*p;
for(i=0;i<10;i++)
if(*(p+i)>max) max=*(p+i);
min=*p;
for(i=0;i<10;i++)
   if(*(p+i)<min) min=*(p+i);
count=0;
for(p=a;p<a+10;p++)
   if(*p%2==1) count++;
```

```
printf("和=%d,最大值=%d,最小值=%d,奇数个数=%d\n",sum,max,min,count);
return  0;
}
```

运行结果如图 8-9 所示。

```
请输入10个整数: 1 2 3 4 5 6 7 8 9 10
和=55,最大值=10,最小值=1,奇数个数=5
Press any key to continue
```

图 8-9　例题 8-7 的运行结果

8.3.2　用数组名作为函数参数

当函数之间需要传递数组时，可通过传递数组的首地址，完成存取主调函数中数组元素的操作。

如果实际参数是某个数组元素，那么因为数组元素是一个变量，因此传递方法和普通变量是一样的，采用传值的方式进行，函数中形式参数的编号不会影响对应的实参的数组元素。

如果实际参数是数组名，由于数组名代表数组首地址，当它作为实参进行函数调用时，是把数组首地址传给形参，实参和形参共用一段内存区域。当在函数中对形参进行操作时，实际上是在实参数组中进行的。在函数调用后，实参的元素值可能发生变化。

在 C 语言程序中，数组名作为函数参数时的定义和调用情形为：

```
void  fun(int a[],int  n);
fun(a,n);
```

数组名是数组的首地址，用数组名做实参，调用函数时，是把数组的首地址传递给形参，而不是把数组的值传给形参。实际上，能够接受并存放地址值的只能是指针变量，C 语言编译系统是将形参数组名作为指针变量来处理的。例如 void fun(int *a,int n);。

若函数在调用期间改变了数组某一存储单元的内容，则在函数调用完毕后，已改变的值会被保留下来。

【例题 8-8】将数组 a 中 n 个整数反序存放。

程序分析：定义一个函数 reverse( )，它的功能是将数组 a 中的 n 个元素对换。具体的对换方式是将 a[0]和 a[n-1]交换，a[1]与 a[n-2]交换……直到 a[int(n-1)/2]与 a[n-1-int(n-1)/2]交换。在主函数中定义数组 a，并将数组 a 用作调用函数 reverse( )的实参。

程序源代码如下：

```
#include<stdio.h>
void reverse(int x[],int n)
{ int temp,i;
  for(i=0;i<=(n-1)/2;i++)
  {temp=x[i];x[i]=x[n-1-i];x[n-1-i]=temp;}
}
int main()
{int i,a[10]={1,2,3,4,5,6,7,8,9,10};
  printf("原来的数组:");
  for(i=0;i<10;i++)
printf("%3d",a[i]);
printf("\n");
```

```
reverse(a,10);
printf("现在的数组:");
for(i=0;i<10;i++)
printf("%3d",a[i]);
printf("\n");
return 0;
}
```

运行结果如图 8-10 所示：

```
原来的数组:  1  2  3  4  5  6  7  8  9 10
现在的数组: 10  9  8  7  6  5  4  3  2  1
Press any key to continue
```

图 8-10　例题 8-8 的运行结果

可对 reverse( )函数做一些改动，在 reverse( )函数中分别定义两个指针 p 和 q，p 和 q 分别指向待交换的两个整数，同样也可实现程序功能。代码如下：

```
void reverse(int *x,int n)
{ int temp,*p,*q;
  p=x;
  q=x+n-1;
  while(p<=q)
  { temp=*p;
    *p=*q;
    *q=temp;
    p++;
    q--;
}
}
```

虽然出现 int x[]，但在实参和形参结合时，数组名被转换为数组指针*x 并接收实参数组 a 的首地址；由于 x 变成了指向数组 a 的指针，形参数组并没有自己的存储单元，而是共享实参数组 a 的存储单元。

C 语言调用函数时虚实结合的方法都采用“值传递”方式，当用变量名做函数参数时，传递的是变量的值，当用数组名作为函数参数时，由于数组名代表的是数组首地址，因此传递的值是地址，一般形参要求为指针变量。

表 8-1　变量名和数组名作为函数参数的比较

实参类型	变量名	数组名
要求形参的类型	变量名	数组名或指针变量
传递的信息	变量的值	实参数组首元素的地址
通过函数调用能否改变实参的值	不能	能改变实参数组的值

当用数组作为函数参数时，实参可以是数组名或者指向数组的指针，形参也必须是数组

名或指向数组的指针，这样就有 4 种参数传递方式：形参、实参都用数组名；形参、实参都用指针变量；形参用数组名，实参用指针变量；形参用指针变量，实参用数组名。具体如下：

(1) 形参、实参都用数组名。例如：

```
fun(int  x[],int n)
{…}
int main()
{int a[10];
…
fun(a,10);
…
return  0;
}
```

(2) 实参用数组名，形参用指针变量。例如：

```
fun(int *p,int n)
{…}
int main()
{int a[10];
…
fun(a,10);
…
return  0;
}
```

(3) 形参和实参都用指针变量。例如：

```
fun(int *p,int n)
{…}
int main()
{int a[10],*p;
p=a;
…
fun(p,10);
…
return  0;
}
```

(4) 实参为指针变量，形参为数组名，例如：

```
fun(int  x[],int n)
{…}
int main()
{int a[10],*p;
p=a;
…
```

```
fun(p,10);
…
return 0;
}
```

无论是哪一种组合方式，本质上都是把数组的首地址传递给对应的形参，被调用函数得到了主调函数中相应数组的指针，实现了对主调函数中数组存储空间的访问。若数组名为形参，当它与实参结合时，接收的是实参数组的首地址，而不是整个数组的副本。

8.3.3 指针与二维数组

用指针变量可指向一维数组，也可指向二维数组。二维数组是具有行列结构的数据，二维数组元素地址与一维数组元素地址的表示不同。二维数组的首地址称为二维数组的指针，存放这个指针变量称为指向二维数组的指针变量。指向二维数组的指针比指向一维数组的指针要复杂一些。

1. 二维数组的地址

在C语言中，二维数组是按行排列的，允许把一个二维数组分解为多个一维数组来处理。对二维数组而言，它是一个特殊的一维数组，其每个数组元素又是一个一维数组。

例如 int a[3][4]={{1,2,3,4},{5,6,7,8},{9,10,11,12}};

C语言允许把一个二维数组分解为多个一维数组来处理，如图8-11所示。

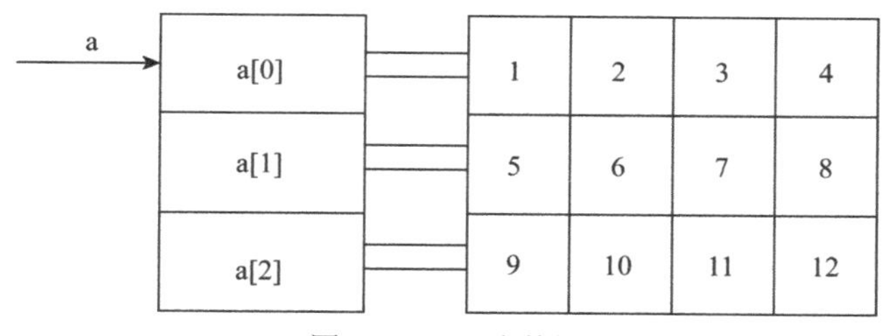

图8-11 二维数组

a数组包含3行，即3个元素，a[0]、a[1]、a[2]。而每个元素又是一个一维数组，它包含4个元素。例如，a[0]代表的一维数组又包含4个元素：a[0][0]、a[0][1]、a[0][2]、a[0][3]。可以认为二维数组是"数组的数组"，即二维数组a由3个一维数组组成。

由图可知，每行是一个一维数组，只要能确定每个一维数组的首地址即行首地址，就能通过行首地址找到该行的元素地址。a是二维数组名，a代表整个二维数组的首地址，a[0]、a[1]、a[2]分别代表3个一维数组的名。根据C语言中数组名代表数组首地址的原则，可知a[0]、a[1]、a[2]分别是一维数组的名，也代表首地址，即行首地址。如图8-12所示。

a[i]从形式上看是a数组中序号为i的元素，如果a是一维数组名，则a[i]代表a数组序号为i的元素所占的内存单元的内容。a[i]是有物理地址的，是占内存单元的。但如果a是二维数组，则a[i]代表一维数组名，它只是一个地址，并不代表某个元素的值(如同一维数组只是一个指针常量一样)。

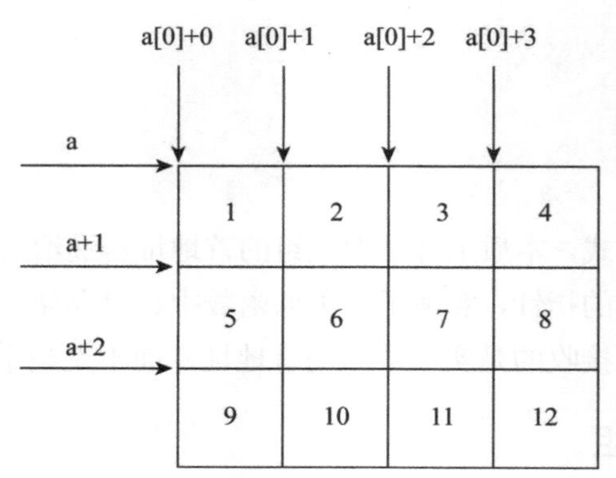

图 8-12　二维数组与指针

数组名 a 常称为行指针，a[0]、a[1]、a[2]常称为列指针。为便于读者理解，打个比方。在军训中排队点名时，班长逐个检查本班战士是否在队列中，班长每移动一步，走过一个战士，而排长只检查本排各班是否到齐，排长从第 0 班的起始位置走到第 1 班的起始位置，看来只走了一步，但实际上他跳过了 4 个战士，这相当于 a+1。班长面对的是战士，排长面对的是行指针。

二维数组名 a 是指向行的，一维数组名 a[0]、a[1]、a[2]是指向列元素的。a[0]+1 中的 1 代表一个元素所占的字节数。在指向行的指针前面加一个*，就转换为指向列的指针，例如 a 和 a+1 是指向行的指针，在它们的前面加一个*，就是*a 和*(a+1)，它们就转换为列指针，分别指向 a 数组 0 行 0 列的元素和 1 行 0 列的元素。反之，在指向列的指针前面加&，就称为指向行的指针。例如 a[1]是指向第 1 行第 0 列的指针，在它的前面加一个&，得到&a[1]，由于 a[1]与*(a+1)等价，它指向二维数组的第 1 行。

若有如下定义

```
int a[3][4],i,j;
```

当 0<=i<3、0<=j<4 时，a 数组元素可以用以下五种表达式表示：

(1) a[i][j]

(2) *(a[i]+j)

(3) *(*(a+i)+j)

(4) (*(a+i))[j]

(5) *(&a[0][0]+4*i+j)

【例题 8-9】用地址表示法输出二维数组各元素的值。

```
#include<stdio.h>
int main()
{int a[2][3]={{1,2,3},{4,5,6}};
int b[3][3]={{1,2,3},{4,5,6},{7,8,9}};
int i,j;
printf("a 数组为: \n");
for(i=0;i<2;i++)
{for(j=0;j<3;j++)
```

```
    printf("%3d",*(a[i])+j);
    printf("\n");
  }
    printf("b 数组为：\n");
for(i=0;i<3;i++)
{for(j=0;j<3;j++)
    printf("%3d",*(*(b+i))+j);
    printf("\n");
    }
return 0;
}
```

运行结果如图 8-13 所示。

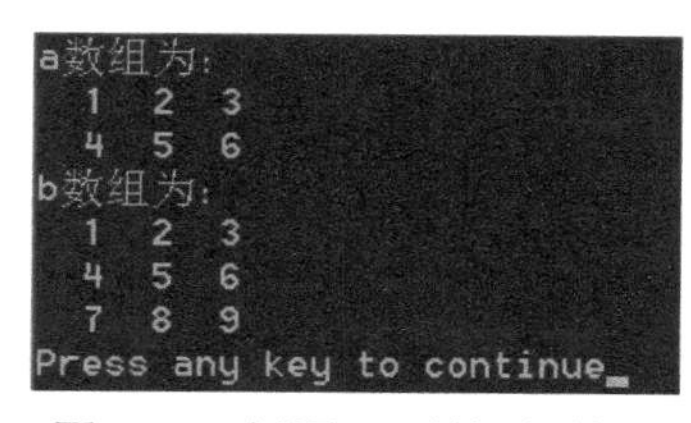

图 8-13　例题 8-9 的运行结果

2. 指向二维数组的指针变量

因为在 C 语言中，将二维数组看成一维数组的嵌套，即一个特殊的一维数组。其中，每个元素又是一个一维数组，在内存中按行顺序存放。利用指针访问二维数组可采用两种方式：指向数组元素的指针和行指针。

(1) 指向数组元素的指针变量

这种指针变量的定义与普通指针变量定义相同

【例题 8-10】用指针变量输出二维数组的值。

```
#include<stdio.h>
int main()
{int a[2][3]={1,2,3,4,5,6};
int *p;
for(p=a[0];p<a[0]+6;p++)
{if((p-a[0])%3==0)
    printf("\n");
  printf("%3d",*p);
}
printf("\n");
return 0;
}
```

运行结果如图 8-14 所示。

图 8-14　例题 8-10 的运行结果

(2) 指向一维数组的指针变量或行指针

行指针的说明形式如下：

```
类型符 (*指针变量名)[元素个数]
```

例如：

```
int (*p)[4],a[3][4];
```

定义了一个指针 p，p 指向一个具有 4 个元素的一维数组(二维数组中的行数组)，即 p 用来定义二维数组中的行地址。

引用了行指针 p 后，p++表示指向下一行地址，p 的值应以一行占用存储字节数为单位进行调整。

【例题 8-11】用指向一维数组的行指针，输出二维数组，并求数组中的最大元素及其行列号。

```
#include<stdio.h>
int main()
{int i,j,s,t,max;
int a[3][4]={{1,3,4,9},{23,17,36,34},{73,88,33,12}};
int (*p)[4];
p=a;
max=**p;s=0;t=0;
   for(i=0;i<3;i++)
   {  for(j=0;j<4;j++)
   if(*(*p+j)>max)
      {max=*(*p+j);s=i;t=j;}

p++;
}
printf("最大值=%d,行号=%d,列号=%d\n",max,s,t);
return 0;
}
```

运行结果如图 8-15 所示：

```
最大值=88,行号=2,列号=1
Press any key to continue_
```

图 8-15　例题 8-11 的运行结果

8.4　指针与字符串

8.4.1　字符串的表示形式

字符串是特殊常量，它一般被存储在一维的字符数组中并以‘\0’结束。字符串与指针也有着密切的关系。在 C 语言程序中，可用两种方法来访问一个字符串：一种方法是使用字符数组，另一种是使用字符指针。在字符串处理中，使用字符指针往往比使用字符数组更方便。

1. 使用字符数组实现

【例题 8-12】定义一个字符数组，对其初始化后，输出该字符串。

```
#include<stdio.h>
```

```
int main()
{ char str[]="Welcome to Wuhan!";
  int i;
  for(i=0;str[i]!='\0';i++)
  printf("%c",str[i]);
  printf("\n");
  printf("%s\n",str);
  return 0;
}
```

运行结果如图 8-16 所示。

```
Welcome to Wuhan!
Welcome to Wuhan!
Press any key to continue
```

图 8-16　例题 8-12 的运行结果

str 是数组名，它代表数组的首地址。str[i]代表数组中下标为 i 的元素，实际上 str[i]就是*(str+i)。

2. 使用字符指针实现

将字符串的数组名赋给一个字符指针变量，让字符指针变量指向字符串的首地址，这样就可以通过指向字符串的指针变量操作字符串，例如：

```
char str[]="Welcome to Wuhan!",*p;
p=str;
printf("%s\n",p);
```

也可以不定义字符数组，而定义一个字符指针，用字符指针指向字符串中的字符。例如：

```
char  *p="Welcome To Wuhan!";
printf("%s\n",p);
```

上例中，首先定义 p 是一个字符指针变量，然后把字符串常量"Welcome To Wuhan!"的首地址赋给字符指针变量 p，还可按以下形式赋值：

```
char *p;
p="Welcome To Wuhan!";
```

【例题 8-13】利用字符指针变量的方法，完成字符串的复制。

```
#include<stdio.h>
int main()
{char str1[]="Welcome to Wuhan!",str2[80];
char *p1,*p2;
int i;
p1=str1;
p2=str2;
for(;*p1!='\0';p1++,p2++)
*p2=*p1;
*p2='\0';
printf("str1 is %s\n",str1);
printf("str2 is %s\n",str2);
return 0;
}
```

运行结果如图 8-17 所示。

```
str1 is Welcome to Wuhan!
str2 is Welcome to Wuhan!
Press any key to continue
```

图 8-17　例题 8-13 的运行结果

指向字符型数据的指针变量 p1 和 p2 分别指向字符数组 str1 和 str2。在 for 循环中，首先判断*p1 是否为'\0'。若不为'\0'，则执行*p2=*p1，它的功能是将字符数组 str1 中的第一个字符赋给 str2 中的第一个字符，然后利用 p1++和 p2++使 p1 和 p2 都分别指向各自的下一个数组元素，保证 p1 和 p2 同步移动。重复上述动作，直至 str1 中的所有字符全部复制给 str2。最后将'\0'赋值给*p2。

【例题 8-14】输入两个字符串，比较是否相等，相等输出 Yes，不相等输出 No。

```
#include<stdio.h>
#include<string.h>
int main()
{ char str1[80],str2[80];
  char *p1,*p2;
  int flag;
  printf("Please input str1:");
  gets(str1);
  printf("Please input str2:");
  gets(str2);
  p1=str1;p2=str2;
  flag=1;
  while(*p1!='\0'||*p2!='\0')
{ if(*p1!=*p2)
  {flag=0;break;}
  p1++;
  p2++;
}
if(flag==1)
printf("Yes\n");
  else
printf("No\n");
return 0;
}
```

运行结果如图 8-18 所示。

```
Please input str1:China
Please input str2:Wuhan
No
Press any key to continue_
```

图 8-18　例题 8-14 的运行结果

指向字符型数据的指针变量 p1 和 p2 分别指向字符数组 str1 和 str2。flag 用来表示比较结果，假设比较前结果为 1，首先比较 str1 和 str2 中的第一个字符，若相同，就利用 p1++和 p2++使 p1 和 p2 都分别指向各自的下一个数组元素，保证 p1 和 p2 同步移动；利用循环比较下一个数组元素，若不同，则 str1 和 str2 不相同，可退出循环，不需要继续比较。直到 str1 或者 str2 中没有数组元素时，结束循环。当循环结束后，若 flag 值为 1，则两个字符串相同，若 flag 值为 0，则两个字符串不同。

8.4.2　字符指针作为函数参数

将一个字符串从一个函数传递给另一个函数，可使用字符数组名做参数，也可使用指向字符串的指针变量作参数，在被调函数中改变字符串的内容，在主调函数中可得到改变了的字符串。

【例题 8-15】将输入的字符串中的小写字母改为大写字母后，输出字符串。

```
#include<stdio.h>
#include<string.h>
void fun(char *p)
{while(*p)
{if(*p>='a'&&*p<='z')  *p-=32;
p++;
}
}
int main()
{ char str[80];
  printf("Please input string:");
  gets(str);
  fun(str);
  printf("The changed  string:%s\n",str);
  return 0;
}
```

运行结果如图 8-19 所示。

```
Please input string:Wuhan
The changed  string:WUHAN
Press any key to continue
```

图 8-19　例题 8-15 的运行结果

主函数将字符串数组名 str 传递给 fun 函数中的指针变量 p，通过指针变量改变字符串数组中的值。

【例题 8-16】用字符指针变量将两个字符串首尾连接起来。

```
#include<stdio.h>
void fun(char str1[],char str2[])
{char *p1,*p2;
 p1=str1;
 p2=str2;
 for(;*p1!='\0';p1++);
 do{
   *p1=*p2;
   p1++;
   p2++;
}while(*p2!='\0');
*p1='\0';
 }
int main()
{char str1[80],str2[20];
 printf("First string:");
```

```
 gets(str1);
 printf("Second string:");
 gets(str2);
 fun(str1,str2);
 printf("Connectd string:%s\n",str1);
 return 0;
}
```

运行结果如图 8-20 所示。

```
First string:China
Second string:Wuhan
Connectd string:ChinaWuhan
Press any key to continue_
```

图 8-20　例题 8-16 的运行结果

定义指针 p1 和 p2，将指针 p1 指向 str1 字符串首地址，指针 p2 指向 str2 字符串首地址。通过 for 循环指针 p 找到 str1 字符串串尾。通过 do…while 将指针 p2 所指字符串连接到 p1 所指字符串后，将指针 p1 所指字符赋值'\0'。

8.5　指向函数的指针

在 C 语言中，一个函数编译后就要在内存中占用一段连续的存储单元，这段存储单元从一个特定地址开始，这个地址就称为该函数的入口地址(或函数的首地址)，也称为该函数的指针。

可定义一个指针变量，然后将某个函数的入口地址赋给该指针变量，使该指针变量指向该函数，此后该指针变量就称为指向函数的指针变量，这样就可以通过指针变量找到和调用该函数。

8.5.1　指向函数的指针变量

定义指向函数的指针变量的一般形式为：

```
类型标识符　(*指针变量名)( );
```

例如：

```
int  (*p)( );
```

标识 p 是一个指向函数入口地址的指针变量，该函数的返回值(函数值)是整数。

【例题 8-17】指向函数的指针变量示例。

```
#include<stdio.h>
int max(int a,int b)
{ if(a>b) return a;
  else return b;
}
int min(int a,int b)
{if(a>b) return b;
else return a;
```

```
}
int main()
{int (*p)();
int x,y,z;
printf("Please input two numbers:");
scanf("%d%d",&x,&y);
p=max;
z=(*p)(x,y);
printf("max=%d\n",z);
z=max(x,y);
printf("max=%d\n",z);
p=min;
z=(*p)(x,y);
printf("min=%d\n",z);
return 0;
}
```

运行结果如图 8-21 所示。

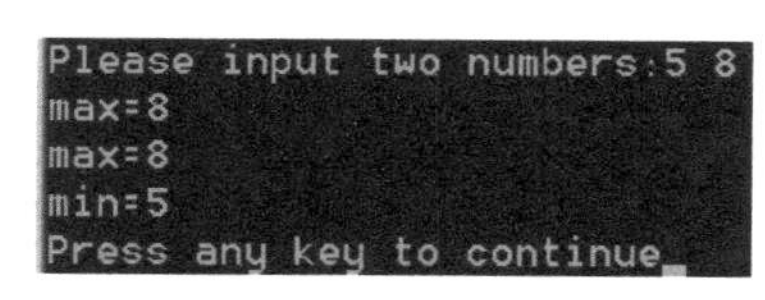

图 8-21　例题 8-17 的运行结果

例题 8-17 中使用了函数指针和函数名调用两种方法。定义了一个函数指针变量 p，将函数 max()的名字赋给指针 p，使 p 指向该函数的入口地址，利用指针变量(*p)(x,y)来调用函数 max(x,y)。这两个调用方式的结果是一样的。

注意：

(1) 函数指针可指向相同类型(返回值的类型)的任意函数。

(2) 给函数指针赋值时只需要函数名，不需要括号以及参数。

(3) 对函数指针做算术或关系运算无意义。

总结指向函数的指针的使用步骤：

(1) 定义一个指向函数的指针变量，如 int (*p)( );

(2) 为函数指针赋值，格式如下：

```
p=函数名;
```

(3) 通过函数指针调用函数，调用格式如下：

```
s=(*p)(实参);
```

8.5.2　指向函数的指针变量作为函数参数

变量、数组名、指向数组的指针变量都可作为函数的参数，同样，指向函数的指针变量也可作为函数参数。当函数指针每次指向不同的函数时，可完成不同的功能。

函数名表示该函数在内存区域的入口地址，因此，函数名可作为实参出现在函数调用的参数表中。

【例题 8-18】 编写一个函数，每次在调用它时实现不同的功能。输入两个整数，利用前面编写的函数求出它们的和、差、积。

```
#include<stdio.h>
int add(int x,int y)
{ return x+y;}
 int minus(int x,int y)
{ return x-y;}
 int multiply(int x,int y)
 { return  x*y;}
  void process(int x,int y,int (*fun)(int,int))
 { int result;
  result=(*fun)(x,y);
  printf("%d\n",result);
 }
 int main()
 { int a,b;
  printf("Please enter a and b:");
  scanf("%d%d",&a,&b);
  printf("a add b=");
  process(a,b,add);
  printf("a minus b=");
  process(a,b,minus);
  printf("a multiply b=");
  process(a,b,multiply);
 return 0;
}
```

运行结果如图 8-22 所示。

```
Please enter a and b:8 5
a add b=13
a minus b=3
a multiply b=40
Press any key to continue
```

图 8-22　例题 8-18 的运行结果

在 main 函数里第一次调用 process 函数时，不仅将 a 和 b 作为实参传递给 process 函数的形参 x 和 y，而且把函数名 add 作为实参将函数的入口地址传递给 process 函数的形参 fun，形参 fun 指向函数 add，此时(*fun)(x,y)就相当于 add(x,y)，指向 process 函数后输出 a 和 b 的和。同理，第二次调用 process 函数时，(*fun)(x,y)就相当于 minus (x,y)，指向 process 函数后输出 a 和 b 的差。第三次调用 process 函数时，(*fun)(x,y)就相当于 multiply (x,y)，指向 process 函数后输出 a 和 b 的积。

可以看到，无论调用 add、minus 或 multiply 函数，只是在每次调用 process 函数时给出不同的函数名作为实参即可，而 process 函数不需要做任何修改，这体现了指向函数的指针变量作为函数参数的优越性。

8.6　返回指针的函数

在 C 语言程序中，一个函数可返回整型、实型或字符型值。同样一个函数也可返回一个指针型的值(即一个地址)。

8.6.1　返回指针型函数的定义形式

在C语言中，允许一个函数的返回值是一个指针。有时把返回指针值的函数称为指针型函数。

返回指针型函数的一般定义形式为：

```
类型说明符　*函数名(形参表)
{
  函数体
}
```

其中，函数名前加了*表示这是一个指针型函数，返回值是一个指针。类型说明符表示了返回的指针值所指向的数据类型。例如：

```
int  *fun(int x,int y)
```

其中 fun 是函数名，指向函数后返回的是一个指向整型数据的指针，由于*的优先级低于()，所以 fun 首先与()结合成为函数形式，然后与*结合，说明此函数是指针型函数，函数的返回值是一个指针(即一个地址)。类型说明符 int 表示返回的指针值所指向的数据类型为整型。

注意，不要把返回指针的函数的说明与指向函数的指针变量的说明相混淆。

例如：

int (*fun)(int x,int y)表示定义 fun 为一个指向函数的指针变量。

8.6.2　返回指针的函数的应用

对于返回指针的函数，在通过函数调用后必须把它的返回值赋给指针类型的变量。

【例题 8-19】通过指针型函数，输入一个1～7之间的整数，输出对应的星期名。

```
#include<stdio.h>
char *day_name(int i)
{static char *name[]={"Illegal day","Monday","Tuesday","Wednesday","Thursday",
"Friday","Saturday","Sunday"};
if(i<1||i>7)
return(name[0]);
  else
return(name[i]);
}
int main()
{int n;
char *p;
printf("Please input a number of day:");
scanf("%d",&n);
p=day_name(n);
printf("It is %s\n",p);
```

```
return 0;
}
```

运行结果如图 8-23 所示。

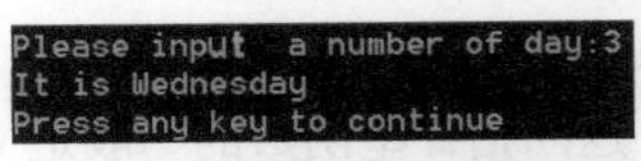

图 8-23　例题 8-19 的运行结果

说明：本例中定义了一个指针型函数 day_name，它的返回值指向一个字符串。该函数中定义了静态指针数组 name，name 数组初始化赋值为 8 个字符串，分别表示各个名称及出错提示。day_name 函数返回 name[0]或者 name[i]，即返回的是指向某个字符串的指针。在 main 函数中将 day_name 的函数值(即指向某个字符串的指针)赋给字符指针变量 p，再使用%s 格式进行输出，就可以得到相应的字符串。

8.7　指针数组

8.7.1　指针数组的概念

一个数组的若干元素均为指针型数据类型，称为指针数组。即每个元素都是指针类型的数组。

指针数组的定义形式为：

```
类型名  *数组名[数组长度];
```

例如：int *p[6];

p 是数组名，这个数组包括 6 个元素，即 p[0]～p[5]，每个元素都是指向整型数据的指针。p 可以用于保存 6 个整型数据的地址。

注意：int *p[6]不能写成 int (*p)[6]，两者的意义不同。前者由于[]的优先级高于*，因此 p 先于[6]结合，表明 p 是数组，数组中有 10 个元素，再与*结合，表明该数组是指针类型的。后者 p 先与*结合，再与[6]结合，表明 p 是指向一维数组的指针变量。

引用指针数组可用来处理一组字符，比较适合于指向若干长度不等的字符串，使字符串处理更加方便灵活，而且节省内存空间。

【例题 8-20】设计一个程序，将若干字符串按字母顺序从大到小输出，要求用字符指针数组实现。

```
#include<stdio.h>
#include<string.h>
void sort(char *str[],int n)
{int i,j,k;
char *s;
for(i=0;i<n-1;i++)
{k=i;
```

```
for(j=i+1;j<n;j++)
    if(strcmp(str[j],str[k])>0) k=j;
    if(k!=i)
  {s=str[k];str[k]=str[i];str[i]=s;}
  }
}
 void print(char *str[],int n)
 { int i;
   for(i=0;i<n;i++)
   printf("%s\n",str[i]);
}
int main()
{ char *str[6]={"c language","data structure","java","database","network",
"operating system"};
int n=6;
sort(str,n);
print(str,n);
return 0;
}
```

运行结果如图 8-24 所示。

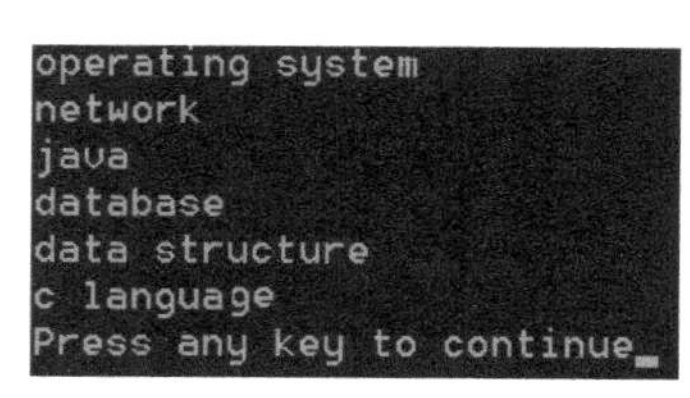

图 8-24　例题 8-20 的运行结果

说明：本例中使用指针数组中的元素指向各个字符串。对多个字符串进行排序，不改动字符串的存储位置，而是改动字符指针数组中各元素的指向。这样，各字符串的长度可以不同，而且交换两个指针变量的值要比交换两个字符串所用的时间少得多。

8.7.2　指针数组作为 main 函数的参数

前面介绍的 main 函数都是不带参数的，因此 main 后的圆括号都是空括号。实际上，main 函数可以带参数，这个参数可认为是 main 函数的形式参数。C 语言规定 main 函数可以有两个参数，而且只能有两个参数，习惯上这两个参数写为 argc 和 argv。带参数的 main 函数定义如下：

```
int 或 void main(int argc,char *argv[])
{
…
}
```

第 1 个参数 argc 是一个整型数据，第 2 个参数是一个字符指针数组，每个指针都指向一个字符串。

当一个 C 的源程序经过编译、链接后，会生成扩展名为.exe 的可执行文件，这是可以在操作系统下直接运行的文件。main 函数不能由其他函数调用和传递参数，只能由系统在启动运行时传递参数。

在操作系统环境下，一条完整的运行命令应包括两部分：命令及相应的参数。其格式为：

```
可执行文件名 参数1  参数2  ...参数n
```

当命令执行程序时，系统会把参数 1、参数 2、……参数 n 依次传递给该文件名中 main 函数的形参。

例如：progfile　Beijing　Shanghai　Wuhan

命令 progfile 就是可执行文件的文件名，其后所跟参数用空格分隔。参数的个数就是 main 函数的参数 argc 的值，命令也作为一个参数，如以上命令的参数有 4 个，分别是 progfile、Beijing、Shanghai、Wuhan，所以 argc 的值为 4。main 函数的第 2 个参数 argv 是一个指针数组，该指针数组的大小由参数 argc 的值决定，为 char *argv[4]，分别指向 4 个字符串。即指向 4 个参数：argv[0]指向 progfile，argv[1]指向 Beijing，argv[2]指向 Shanghai，argv[3]指向 Wuhan。

【例题 8-21】带参数的 main 函数。

```
#include<stdio.h>
int main(int argc,char *argv[])
{int i;
printf("argc=%d\n",argc);
for(i=1;i<argc;i++)
printf("%s\n",argv[i]);
return 0;
}
```

将程序保存在 C:\根目录下，名为 progfile，在 VC++中编译、链接该程序，则会在 C:\debug 目录下生成一个名为 progfile.exe 的可执行文件。在操作系统环境下，改变目录到 C:\debug，输入 progfile Beijing Shanghai Wuhan，则会出现如图 8-25 所示的结果。

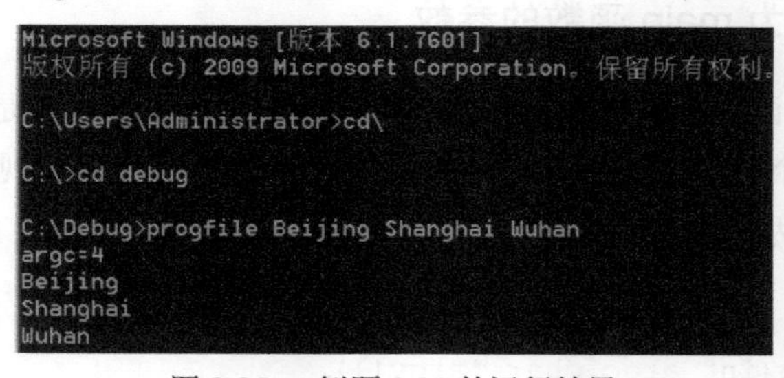

图 8-25　例题 8-21 的运行结果

本章小结

指针的概念和应用比较复杂，初学者不易掌握。为帮助读者建立清晰的概念，现将指针的有关信息和应用总结如下：

1. 准确理解指针。指针就是地址，凡是出现“指针”的地方，都可以用“地址”代替，例如变量的指针就是变量的地址，指针变量就是地址变量。要区别指针和指针变量。指针就是地址本身，而指针变量是用来存放地址的变量，指针变量的值是一个地址。

2. 理解“指向”的含义，地址就意味着“指向”，因为通过地址能找到该地址的对象。对于指针变量来说，把谁的地址存放到指针变量中，就说该指针指向谁。需要注意，并不是任何类型数据的地址都可存放在同一个指针变量中，只有与指针变量的基类型相同的数据的地址才能存放在相应的指针变量中。

3. 在对数组的操作中能正确地使用指针。一维数组名代表数组首元素的地址，将数组名赋给指针变量后，指针变量指向数组的首元素，而不是指向整个数组。同理，指针变量指向字符串，应该理解为指针变量指向字符串中的首字符。

4. 正确掌握指针变量的定义、类型及含义，如表8-2所示。

表8-2 指针变量的定义、类型及含义

定义	类型表示	含义
int i;	int	定义整型变量
int *p	int *	定义p为指向整型数据的指针变量
int a[10]	int [10]	定义整型数组，它有10个元素
int *p[10]	int *[10]	定义指针数组p，它由4个指向整型数据的指针元素组成
int (*p)[10]	int (*)[10]	p为指向包含10个元素的一维数组的指针变量
int f()	int ()	f为返回整型函数值的函数
int *p()	int *()	p为返回一个指针的函数，该指针指向整型数据
int (*p)()	int (*)()	p为指向函数的指针，该函数返回一个整数型
int **p	int **	p是一个指针变量，它指向一个整型数据的指针变量
void *p	void *	p是一个指针变量，基类型为void(空类型)，不指向具体对象

5. 正确掌握指针的运算

(1) 指针变量加(减)一个整数。

指针变量加(减)一个整数是将该指针变量的原值(是一个地址)和它指向的变量所占用的存储单元的字节数相加减。

(2) 给指针变量赋值

将一个变量地址赋给指针变量，但不能将一个整数赋给指针变量。

(3) 两个指针变量可以相减

若两个指针变量都指向同一个数组中的元素，则两个指针变量值之差是两个指针之间的元素个数。

(4) 两个指针变量的比较

若两个指针变量指向同一个数组中的元素，则可以进行比较，指向前面的元素的指针变量“小于”指向后面元素的指针变量，如果两个指针不指向同一个数组，则比较无意义。

6. 指针变量可以有空值

p=NULL，该指针不指向任何变量，在 stdio.h 中对 NULL 进行了定义，NULL 是一个符号常量，代表整数 0，它使 p 指向地址为 0 的单元，系统保证使该单元不用于其他用途(不存放有效数据)。

应该注意，p 的值为 NULL 与未对 p 赋值是两个不同的概念。前者是有值的，只是值为 0，不指向任何变量。后者未对 p 赋值，但并不等于 p 无值；只是它的值是一个无法预料的值，p 可能指向一个事先未指定的单元，这种情况是很危险的，在引用指针变量前应对指针赋值。

习　题　8

一、选择题

1. 若有说明：int a=2, *p=&a, *q=p;，则以下非法的赋值语句是(　　)。

A. p=q;　　B. *p=*q;　　C. a=*q;　　D. q=a;

2. 已有定义 int a=2, *p1=&a, *p2=&a; 下面不能正确执行的赋值语句是(　　)。

A. a=*p1+*p2;　　B. p1=a;　　C. p1=p2;　　D. a=*p1*(*p2);

3. 变量的指针，其含义是指该变量的(　　)。

A. 值　　B. 地址　　C. 名　　D. 一个标志

4. 若定义：int a=511, *b=&a;，则 printf("%d\n", *b);的输出结果为(　　)。

A. 无确定值　　B. a 的地址　　C. 512　　D. 511

5. 若 i 是整型变量，pb 是基类型为整型的指针变量，则正确的赋值表达式是(　　)。

A. pb=&i　　B. pb=i　　C. *pb=&i　　D. *pb=*i

6. 若有说明：int i, j=2, *p=&i;，则能完成 i=j 赋值功能的语句是(　　)。

A. i=*p;　　B. *p=*&j;　　C. i=&j;　　D. i=**p;

7. 有如下定义：int c[5],*p=c; 则以下对 c 数组元素地址的正确引用是(　　)。

A. p+5　　B. c++　　C. &c+1　　D. &c[0]

8. 设 int a[10],*p=a; 数组元素 a[4]的正确引用是(　　)。

A. *(p+4)　　B. p+4　　C. *p+4　　D. a+4

9. 有定义语句 int a[10],*p=a;则 p+5 表示(　　)。

A. 元素 a[5]的地址　　B. 元素 a[5]的值

C. 元素 a[6]的地址　　D. 元素 a[6]的值

10. 若有下面的变量定义，以下语句中合法的是(　　)。

```
int  i, a[10], *p;
```

A. p=a+2;　　B. p=a[5];　　C. p=a[2]+2;　　D. p=&(i+2);

11. 下面选项中正确的赋值语句是(　　)(设 char a[5],*p＝a;)。

A. p="abcd";　　B. a="abcd";　　C .*p="abcd";　　D. *a="abcd";

12. 若有以下定义，则对数组元素的正确引用是(　　)。

```
int a[5],*p=a;
```

A. *&a[5]　　B. *(a+2)　　C. a+2　　D. *(p+5)

13. 若有以下程序段，运行后 p 的值是(　　)。

```
char a[10],*p=a;
gets(a);
p+=4;
```

A. 元素 a[4]的地址　　B. 元素 a[4]的值

C. 元素 a[5]的地址　　D. 元素 a[5]的值

14. 设有说明 int *ptr[3];，其中标识符 ptr 是(　　)。

A. 是一个指向整型变量的指针。

B. 是一个指针，它指向一个具有三个整型元素的一维数组。

C. 是一个指针数组名，每个元素是一个指向整型变量的指针。

D. 定义不合法。

15. 设有说明 int (*ptr)(); 其中标识符 ptr 是(　　)。

A. 是一个指向整型变量的指针。

B. 是一个指针，它指向一个函数值是 int 的函数。

C. 是一个函数名。

D. 定义不合法。

16. 定义由 n 个指向整型数据的指针组成的数组 p，其正确方式(　　)。

A. int p;　　B. int (*p)[n];　　C. int *p[n];　　D. int (*p)( );

17. 以下程序段的输出结果是(　　)。

```
char  str[  ]="china", *p=str;
printf("%d\n", *(p+5 ));
```

A. 97　　B. 0　　C. 104　　D. 不确定的值

18. 下面判断正确的是(　　)。

A. char *s="girl";　　等价于 char *s; *s="girl";

B. char s[10]={"girl"};　等价于 char s[10]; s[10]={"girl"};

C. char *s="girl";　　等价于 char *s; s="girl";

D. char s[4]= "boy", t[4]= "boy";　等价于 char s[4]=t[4]= "boy"

19. 设有如下的程序段：char s[]="girl", *t; t=s;则下列叙述正确的是(　　)。

A. s 和 t 完全相同

B. 数组 s 中的内容和指针变量 t 中的内容相等

C. s 数组长度和 t 所指向的字符串长度相等

D. *t 与 s[0]相等

20. 不合法的 main 函数命令行参数的表示形式是(　　)。

A. main(int a, char *c[])　　B. main(int argc, char *argv)

C. main(int arc, char **arv)　　D. main(int argv, char*argc[])

二、填空题

1. 设有定义：int a, *p=&a; 以下语句将利用指针变量 p 读写变量 a 中的内容，请将语句补充完整。

```
scanf("%d", 【1】 );
printf("%d\n", 【2】 );
```

2. 下面程序段的运行结果是________。

```
char s[80], *t="EXAMPLE";
t=strcpy(s, t);
s[0]='e';
puts(t);
```

3. 下面程序的运行结果是________。

```
void swap(int *a, int *b)
{ int*t;
  t=a;
  a=b;
  b=t;
}
int  main()
{ int x=3, y=5, *p=&x, *q=&y;
  swap(p,q);
  printf("%d  %d\n", *p, *q);
  return 0;
}
```

4. 若有定义：int a[]={1,2,3,4,5,6,7,8,9,10,11,12}, *p[3], m; 则下面程序段的输出是_____。

```
for (m=0; m<3; m++) p[m]=&a[m*4];
printf("%d\n", p[2][2]);
```

5. 若有定义和语句：int a[4]={1, 2, 3, 4},*p; p=&a[2]; ，则*--p 的值是________。

三、程序阅读题

1. 下面程序的输出结果是__________。

```
#include  "stdio.h"
int  main( )
{ int a[ ]={1,2,3,4,5,6,7,8,9,0,},*p;
    p=a;
```

```
printf("%d\n",*p+9);}
return 0;
}
```

2. 执行以下程序后，y 的值是__________。

```
#include  "stdio.h"
int  main()
{ int a[ ]={2,4,6,8,10};
  int y=1,x,*p;
p=&a[1];
  for(x=0;x<3;x++)
y+=*(p+x);
printf("%d\n",y);
return 0;
}
```

3. 下面程序的运行结果是__________。

```
#include  "stdio.h"
int  main( )
{ int a[ ]={0,1,2,3,4,5,6,7,8,9};
  int s=0, i, *p;
      p=&a[0];
      for(i=0;i<10;i++)
     s+=*(p+i);
     printf("s=%d",s);
     return  0;
}
```

4. 已知一个程序段:

```
#include  "stdio.h"
int  main()
{ int a[10]={1,2,3,4,5,6,7},*p;
  p=a;
  *(p+3)+=2;
    printf("%d,%d\n", *p,*(p+3));
    return  0;
}
```

运行结果是_________。

5. 下面程序的运行结果是_________。

```
#include<stdio.h>
#include<string.h>
int  main( )
{ char s[ ]="76543", *p=s;
int i=0;
```

```
while(*p!='\0')
{ if(i%4= =0)   *p='$';
p++;
i++;
}
puts(s);
return  0;
 }
```

6. 写出下列程序的运行结果___________。

```
#include<stdio.h>
int  main()
{ int a[ ]={1,2,3,4,5};
int m,n, *p=a;
m=*(p+2);
n=*(p+4);
printf("%d,%d,%d\n", *p,m,n);
return  0;
}
```

7. 写出下列程序的运行结果___________。

```
#include<stdio.h>
int main( )
{ int a[5]={1,3,5,7,9};
int  i,*p;
p=a;
printf("%d,",*p);
printf("%d\n",++*p);
return 0;
}
```

四、编程题

1. 从键盘输入十个整数存放在一维数组中，求出它们的和及平均值并输出(要求用指针访问数组元素)。

2. 用指针法输入 3 个整数，按由小到大的顺序输出。

3. 用指针法输入 3 个字符串，按由小到大的顺序输出。

4. 编写函数，其功能是从字符串中删除指定的字符。同一字母的大小写按不同字符处理。

5. 有 n 个人围成一圈，顺序排号。从第 1 个人开始报数(从 1 到 3)，凡报到 3 的人退出圈子，问最后留下的是原来的第几号。

6. 有一字符串，包含 n 个字符，写一函数，将此字符串中从 m 个字符开始的全部字符复制成为另一字符串。

第9章　结构体、共用体与自定义类型

前面的第 6 章介绍了一种构造类型数据——数组，数组中各元素属于同一种数据类型。在实际应用中，只有数组类型是不够的，有时需要将类型不同但有一定内在联系的数据组合成一个有机的整体，以便引用。为了整体存放这些类型不同的数据，C 语言提供了另外两种构造类型：结构体型和共用体型。

本章将详细介绍三种特殊类型的数据：结构体、共用体与自定义类型。

本章教学内容：

- 结构体的概念
- 结构体数组
- 指向结构体类型数据的指针
- 共用体
- 用 typedef 定义类型
- 程序设计举例

本章教学目标：

- 理解和掌握结构体类型的定义、结构体变量的定义与初始化、结构体变量成员的引用。
- 理解和掌握结构体数组的定义、初始化及应用。
- 理解和掌握指向结构体变量的指针及指向结构体数组的指针。
- 了解共用体类型的定义、共用体变量的定义及引用。
- 能够熟练用 typedef 定义数据类型。

9.1　结构体的概念

在前面的章节中学习了 C 语言的基本数据类型，如整型、实型、字符型等，用这些数据类型可以定义单一类型的变量；还介绍了一种构造类型数据——数组，数组是具有相同类型的数据的集合。

在实际应用中，仅有上述这些数据类型是不够的，有时需要使用由多种类型数据组合而成的一种构造型数据。例如，要反映一个学生的基本情况，需要表示出的数据有学生的学号、姓名、性别、年龄、成绩等数据项，这些数据项相互联系，共同构成一个整体。而这些数据项的数据类型又各不相同，这就要求定义出一种构造型数据，该构造型数据中的每一个分项的数据类型可以各不相同。这种情况下，结构体类型便应运而生。

9.1.1　结构体类型的定义

结构体类型是用户在程序中自己定义的一种数据类型。结构型必须先定义，然后利用已经定义好的结构型来定义变量、数组、指针等。

定义结构体类型的一般形式为：

```
struct  结构体类型名
  { 数据类型 1    成员名 1;
    数据类型 2    成员名 2;
    数据类型 3    成员名 3;
    ……
    数据类型 n    成员名 n;
};
```

例如，定义一个结构体类型 student，如下：

```
struct student
  {int number;
    char name[10];
    char sex;
    int age;
    float score;
};
```

其中，student 是结构体类型名，代表一种用户自定义的数据类型。该结构体型数据有 5 个数据成员，分别代表学生的学号、姓名、性别、年龄和成绩，每个成员的数据类型可以各不相同。

结构体类型的“成员列表”也称为“域表”，每一个成员又称为结构体中的一个域。结构体成员的命名规则同变量的命名规则是一致的。

还有一点必须注意的是，结构体仅是一种数据类型，相当于一种数据模型，系统不会给结构体成员分配内存空间。只有当用结构体类型来定义变量、数组、指针时，系统才会为定义的变量、数组、指针分配对应的内存空间。

上面定义了一个简单的结构体类型，实际上，结构体类型的成员是可以嵌套的，即一个结构体成员的数据类型可以是另一个之前已定义过的结构体。

下面看一个结构体型嵌套的例子。

【例题 9-1】结构体型嵌套的例子。

为存放一个人的姓名、性别、出生日期、年龄，可定义以下的嵌套结构体型。

```
struct  birthday
  { int y;
  int m;
  int d;
};
struct  person
  { char name[10];
```

```
    char sex;
    struct birthday  bir;
    double wage;
 };
```

此例中，结构体型的成员 bir 的类型又是一个结构体型 birthday，这就要求结构体型 birthday 必须在结构体型 person 之前定义。

9.1.2　结构体类型变量的定义及初始化

前面定义了结构体类型，有了结构体类型后，就可以使用结构体类型来定义变量、数组、指针等，从而可以对结构体变量的成员进行各种运算。

结构体类型变量的定义一般有三种形式：

(1) 先定义结构体类型，再定义结构体类型的变量。

定义结构体类型变量的一般形式为：

```
结构体类型名　结构体变量名;
```

下面看一个定义结构体变量的例子。

【例题 9-2】定义描述学生信息(学号、姓名、性别、年龄、成绩)的结构型及两个该结构型的变量，程序代码段如下：

```
struct  student
{ int number;
char name[10];
char sex;
int age;
float score;
};
```

struct　student　stu1,stu2;

定义了结构体型的变量后，系统会为变量分配内存空间。结构体型变量的存储空间是结构体型各个成员的长度之和。上例中，变量 stu1 和 stu2 分别占用的存储空间是 2+10+1+2+4=19 个字节。

在定义结构体变量的同时，可对结构体变量的成员赋初值。

在例题 9-2 中，可在定义结构体变量 stu1,stu2 的同时为其赋初值，如下：

```
struct   student   stu1={1001,"yang",'F',21,98.5},
                   stu2={1002,"zhang",'M',20,86.0};
```

赋初值后，结构体变量 stu1,stu2 各成员的初值如表 9-1 所示。

表 9-1　结构体变量 stu1,stu2 各成员的初值

	number	name	sex	age	score
变量 stu1	1001	"yang"	'F'	21	98.5
变量 stu2	1002	"zhang"	'M'	20	86.0

(2) 在定义结构型的同时定义结构体变量并进行初始化。

可在定义结构型的同时定义结构体变量并进行初始化，这种定义的一般形式为：

```
struct   结构体名
{ 数据类型 1    成员名 1;
  数据类型 2    成员名 2;
  数据类型 3    成员名 3;
……
  数据类型 n    成员名 n;
}变量名列表及赋初值;
```

例题 9-2 中的结构体也可写成如下形式：

```
struct  student
{ int number;
  char name[10];
  char sex;
  int age;
  float score;
  }stu1={1001,"yang",'F',21, 98.5}, stu2={1002,"zhang",'M',20, 86.0};
```

(3) 可省略结构体名，在定义结构体型的同时定义变量并赋初值。

这种定义的一般形式为：

```
struct
{  数据类型 1    成员名 1;
   数据类型 2    成员名 2;
   数据类型 3    成员名 3;
……
   数据类型 n    成员名 n;
}变量名列表及赋初值;
```

例题 9-2 中的结构体也可写成下列形式：

```
struct
{ int number;
  char name[10];
  char sex;
  int age;
  float score;
  }stu1={1001,"yang",'F',21, 98.5}, stu2={1002,"zhang",'M',20, 86.0};
```

此处省略了结构体名，定义了结构体变量 stu1 和 stu2，并赋予初值。

9.1.3 结构体类型变量成员的引用

定义好结构体变量后，就可以使用变量了。一般不能直接使用结构体变量，只能引用结构体变量的成员。引用结构体变量成员的一般形式如下：

```
结构体变量名.成员名
```

其中“.”称为成员运算符，成员运算符在所有运算符中的优先级是最高的。下面看一个引用结构体变量的成员的例子。

【例题 9-3】引用结构体变量成员的例子。

```
#include<stdio.h>
#include<string.h>
int main()
{ struct  student
  {int number;
  char name[10];
  char sex;
  double score[2];
 };
struct  student s1;
s1.number=2015001;
strcpy(s1.name, "yang");
s1.sex='F';
s1.score[0]=94.5;
s1.score[1]=87.5;
printf("number=%d,name=%s,sex=%c,",s1.number,s1.name,s1.sex);
printf("score1=%.2lf,score2=%.2lf\n",s1.score[0],s1.score[1]);
return  0;
 }
```

程序的运行结果如图 9-1 所示。

```
number=2015001,name=yang,sex=F,score1=94.50,score2=87.50
Press any key to continue
```

图 9-1　例题 9-3 的运行结果

在引用结构体变量的成员时，应注意以下几点：

(1) 不能整体引用结构体变量，只能对结构体变量的成员分别引用。如例题 9-3 中，输出语句若写成下列形式，则是错误的。

```
printf("number=%d,name=%s,sex=%c, score1=%.2lf,score2=%.2lf\n ",s1);
//错误，不能整体引用结构体变量。
```

(2) 结构体变量的成员可以像普通变量一样参加各种运算。例如：

```
s1.score[0]=s1.score[0]+10;
s1.score[0]=s1.score[1];
```

(3) 可引用结构体变量的地址，也可引用结构体变量成员的地址。下列表示都是正确的。

```
scanf("%d",&s1.number); //输入 s1.number(学生的学号)值。
printf("%x",&s1);         //输出 s1 的起始地址。
```

但注意，要输入结构体变量成员的值，应该分别输入各个成员值，不能整体读入结构体变量。下列形式是错误的：

```
scanf("%d,%s,%c,%lf,%lf",s1);
```

(4) 对于嵌套的结构体变量，应用成员运算符时要一级一级地引用，直至找到最低一级成员，只能对最低级成员进行各种运算。例如，在例题 9-1 中，若定义一个结构体变量 stu1，则可以用下面的形式访问各成员：

```
stu1.name;
stu1.bir.y; //表示学生 stu1 的出生年份。
```

为加深对嵌套的结构体变量成员引用的理解，下面看一个例子。

【例题 9-4】嵌套的结构体变量成员引用的例子。

```
#include<stdio.h>
#include<string.h>
struct  birthday
  {int  year;
   int  month;
   int day;
  };
  struct  person
  { char name[10];
    char sex;
    struct birthday  bir;
    char address[30];
}p;
int  main()
{ strcpy(p.name, "zhang");
  p.sex='M';
  p.bir.year=1995;
  p.bir.month=10;
  p.bir.day=21;
  strcpy(p.address, "shanghai");
printf("name=%s,sex=%c,address=%s\n",p.name, p.sex, p.address);
printf("birthday=%4d 年%2d 月%2d 日\n",p.bir.year,p.bir.month,p.bir.day);
  return  0;
  }
```

程序运行结果如图 9-2 所示：

```
name=zhang,sex=M,address=shanghai
birthday=1995年10月21日
Press any key to continue
```

图 9-2　例题 9-4 的运行结果

在该例中，要表示变量 p 的 bir 成员，可以表示为 p.bir，因为 bir 本身又是一个结构体型的成员，若表示变量 p 的 year，便可以表示为 p.bir.year。因“.”的运算方向是自左向右的，故先进行 p.bir 结合，再将 p.bir 与 year 结合，即 p.bir.year。

9.2　结构体数组

前面介绍了结构体变量，与定义结构体变量一样，也可定义结构体数组。结构体数组中的每一个元素相当于一个具有相同结构体类型的变量，结构体数组是具有相同类型的结构体变量的集合。前面介绍了 student 结构体类型，若学生人数较多，就可以定义 student 结构体型数组。

9.2.1　结构体数组的定义

定义结构体数组的方法与定义结构体变量的方法一样，把变量名改为数组即可，定义结构体数组也有三种方式。

(1) 先定义结构体型，再定义结构型数组。例如：

```
struct  student
   {int number;
    char name[10];
    char sex;
    double score[2];
   };
struct student stu[5];
```

此例定义了一个结构体数组 stu，该数组有 stu[0]、stu[1]、stu[2]、stu[3]、stu[4]共 5 个元素，每个元素都相当于一个结构体变量，每个元素都分别有 number、name、sex、score 这 4 个成员。

访问结构体数组元素的成员的一般格式为：

```
结构体数组名[下标].成员名
```

如下列语句是给数组元素 stu[0]的部分成员赋值并输出：

```
stu[0].number=2015004;stu[0].name="sun";stu[0].score[0]=90.5;
printf("number=%d,name=%s,score[0]=%lf\n",stu[0].number,stu[0].name,stu
  [0].score[0]);
```

(2) 定义结构体型的同时定义数组。上例也可改写为：

```
struct  student
{int number;
char name[10];
char sex;
```

```
double score[2];
}stu[5];
```

(3) 定义无名结构体型的同时定义数组。上例也可改写为:

```
struct
{int number;
char name[10];
char sex;
double score[2];
}stu[5];
```

9.2.2　结构体数组的初始化

对结构体数组的初始化，要分别对每个数组元素初始化。对上述结构体型数组第(1)种形式的初始化可写成下列形式:

```
struct  student
   {int number;
   char name[10];
   char sex;
   double score[2];
   };
struct student stu[5]={{2015001,"zhang",'M',67.5,89.5},
                       {2015002,"liu",'F',80.0,86.5},
                       {2015003,"sun",'M',85.0,81.0},
                       {2015004,"yang",'F',72.0,75.5},
                       {2015005,"li",'M',86.0,75.0}};
```

初始化后，数组 stu 的 5 个元素的每个成员对应值如表 9-2 所示:

表 9-2　数组 stu 的元素成员值

	number	name	sex	score[0]	score[1]
stu[0]	2015001	"zhang"	'M'	67.5	89.5
stu[1]	2015002	"liu"	'F'	80.0	86.5
stu[2]	2015003	"sun"	'M'	85.0	81.0
stu[3]	2015004	"yang"	'F	72.0	75.5
stu[4]	2015005	"li"	'M'	86.0	75.0

上述第(2)、(3)两种形式的初始化同样可写成下列形式:

```
struct[student]
{int number;
char name[10];
char sex;
double score[2];
```

```
}stu[5]={{2015001,"zhang",'M',67.5,89.5},
{2015002,"liu",'F',80.0,86.5},
{2015003,"sun",'M',85.0,81.0},
{2015004,"yang",'F',72.0,75.5},
{2015005,"li",'M',86.0,75.0}};
```

每个{ }对应一个数组元素。数组元素的存放如表 9-2 所示。

9.2.3　结构体数组应用举例

【例题 9-5】设有如下学生信息：学号、姓名、出生年月(包含整型的年、月、日)。编写一程序，输入 5 个学生的信息，输出所有学生的学号和姓名。

程序代码如下：

```
#define  N 5
#include<stdio.h>
int main()
{ struct birthday
{ int year;
  int month;
  int day;};
  struct date
{ long num;
  char name[10];
  struct birthday bir;
}stu[N];
for(int i=0;i<N;i++)
{ printf("请输入第%d 个学生信息\n",i+1);
  scanf("%ld",&stu[i].num);
  scanf("%s",stu[i].name);
  scanf("%d,%d,%d",&stu[i].bir.year, &stu[i].bir.month, &stu[i].bir.day);
}
printf("\n");
printf("学号      姓名\n");
for(i=0;i<N;i++)
{ printf("%-10ld",stu[i].num);
 printf("%-11s\n",stu[i].name);
  }
 return 0;
  }
```

程序运行结果如图 9-3 所示。

【例题 9-6】编一个程序，输入 5 个学生的学号、姓名、3 门课程的成绩，输出 5 个学生的信息，并求出总分最高的学生姓名然后输出。

程序分析：先定义一个结构体型 student 来表示学生的信息(学号、姓名、3 门课程的成绩)，在主函数中用循环方式输入 5 个学生的信息，再用打擂台算法求出 5 个学生中总分最高的学生姓名并输出。

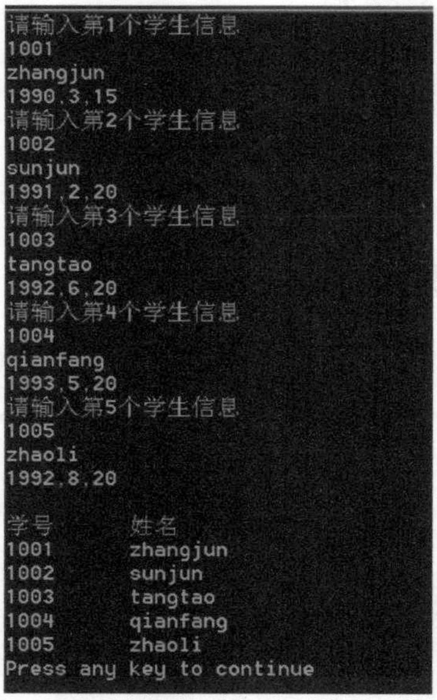

```
请输入第1个学生信息
1001
zhangjun
1990,3,15
请输入第2个学生信息
1002
sunjun
1991,2,20
请输入第3个学生信息
1003
tangtao
1992,6,20
请输入第4个学生信息
1004
qianfang
1993,5,20
请输入第5个学生信息
1005
zhaoli
1992,8,20

学号      姓名
1001      zhangjun
1002      sunjun
1003      tangtao
1004      qianfang
1005      zhaoli
Press any key to continue
```

图 9-3　例题 9-5 的运行结果

程序代码如下：

```
#include<stdio.h>
#define  N   5
struct student
{ char  num[6];
char  name[8];
float  score[3];
float sum1;
}stu[N];
int main( )
{ int  i,j,maxi;
float   sum,max;
for(i=0;i<N;i++)
{ printf("input No %d student:\n",i+1);
printf("num:");
scanf("%s",&stu[i].num);
printf("name:");
scanf("%s",&stu[i].name);
for(j=0;j<3;j++)
{ printf("score %d:",j+1);
scanf("%f",&stu[i].score[j]);
      }
   }
max=stu[0].sum1;
max i=0;
```

```
for(i=0;i<N;i++)
{ sum=0;
for(j=0;j<3;j++)
sum=sum+stu[i].score[j];
  stu[i].sum1=sum;
if(sum>max)
{ max=sum;
maxi=i;
}
  }
printf("  num    name    score1    score2   score3     sum\n");
for(i=0;i<N;i++)
{printf("%5s%10s",stu[i].num,stu[i].name);
for(j=0;j<3;j++)
printf("%9.2f",stu[i].score[j]);
printf("   %8.2f\n",stu[i].sum1);
}
printf("最高分学生的姓名是: %s\n",stu[maxi].name);
return  0;
}
```

程序的运行结果如图 9-4 所示。

```
input No 1 student:
num:001
name:zhao
score 1:85
score 2:83
score 3:85
input No 2 student:
num:002
name:qian
score 1:86
score 2:87
score 3:89
input No 3 student:
num:003
name:sun
score 1:92
score 2:91
score 3:93
input No 4 student:
num:004
name:li
score 1:82
score 2:68
score 3:75
input No 5 student:
num:005
name:zhou
score 1:76
score 2:82
score 3:86
  num    name    score1    score2   score3     sum
  001      zhao     85.00     83.00     85.00     253.00
  002      qian     86.00     87.00     89.00     262.00
  003       sun     92.00     91.00     93.00     276.00
  004        li     82.00     68.00     75.00     225.00
  005      zhou     76.00     82.00     86.00     244.00
最高分学生的姓名是: sun
Press any key to continue
```

图 9-4　例题 9-6 的运行结果

9.3　指向结构体类型数据的指针

前面学习了结构体型变量，当定义一个变量来存放结构体变量的地址时，该变量就是指向结构体变量的指针。要访问一个结构体变量，可通过变量名访问(即直接访问)，也可通过指向结构体变量的指针访问(即间接访问)。同样，也可以定义一个变量来存放结构体数组的首地址，该变量就是指向结构体数组的指针。访问一个结构体数组时，也有直接访问和间接访问两种方式。

9.3.1　指向结构体变量的指针

从前面的介绍可知，当一个变量用来存放结构体变量的地址时，该变量就是指向结构体变量的指针。指向结构体变量的指针定义的一般形式为：

```
struct  结构体类型名  *指针变量名;
```

例如：struct student *p,stu;

p=&stu;

定义了指向结构体变量的指针 p 和结构体变量 stu，赋值语句 p=&stu;使得指针 p 指向了结构体变量 stu，即指针 p 中存放了结构体变量 stu 的地址。

定义了结构体变量的指针后，能够更方便地利用结构体指针变量来间接访问结构体变量的成员值，常用的访问结构体变量成员的方法有以下三种：

(1) (*指针变量名).结构体成员名

(2) 指针变量名->结构体成员名

(3) 结构体变量.成员名

在第(1)种形式中，指针变量名表示结构体变量的地址，“*指针变量名”表示取地址中的内容，即结构体变量。“.”是成员运算符，表示结构体变量的成员，所以第(1)种形式经过转换，与第(3)种形式含义相同。在(1)种形式中，“*指针变量名”两侧的括号不能省略，因为成员运算符“.”优先于”*”，“*指针变量名.结构体成员名”等价于“*(指针变量名.结构体成员名)”。

第(2)种形式中的“->”是指向运算符，表示指针变量指向某个结构体成员。第(2)种形式实际上是第(1)形式的缩写。

下面看一个使用指向结构体变量指针的例子。

【例题 9-7】使用指向结构体变量的指针输出学生信息。

程序代码如下：

```
#include<stdio.h>
 #include<string.h>
struct student
{ long num;
char  name[10];
```

```
char sex;
int  age;
double score;
  };
int main( )
{ struct student stu1;
struct student  *p;
   p=&stu1;
 stu1.num=20150101;
strcpy(stu1.name, "Zhang Jun");
 stu1.sex='M';
 stu1.age=21;
 stu1.score=92.5;
printf("第一次输出学生信息:\n");
printf("num:%ld,name:%s,sex:%c,age:%d,score:%ld\n",p->num,p->name,
p->sex,p->age,p->score);
printf("第二次输出学生信息:\n");
printf("num:%ld,name:%s,sex:%c,age:%d,score:%ld\n",(*p).num,(*p).name,
(*p).sex,(*p).age,(*p).score);
printf("第三次输出学生信息:\n");
printf("num:%ld,name:%s,sex:%c,age:%d,score:%ld\n",stu1.num,stu1.name,
stu1.sex,stu1.age,stu1.score);
return 0;
 }
```

程序的运行结果如图 9-5 所示：

```
第一次输出学生信息:
num:20150101,name:Zhang Jun,sex:M,age:21,score:0
第二次输出学生信息:
num:20150101,name:Zhang Jun,sex:M,age:21,score:0
第三次输出学生信息:
num:20150101,name:Zhang Jun,sex:M,age:21,score:0
Press any key to continue_
```

图 9-5　例题 9-7 的运行结果

结构体成员赋值后，结构体指针的指向关系如图 9-6 所示。

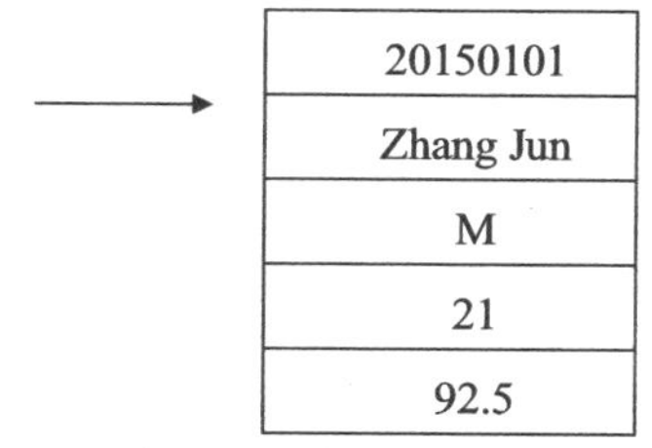

图 9-6　结构体指针的指向关系

从程序的运行结果可以看出：

```
(*指针变量名).结构体成员名
```

```
指针变量名->结构体成员名
结构体变量.成员名
```

用这三种形式来访问结构体变量的成员结果是完全相同的。

需要说明的是，在上例中：

```
struct student stu1;
struct student  *p;
p=&stu1;
```

必须给指针 p 赋值，即 p=&stu1; 此时指针 p 中存放的是结构体中第一个成员的首地址。如果指针在使用前没有进行初始化或者赋值，则可能发生内存冲突等严重错误。在没有进行结构指针变量初始化或者赋值的情况下，需要为结构体指针变量动态分配整个结构长度的字节空间，可通过 C 语言提供的 malloc()和 free()函数来进行，如下：

```
p=malloc(sizeof(struct student)); //p 指向分配空间的首地址
......
free(p);
```

sizeof(struct student)自动求取 student 结构的字节长度；malloc( )函数定义了一个大小为结构长度的内存区域，然后将其地址作为结构体指针返回；free()函数则释放由 malloc()函数所分配的内存区域。

这种结构体指针变量分配内存的方法在后面的链表结构中有着广泛的应用。

9.3.2　指向结构体数组的指针

指针变量可以指向一个结构体数组，此时结构体指针变量的值是整个结构体数组的首地址。结构体指针变量也可指向结构体数组中的某一个元素，此时结构体指针变量的值是该数组元素的首地址。

在前面的章节中定义了结构体类型，在此基础上定义结构体数组及指向结构体数组的指针。例如：

```
struct student
{ long num;
  char  name[10];
  char sex;
  int  age;
  double score;
  };
struct student stu[5],*p;
```

若执行 p=stu;语句，则此时结构体指针 p 就指向了结构体数组 stu 的首地址。

p 是指向一维结构体数组的指针，对数组元素的引用有 3 种方法。

(1) 指针法。若 p 指向数组的某一个元素，则 p--表示指针上移，指向前一个元素；p++表示指针下移，指向其后一个元素。例如：

(++p)->name，先使 p 自加 1，即指针指向下一个元素，然后取得它指向元素的 name 成员值。

(p++)->name，先得到 p->name 的值，然后使 p 自加 1，指向下一个元素。

请注意以上二者的区别。

同样，

(- -p)->name，先使 p 自减 1，即指针指向上一个元素，然后取得它指向元素的 name 成员值。

(p- -)->name，先得到 p->name 的值，然后使 p 自减 1，指向上一个元素。

(2) 地址法。当执行 p=stu;语句后，stu 和 p 均表示数组的首地址，即第一个元素的地址&stu[0]；stu+i 和 p+i 均表示数组第 i 个元素的地址，即&stu[i]。数组元素各成员的引用形式为(stu+i)->num 和(stu+i)->name，或者(p+i)->num 和(p+i)->name 等。

(3) 指针的数组表示法

若 p=stu，则指针 p 指向数组 stu，p[i]表示数组的第 i 个元素，p[i]与 stu[i]含义相同，都是表示数组的第 i+1 个元素。对数组成员的引用可表示为 p[i].num、p[i].name 等。

例如：

```
struct  student stud[10],*p1;
p1=stud;
```

或者

```
p1=&stud[0];
```

由此可知：

```
p1⇔&stud[0]
p+1⇔&stud[1]
p+2⇔&stud[2]
……
p+n⇔&stud[n]
```

同样：

```
*p1⇔stud[0]
*(p+1)⇔stud[1]
*(p+2)⇔stud[2]
……
*(p+n)⇔stud[n]
```

下面看一个指向结构体数组的指针的例子。

【例题 9-8】 指向结构体数组的指针的应用。

```
 #include<stdio.h>
struct stu
{ int num;
char *name;
```

```
char sex;
float score;
}boy[5]={{101,"Zhou ping",'M',45},
          {102,"Zhang ping",'M',62.5},
          {103,"Liou fang",'F',92.5},
          {104,"Cheng ling",'F',87},
          {105,"Wang ming",'M',58},
         };
int main( )
{ struct stu *ps;
for(ps=boy;ps<boy+5;ps++)
printf("%d,%s,%c,%.2f\n",ps->num,ps->name,ps->sex,ps->score);
return 0;
}
```

该程序的运行结果如图 9-7 所示。

```
101,Zhou ping,M,45.00
102,Zhang ping,M,62.50
103,Liou fang,F,92.50
104,Cheng ling,F,87.00
105,Wang ming,M,58.00
Press any key to continue
```

图 9-7　例题 9-8 的运行结果

在程序中，定义了 stu 结构类型的外部数组 boy 并进行初始化赋值。在 main 函数内定义 ps 为指向 stu 类型的指针。在循环语句 for 的表达式 1 中，ps 被赋予 boy 的首地址，然后循环 5 次，输出 boy 数组中各成员值。

应该注意，一个结构指针变量虽然可用来访问结构变量或结构数组元素的成员，但不能使它指向一个成员。也就是说不允许取一个成员的地址来赋予它。因此，下面的赋值是错误的。

```
ps=&boy[1].sex;
```

而只能是：ps=boy;(赋予数组首地址)

或者是：ps=&boy[0];(赋予 0 号元素首地址)。

【例题 9-9】指向结构体数组的指针的应用。

```
#include<stdio.h>
struct data    /*定义结构体类型*/
{ int day;
int month;
int year;
};
struct stu  /*定义结构体类型*/
{ char name[20];
Long num;
struct data birthday;
};
int main( )
{ int i;
struct stu *p,student[4]={{"liying",1,1978,5,23},{"wangping",2,1979,3,14},
{"libo",3,1980,5,6},{"xuyan",4,1980,4,21}};
```

```
/*定义结构体数组并初始化*/
p=student;    /*将数组的首地址赋值给指针 p, p 指向了一维数组 student*/
for(i=0;i<4;i++)    /*采用指针法输出数组元素的各成员*/
printf("%20s%10ld%10d//%d//%d\n",(p+i)->name,
(p+i)->num,(p+i)->birthday.year,(p+i)->birthday.month,
(p+i)->birthday.day);
}
```

程序的运行结果如图 9-8 所示：

```
               liying         1         23//5//1978
             wangping         2         14//3//1979
                 libo         3          6//5//1980
                xuyan         4         21//4//1980
Press any key to continue
```

图 9-8　例题 9-9 的运行结果

9.4　共用体

在程序设计中，有时为节省内存空间，要求某数据存储区在不同的时间分别存储不同类型的数据，后存储的类型数据会覆盖前一次存储的类型数据，这些不同的数据类型分时共享同一段内存单元，此时可使用共用体。在共用体中，所有成员共享同一个内存空间，共用体的长度根据所有成员中最长的成员而定。

9.4.1　共用体类型的定义

共用体与结构体一样，必须先定义共用体类型，然后定义共用体类型的变量。定义共用体的关键字是 union，共用体类型定义的一般形式为：

```
union  共用体名
{类型名 1   成员名 1;
 类型名 2   成员名 2;
 ……
 类型名 n    成员名 n;
};
```

其中，union 是关键字，是共用体类型的标志。共用体的成员类型可以是基本数据类型，也可以是数组、指针、结构体或共用体类型等。

共用体的说明仅规定了共用体的一种组织形式，系统并不给共用体类型分配存储空间，共用体是一种数据类型，称为共用体类型。

例如，定义一种共用体类型 data，如下：

```
union data
{int i;
  char ch;
```

```
  float f;
  double d;
};
```

定义了一种共用体类型 data，该共用体类型有 4 个成员，第 1 个整型成员变量 i 占 2 个字节的内存空间，第 2 个字符型成员变量 ch 占 1 个字节的内存空间，第 3 个单精度成员变量 f 占 4 个字节的内存空间，第 4 个双精度成员变量 d 占 8 个字节内存空间。共用体的所有成员共享同一个内存空间，后一个成员变量会覆盖前一个成员变量，共用体长度根据所有成员中最长的成员而定，共用体 data 的长度是最大成员 d 的长度(8 字节)。

9.4.2　共用体变量的定义

定义了共用体类型后，就可以定义共用体类型的变量了。共用体变量的定义与结构体变量的定义一样，有如下 3 种形式：

(1) 在定义共用体类型的同时，定义共用体变量。一般形式如下：

```
union  共用体类型名
 { 类型名 1    成员名 1;
   类型名 2    成员名 2;
   ……
   类型名 3    成员名 3;
  } 变量名表列;
```

例如：

```
union  un_type
{ int  a;
  float  b;
  char  c;
  double  d;
}u1,u2;
```

该例中，共用体变量 u1,u2 各自有 4 个成员变量，这 4 个成员变量共用同一段存储单元，共用体变量 u1,u2 各占用 8 个字节的内存空间。

(2) 先定义共用体类型，再定义共用体变量。一般形式如下：

```
 union  共用体类型名
{ 类型名 1    成员名 1;
  类型名 2    成员名 2;
  ……
  类型名 3    成员名 3;
  };
共用体类型名  变量名列表;
```

上例也可改为：

```
union  un_type
```

```
{ int  a;
  float  b;
  char  c;
  double  d;
  };
un_type  u1,u2;
```

(3) 直接定义共用体类型的变量。一般形式如下：

```
union
 { 类型名 1    成员名 1;
   类型名 2    成员名 2;
   ……
  类型名 3    成员名 3;
}变量名表列;
```

这种形式与第(1)种形式相比，省略了共用体类型名。上例也可写为：

```
union
{ int  a;
  float  b;
  char  c;
  double  d;
}u1,u2;
```

从形式上看，共用体变量的定义与结构体变量的定义非常相似，但实际上二者之间存在本质区别，主要表现在存储空间的不同。结构体变量的每个成员分别占有自己的内存单元，相互的存储单元不发生重叠，结构体变量所占内存长度是各成员所占的内存长度之和。共用体变量各成员共用同一个内存单元，后一个成员覆盖前一个成员，共用体变量所占的内存长度等于成员长度的最大值。

9.4.3　共用体变量的引用

定义共用体变量后，就可以引用共用体变量了。共用体变量的引用方式与结构体变量的引用方式类似，只能引用共用体变量的成员，不能整体引用共用体。

例如，有下面的共用体：

```
union  un_type
{ int  a;
  float  b;
  char  c;
  double  d;
}u1, *p;
```

若要表示共用体变量 u1 的各个成员，可分别表示为：u1.a,u1.b,u1.c,u1.d。但要注意，不能同时引用多个成员，在某一时刻，只能使用其中的一个成员。

执行语句 u1=&p 后，指针 p 所指向变量的成员可表示为：p->a,p->b,p->c,p->d；也可表示为：(*p).a,(*p).b,(*p).c,(*p).d。

注意，不能直接使用共用体变量，如：语句 scanf("%d",&u1);和语句 printf("%d",u1);都是错误的。只能分别单独引用共用体变量的每个成员。

由此可知，引用共用体变量的成员的方法与引用结构体变量的成员的方法一样，有三种形式：

(1) 共用体变量名.共用体成员名

(2) 共用体指针变量名->共用体成员名

(3) (*共用体指针变量名).共用体成员名

下面来看一个引用共用体变量的例子，来加深对共用体变量的理解。

【例题 9-10】共用体变量的引用。

程序代码如下：

```
#include<stdio.h>
union  aa
{int  a;
char  b;
float c;
double d;
}x;
int main( )
{ x.a=10;
  printf("%d\n",x.a);
  x.b='H';
  printf("%c\n",x.b);
  x.c=87.5;
  x.d=98.5;
  printf("%f,%lf\n",x.c,x.d);
  printf("\n");
  return 0;
}
```

程序的运行结果如图 9-9 所示。

```
10
H
0.000000,98.500000

Press any key to continue
```

图 9-9　例题 9-10 的运行结果

该例中，第一次输出变量成员 x.a 的值 10，第二次输出变量成员 x.b 的值‘H’，第三次同时输出变量成员 x.c 与 x.d 的值，结果显示，x.c 的值为 0.000000，x.d 的值显示正确。读者思考，为什么变量成员 x.c 的值为 0.000000 呢？这是因为，共用体变量成员共用同一段内存空间，当使用下一个变量成员时，该变量成员便覆盖了前一个变量成员的值。由此可知，共用体变量不能同时引用多个成员，在某一时刻，只能使用其中的一个成员。

说明：

(1) 在共用体变量中，可包含若干个类型不同的成员，但共用体成员不能同时使用。在每一时刻，只有一个成员及一种类型起作用，不能同时引用多个成员及多种类型。

(2) 共用体变量中起作用的成员值是最后一次存放的成员值，即共用体变量所有成员共用同一段内存单元，后来存放的值将原先存放的值覆盖，故只能使用最后一次给定的成员值。

(3) 共用体变量的地址和它的各个成员的地址相同。

(4) 不能对共用体变量初始化和赋值，也不能企图引用共用体变量名来得到某成员的值。

(5) 共用体变量不能作函数参数，函数的返回值也不能是共用体类型。

(6) 共用体类型和结构体类型可以相互嵌套，共用体中成员可以为数组，甚至还可以定义共用体数组。

9.5　用 typedef 定义类型

在前面的章节中，介绍了 C 语言的基本数据类型，如 int、char、float、double、long 等，也介绍了数组、结构体、共用体等构造类型。除此之外，C 语言还允许用 typedef 来声明新的类型名来代替已有的类型名。

用户自定义类型的一般格式为：

```
typedef  原类型名   新类型名;
```

表示用新类型名来代替原类型名。

例如，执行 typedef int　INTEGER;后，就可以用 INTEGER 来代替整型 int 了，以后就可以用 INTEGER 代替 int 来定义整型变量了。

一般而言，新类型名用大写表示，以便与系统提供的标准数据类型相区分。

如：typedef　int　INTEGER;

　INTEGER　a,b;

这两句等价于：int a,b;

读者读到这里，对用 typedef 定义的类型大概有一些了解了。

下面按照“原类型名”的不同，分情况介绍自定义类型的使用。

1. 自定义基本数据类型

利用自定义类型语句可将系统提供的所有基本数据类型定义为新类型。

一般格式如下：

```
typedef  基本数据类型   新类型名;
```

功能：用新类型来代替已有的基本数据类型。

下面看一个简单的自定义基本数据类型。

【例题 9-11】使用简单的自定义基本数据类型。

```
#include<stdio.h>
```

```
typedef int  INTEGER;
typedef  char  CHARACTER;
int main( )
{ INTEGER a=15;  //该语句相当于 int  a=15;
CHARACTER  b='M';  //该语句相当于 char  b='M';
……
return  0;
  }
```

2. 自定义数组类型

利用自定义类型语句可将数组类型定义为新类型。

一般格式如下：

```
typedef    基本数据类型    新类型名[数组长度];
```

功能：用“新类型”来定义由“基本数据类型符”声明的数组，数组的长度为定义时说明的“数组长度”。

【例题 9-12】自定义数组类型举例。

```
#include<stdio.h>
typedef int  I_ARRAY[20];
typedef  double  D_ARRAY[10];
int main()
 { I_ARRAY  a={12,34,45,60},b={10,20,30,40};
/*该语句等价于 int a[20]={12,34,45,60},b[10]={10,20,30,40};*/
   D_ARRAY  m={34.5,67.8,89.0};
/*该语句等价于 double  m[10]={34.5,67.8,89.0}; */
……
return  0;
}
```

3. 自定义结构型

利用自定义类型语句可将程序中需要的结构型定义为一个用户新类型。

一般格式如下：

```
typedef struct
{ 数据类型名 1    成员名 1;
  数据类型名 2    成员名 2;
  数据类型名 3    成员名 3;
  ……
  数据类型名 n    成员名 n;
}用户新类型;
```

功能：用“用户新类型”可以定义含有上述 n 个成员的结构体变量、结构体数组和结构体指针变量等。

【例题 9-13】自定义结构型举例。

```
 #include<stdio.h>
Typedef struct
{long personID;
 char  name[10];
 double  salary;
}PERSON;
 /*定义 PERSON 为含有 3 个成员的结构体型的类型名*/
int main( )
{ PERSON  p1,p2[3];
/*该语句相当于 struct
{ long personID;
 char  name[10];
 double  salary;
}p1,p2[3];  */
……
return  0;
 }
```

4. 自定义指针型

可以利用自定义类型语句把某种类型的指针型定义为一个用户新类型。
一般格式如下：

```
typedef   基本数据类型  *用户新类型;
```

功能：可用“用户新类型”定义“基本数据类型”的指针变量或数组。
【例题 9-14】自定义指针类型举例。

```
#include<stdio.h>
Typedef int  *P1;
typedef  char  *P2;
int main( )
{ P1 a,b;
P2  c,d;
…
return  0;
}
```

9.6　程序设计举例

【例题 9-15】结构体指针变量的使用。

```
#include <stdio.h>
```

```
struct stu
{char *name;
int num;
char sex;
float score;
}*pstu, stu1={"yanglan", 1, 'F', 92.5};
int main()
{pstu = &stu1;
printf("Number=%d, Name=%s\n",stu1.num, stu1.name);
printf("Sex=%c, Score=%f\n\n",stu1.sex, stu1.score);
printf("Number=%d, Name=%s\n",(*pstu).num, (*pstu).name);
printf("Sex=%c, Score=%f\n\n",(*pstu).sex, (*pstu).score);
printf("Number=%d, Name=%s\n",pstu->num, pstu->name);
printf("Sex=%c, Score=%f\n",pstu->sex, pstu->score);
return 0;
}
```

程序的运行结果如图 9-10 所示：

```
Number=1, Name=yang lan
Sex=F, Score=92.500000

Number=1, Name=yang lan
Sex=F, Score=92.500000

Number=1, Name=yang lan
Sex=F, Score=92.500000
Press any key to continue
```

图 9-10　例题 9-15 的运行结果

【例题 9-16】编写一个程序，从键盘输入 n 个学生的六门课程考试成绩，计算每个学生的平均成绩，并按平均成绩由高到低的顺序输出每个学生的信息(包括学号、姓名和六门成绩)；要求程序中用到结构体数据类型。

```
#include<stdio.h>
#define N 100
struct student/*定义一个学生结构体*/
{ char number[10];
char name[10];
char sex[4];
int Chinese;
int Math;
int English;
int Physics;
int Chemistry;
int History;
int Average;
```

```
}stu[N];
  int main(int argc,char *argv[])
  {int i=0;
int k=0;
int j=0;
while(1)
{printf("\t\t\t1 继续录入, 2 退出并排序\n");
  scanf("%d",&j);
  if(j==2)
  break;
else
 {printf("请输入学号: ");scanf("%s",stu[i].number);
  printf("请输入姓名: ");scanf("%s",stu[i].name);
  printf("请输入性别: ");scanf("%s",stu[i].sex);
  printf("请输入 语文、数学、英语、物理、化学、历史:\n");

scanf("%d%d%d%d%d%d",&stu[i].Chinese,&stu[i].Math,&stu[i].English,&stu[i]
.Physics,&stu[i].Chemistry,&stu[i].History);
stu[i].Average=(stu[i].Chinese+stu[i].Math+stu[i].English+stu[i].Physics+
stu[i].Chemistry+stu[i].History)/6;
i++;
k=i;
}
}
/*平均成绩排序*/
for (i=0;i<k-1;i++)
for (j=i+1;j<k;j++)
if (stu[i].Average<stu[j].Average)
{stu[k]=stu[i];stu[i]=stu[j];stu[j]=stu[k];}
printf("平均成绩高到低是: \n");
for(i=0;i<k;i++)
{printf("学号: %s,姓名: %s,性别: %s 语文 %d 分, 数学 %d 分, 英语 %d 分 物理 %d 分,  化
学 %d 分,  历史 %d 分
\n",stu[i].number,stu[i].name,stu[i].sex,stu[i].Chinese,stu[i].Math,stu[i
].English,stu[i].Physics,stu[i].Chemistry,stu[i].History);
}
return 0;
}
```

程序的运行结果如图 9-11 所示。

【例题 9-17】用结构体数组存储 10 名学生的学号、姓名以及 C 语言课程的成绩，按成绩降序输出学生信息，要求通过调用函数完成输入、输出和排序操作。

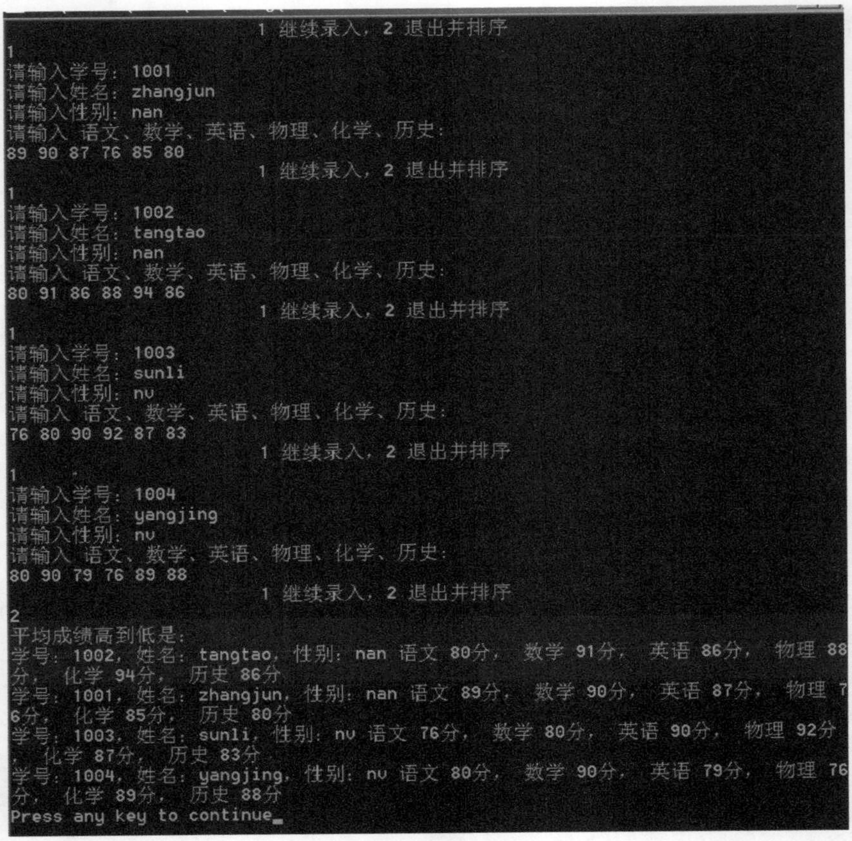

```
                    1 继续录入，2 退出并排序
1
请输入学号: 1001
请输入姓名: zhangjun
请输入性别: nan
请输入 语文、数学、英语、物理、化学、历史:
89 90 87 76 85 80
                    1 继续录入，2 退出并排序
1
请输入学号: 1002
请输入姓名: tangtao
请输入性别: nan
请输入 语文、数学、英语、物理、化学、历史:
80 91 86 88 94 86
                    1 继续录入，2 退出并排序
1
请输入学号: 1003
请输入姓名: sunli
请输入性别: nv
请输入 语文、数学、英语、物理、化学、历史:
76 80 90 92 87 83
                    1 继续录入，2 退出并排序
1
请输入学号: 1004
请输入姓名: yangjing
请输入性别: nv
请输入 语文、数学、英语、物理、化学、历史:
80 90 79 76 89 88
                    1 继续录入，2 退出并排序
2
平均成绩高到低是:
学号: 1002, 姓名: tangtao, 性别: nan 语文 80分， 数学 91分， 英语 86分， 物理 88
分， 化学 94分， 历史 86分
学号: 1001, 姓名: zhangjun, 性别: nan 语文 89分， 数学 90分， 英语 87分， 物理 7
6分， 化学 85分， 历史 80分
学号: 1003, 姓名: sunli, 性别: nv 语文 76分， 数学 80分， 英语 90分， 物理 92分
， 化学 87分， 历史 83分
学号: 1004, 姓名: yangjing, 性别: nv 语文 80分， 数学 90分， 英语 79分， 物理 76
分， 化学 89分， 历史 88分
Press any key to continue
```

图 9-11　例题 9-16 的运行结果

```
#include <stdio.h>
#define N 10
void input(int *);//输入
void sort(int *);//排序
int search(int *,int x);//查找
void insert(int *,int x);//插入
void display(int *,int n);//显示
int main(void)
{int temp,x,a[11];
  printf("输入 10 个成绩: ");
  input(a);
  sort(a);
printf("输出成绩(大-->小): ");
display(a,N);
printf("输入一个成绩: ");
scanf ("%d",&x);//输入一个成绩
temp = search(a,x);
if(temp == 0)//如果没有找到
{printf("没有匹配的数，插入后的排序: ");
```

```
  insert(a,x);
  display(a,N+1);
}
getchar();
return  0;
  }
  void input(int *p)
  {int i;
for(i=0;i<N;i++)
scanf ("%d,",&p[i]);
  }
  void sort(int *p)
  {int i,j,temp;
  for(i=N-1;i>0;i--)//冒泡法，小的放后面
  {for (j=i-1;j>=0;j--)
{if(p[j] < p[i])
   {temp = p[i];
    p[i] = p[j];
    p[j] = temp;
    }
  }
}
   }
   int search(int *p,int x)
   {int i;
for(i=0;i<N;i++)
   {if(x==p[i])
{printf("有匹配的数，位置为：");
  printf("%d\n",i);
  return 1;}
  }
  return 0;
  }
  void insert(int *p,int x)
  {int i,j;
for(i=0;i<N;i++)
  {if(x>p[i])
  {for(j=N-1;j>i;j--)
  {p[j+1]=p[j];}
break;}
  }
 p[j]=x;
  }
 void display(int *p,int n)
```

```
 {int i;
 for(i=0;i<n;i++)
 printf("%d,",p[i]);
 printf("\n");
}
```

程序的运行结果如图 9-12 所示：

```
输入10个成绩: 90 88 87 85 89 93 76 88 83 82
输出成绩（大-->小）: 93,90,89,88,88,87,85,83,82,76,
输入一个成绩: 86
没有匹配的数，插入后的排序: 93,90,89,88,88,87,86,83,83,82,76,
Press any key to continue
```

图 9-12　例题 9-17 的运行结果

本 章 小 结

本章介绍了结构体、共用体及自定义数据类型。

结构体是一种构造类型，它由若干个不同类型的成员组成，每个成员是一个基本数据类型又或是一个构造类型。结构体能较直观地反映问题域中数据之间的内在联系。结构体变量与普通变量一样，必须先定义后使用。可以分别引用结构体变量中的每一个成员，但不能整体引用结构体变量，这一点读者必须注意。也可以定义一个指针变量来指向结构体变量，这就是结构体指针变量。

共用体数据类型是指在不同时刻在同一个内存单元存放不同类型的数据。共用体类型数据与结构体类型数据的区别在于：共用体类型各成员在不同时刻占用同一个内存区，内存区长度为各成员长度的最大值；结构体类型数据的每个成员各自占用不同的存储单元，所占空间为各个成员的长度之和。

习 题 9

一、选择题

1. 已知 int 类型占 2 个字节，若有说明语句：

```
struct  person
  {int num;
   char name[10];
   double salary;
};
```

则 sizeof(struct person)的值为(　　)。

2. 以下说法正确的是(　　)。

A. 结构体类型的成员名可以与结构体以外的变量名相同。

B. 当在程序中定义了一个结构体类型，将为此类型分配存储空间。

C. 结构体类型必须有类型名。

D. 结构体类型的成员可作为结构体变量单独使用。

3. 以下说法正确的是(　　)。

A. 结构体与共用体没有区别。

B. 结构体的定义可以嵌套一个共用体。

C. 共用体变量占据的存储空间大小是所有成员所占据空间的大小之和。

D. 共用体不能用 typedef 来定义。

4. 变量 a 所占内存字节数是(　　)。

```
union U
{ char st[4];
  int i;
  long l;
};
struct A
{ int c;
  union U u;
}a;
```

A. 4　　B. 5　　C. 6　　D. 8

5. 以下程序的输出结果是(　　)。

```
Union myun
{ struct
{ int x, y, z; } u;
  int k;
} a;
   int main()
{ a.u.x=4;
a.u.y=5;
a.u.z=6;
a.k=0;
printf(%d\n",a.u.x);
return 0;
}
```

A. 4　　B. 5　　C. 6　　D. 0

6. 若要说明一个类型名 STP，使得定义语句 STP s;等价于 char *s;，以下选项正确的是(　　)。

A. typedef STP　char *s;　　B.　typedef　*char　STP;

C. typedef STP *char　　D. typedef char* STP;

7. 设有以下说明语句：

```
struct ex
  { int x;
    float y;
    char z;
}example;
```

则下面的叙述中不正确的是(　　)。

A. struct 是结构体类型的关键字　　B. example 是结构体类型名

C. x、y、z 都是结构体成员名　　D. struct ex 是结构体类型

8. 以下程序的输出结果是(　　)。

A. 32　　B. 16　　C. 8　　D. 24

```
typedef  union
{ long x[2];
int y[4];
char z[8];
}DEFTYPE;
DEFTYPE  data;
int main( )
{printf("%d\n",sizeof(data));
  return 0;
}
```

9. 若有以下定义，则下面不正确的引用是(　　)。

```
struct student
  { int age;
    int num;
   }*p;
```

A. (p++)->num　　B. p++　　C. (*p).num　　D. p=&student.age

10. 下列程序的输出结果是(　　)。

```
struct abc
{int a, b, c; };
int main()
{struct abc s[2]={{1,2,3},{4,5,6}};
  int t;
  t=s[0].a+s[1].b;
  printf("%d \n",t);
  return 0;
}
```

A. 5　　B. 6　　C. 7　　D. 8

11. 设有如下定义：

```
struct sk
{ int a;
  float b;
}data;
int *p;
```

要使 p 指向 data 中的 a，正确的赋值语句是(　　)。

A. p=&a;　　　　B. p=data.a;　　　　C. p=&data.a;　　　　D. *p=data.a

12. 设有如下定义：

```
struct ss
{ char name[10];
  int age;
  char sex;
}std[3],* p=std;
```

下面各输入语句中错误的是(　　)。

A. scanf("%d",&(*p).age);　　　　B. scanf("%s",&std.name);

C scanf("%c",&std[0].sex);　　　　D. scanf("%c",&(p->sex));

13. 有以下说明和定义语句：

```
struct student
{int age;
   char num[8];
};
struct student stu[3]={{20,"200401"},{21,"200402"},{19,"200403"}};
struct student*p=stu;
```

以下选项中，引用结构体变量成员的表达式错误的是(　　)。

A. (p++)->num　　　　B. p->num

C. (*p).num　　　　D. stu[3].age

二、编程题

1. 定义一个结构体变量，其成员项包括员工号、姓名、工龄、工资；通过键盘输入所需的具体数据，然后输出。

2. 按照上题的结构体类型定义一个有 n 名职工的结构体数组。编写一个程序，计算这 n 名职工的总工资和平均工资。

3. 定义一个选举结构体变量，编写统计参选人选票数量的程序。

4. 已知 head 指向一个带头节点的单向链表，链表中每个节点含数据域 data(字符型)和指针域 next。请编写一个函数，在值为 a 的节点前插入值为 key 的节点，若没有则插在表尾。

5. 试利用指向结构体的指针编制程序，输入三个学生的学号以及语文、数学、英语成绩，然后计算其平均成绩，并输出成绩表。

第10章　编译预处理

编译预处理是指在对源程序进行编译之前，首先对源程序中的编译预处理命令进行处理。C 语言提供的编译预处理命令主要有宏定义、文件包含和条件编译 3 种。编译预处理命令以“#”号开头，一般单独占用一行，预处理命令的末尾没有分号，以与一般 C 语句相区别，预处理命令一般放在源文件的前面。合理使用预处理功能编写的程序便于阅读、修改、移植和调试，也有利于模块化程序设计，提高编程效率。

本章教学内容：

- 宏定义
- 文件包含
- 条件编译

本章教学目标：

- 掌握带参与不带参宏定义的使用
- 掌握文件包含的使用
- 了解条件编译

10.1　宏定义

在 C 语言中，所有预处理命令都以“#”开头，宏定义是预处理指令的一种，以#define 开头。在 C 语言源程序中允许用一个标识符来表示一个字符串，称为“宏”。被定义为“宏”的标识符称为“宏名”。在预处理过程中，宏调用会被展开为对应的字符串，这个过程称为“宏代换”或“宏展开”。

宏的使用有很多好处，不仅可简化程序的书写，而且便于程序的修改和移植，使用宏名来代替一个字符串，可以减少程序中重复书写某些字符串的工作量。

例如，当需要改变某一个常量的值时，只需要改变#define 行中宏名对应的字符串值，程序中出现宏名处的值就会随之改变，不需要逐个修改程序中的常量。

根据宏定义中是否有参数，可将宏分为不带参数的宏定义与带参数的宏定义两种，下面分别讨论这两种宏的定义与调用。

10.1.1　不带参数的宏定义

不带参数的宏的宏名后面没有参数，不带参数的宏定义又称简单宏定义。其定义的一般形式为：

```
#define  宏名  字符串
```

其中，“#”表示预处理命令。define 是关键字，表示该命令为宏定义。为与普通变量相区别，宏名一般使用大写。“字符串”一般为常量、表达式或字符串。

在进行预处理时，系统会用“字符串”来替换程序中的“宏名”。

下面来看一个不带参数的宏定义的例子。

【例题 10-1】不带参数的宏定义的例子。

```
#include<stdio.h>
#define M (a*a+4*a)
int main()
{int a,b;
 scanf("%d",&a);
 b=M*M+3*M+5;
 printf("b=%d\n",b);
 return 0;
}
```

程序运行结果如图 10-1 所示。

```
4
b=1125
Press any key to continue
```

图 10-1　例题 10-1 的运行结果

在该题中，定义了一个宏 M，用宏“M”来表示字符串“(a*a+4*a)”，在以后的程序中，凡是出现 M 的地方都会自动替换为字符串“(a*a+4*a)”。经过预处理命令后，语句 b=M*M+3*M+5;经过宏展开，变为：b=(a*a+4*a)*(a*a+4*a)+3*(a*a+4*a)+5;若输入变量 a 的值为 4，则变量 b 的值计算出来是 1125。

注意，该例中，在进行宏替换时，字符串“(a*a+4*a)”中的括号不能省略，否则得到的结果是错误的。

使用宏定义命令，应注意以下几个问题：

(1) 为与普通变量区分，宏名一般用大写字母表示。

(2) 宏定义用宏名来表示一个字符串，在宏替换时用该字符串来替代宏名，宏替换时只做简单替换，不做语法检查。

(3) 宏定义以“#”开头，属于编译预处理命令，行末不能加分号，若加分号，则连同分号也一同被置换。例如：

```
#define  L  3.8;
m=L*3;
```

则宏替换后：

```
m=3.8;*3;
```

在编译时，将会出现语法错误。

(4) 一个宏名只能被定义一次，否则会出现宏重复定义的错误。

(5) 宏定义必须写在函数的外面，其作用域为：从宏定义开始，到源程序结束。

可以用#undef 命令来终止宏定义的作用域，例如：

```
#define  PI  3.14
int main( )
{
…… PI 的作用域
 }
#undef  PI  /*终止 PI 的作用域*/
g( )
{
……
return 0;
}
```

#define 定义符号常量 PI 的值，#undef 终止 PI 的作用域。在下面的 g()函数中，PI 不再代表 3.14。

(6) 宏定义允许嵌套，在宏定义的字符串中可使用已经定义的宏名。在宏展开时由预处理程序层层替换。例如：

```
#define X  7
#define M  X+3
#define N  3*M
printf("%d\n",N);
```

宏展开 M 的值为 7+3(注意此处不能直接计算出 M 的值 10，仅做替换而已，M 为 7+3)，宏展开 N 值为 3*7+3，计算得出 N 值为 24。

(7) 为了书写方便，可用宏定义表示数据类型。例如：

```
#define INTEGER int
```

用宏名 INTEGER 来替换 int 数据类型，在程序中即可用 INTEGER 进行整型变量说明：INTEGER x,y;

或者：

```
#define STU struct student
```

预处理程序在进行处理时，会把 STU 当成 struct student 数据类型来使用。在程序中就可以用 STU 来定义变量。例如：

```
STU  st[3],s;
```

相当于 struct student st[3],s;

(8) 宏定义与变量的定义含义不同，变量定义时系统会给变量分配对应的内存空间。宏定义时，仅做字符替换，不给宏分配内存空间。

(9) 为减少书写的麻烦，也可给出“输出格式”的宏定义。下面看一个相关例子。

```
 #define P printf
 #define D "%d\n"
 #define F "%f\n"
```

```
int main()
{int x=10,y=15;
float m=6.8,n=9.5;
P(D F,x,m);
P(D F,y,n);
return 0;
}
```

10.1.2　带参数的宏定义

在 C 语言中，宏定义可以不带参数，也可以带参数。宏定义中的参数称为形式参数，宏调用中的参数称为实际参数。

带参数宏定义的一般形式为：

```
#define  宏名(形参表)  字符串
```

其中，“形参表”由一个或多个参数组成，参数不需要进行类型说明，多个参数之间用逗号隔开，字符串中包含各个形参。

带参数宏调用的一般形式为：

```
宏名(实参表);
```

带参数的宏调用时，不仅简单地用字符串代替宏名，而且要用实参代换对应的形参。例如：

```
#define M(x)  5*x+x*x  /*宏定义*/
f=M(8);    /*宏调用*/
```

在宏调用时，用实参 8 去代替形参 x，经过预处理，宏展开后 f=5*8+8*8。

下面看一个带参数的宏定义的例子。

【例题 10-2】带参数的宏定义举例。

```
#include <stdio.h>
#define M(x,y,z) x*y+z
int main()
{ int a=1,b=2, c=3;
  printf("%d\n",M(a+b,b+c,c+a));
  return 0;
}
```

该程序的运行结果如图 10-2 所示。

```
12
Press any key to continue_
```

图 10-2　例题 10-2 的运行结果

在该例中，程序的第 2 行是带参数的宏定义，用宏名 M 代表表达式 x*y+z，形参 x,y,z 均出现在表达式 x*y+z 中。当表达式 M(a+b,b+c, c+a)进行宏展开时，实参 a+b、b+c、c+a 将代替对应的形参 x,y,z，经过宏展开，M(a+b,b+c, c+a)变为 a+b*b+c+c+a，计算得到结果为 12；注意，此处不是(a+b)*(b+c)+c+a。

该例中，若将第 2 行的宏定义命令改为：#define M(x,y,z) (x)*(y)+(z)，则表达式 M(a+b,b+c, c+a)在宏展开时，变为(a+b)*(b+c)+(c+a)，计算得到的结果为 19。

可见，在宏展开时，仅做了一个简单替换，不能随意添加括号或删除括号，否则导致错误的结果。

在使用带参的宏定义时，需要注意以下问题：

(1) 在带参的宏定义中，宏名与形参表之间不允许出现空格。否则，C 编译系统将空格以后的所有字符都作为替代字符串，而将该宏当成不带参数的宏。

例如，将：

```
#define M(x,y) x*y
```

写成：

```
#define M  (x,y) x*y
```

将被认为是不带参数的宏定义，宏 M 代替字符串“(x,y) x*y”。

(2) 在带参的宏定义中，要注意圆括号的使用，字符串内的形参通常要用括号括起来，以确保宏展开后字符串中各个参数计算顺序的正确性，避免出错。

例如，宏定义为：

```
  #define Q(a,b)  a*b
```

若在程序中遇到如下语句：

```
m=Q(x+5,y+3);
```

对其进行宏展开，如下：

```
m=x+5*y+3;
```

这与我们预期的 m=(x+5)*(y+3)是不同的，故结果出错。

若将宏定义改为：

```
#define Q(a,b)  (a)*(b)
```

再对 m=Q(x+5,y+3);进行宏展开，结果如下：

```
m=(x+5)*(y+3);
```

这才是我们想要得到的结果。

(3) 在带有参数的宏定义中，形式参数不分配内存空间，不需要进行类型的定义。而宏调用的实参有具体的值，要用实参去代换形参，因此实参必须进行类型说明。

(4) 带参的宏和带参函数看起来相似，但本质上是不同的。在函数中，形参和实参是两个不同的量，各自有自己的作用域，函数调用时要把实参值传递给形参，进行“值传递”。而在带有参数的宏中，只是符号代换，不存在实参与形参间的值传递。

(5) 宏定义也可用来定义多个语句，在宏调用时，把这些语句又代换到源程序内。

下面看一个用宏来定义多个语句的例子。

【例题 10-3】用宏来定义多个语句的例子。

```
#include<stdio.h>
#define M(x,y,z)  x=a*m;y=a*n;z=a*h
```

```
int main()
{ int a,m,n,h,q1,q2,q3;
a=5,m=8,n=7,h=10;
M(q1,q2,q3);
printf("q1=%d\nq2=%d\nq3=%d\n",q1,q2,q3);
return 0;
}
```

该程序的运行结果如图 10-3 所示：

```
q1=40
q2=35
q3=50
Press any key to continue
```

图 10-3　例题 10-3 的运行结果

10.2　文件包含

在 C 语言中，文件包含是指一个源文件可将另一个源文件的全部内容包含进来。编译预处理程序把#include 命令行中所指定的源文件的全部内容放到源程序的#include 命令行所在的位置。在编译时作为一个源程序编译(并不是作为两个文件链接)，得到一个目标文件。

在程序设计中，文件包含是很有用的。C 语言是一种支持模块化程序设计的语言，它允许将一个大程序分解成多个模块，每个模块作为一个程序文件分别进行编译。有些公用的符号常量或宏定义等可以单独组成一个文件，在其他文件的开头用#include 命令包含该文件即可使用。这样可避免在每个文件的开头都去书写那些公用代码，从而节省时间，并减少出错。

文件包含的一般形式为：

```
#include <文件名>
```

或

```
#include "文件名"
```

功能：在进行预处理时，把“文件名”所指定的文件内容复制到本文件中，再对两文件合并后的文件进行编译，如图 10-4 所示。

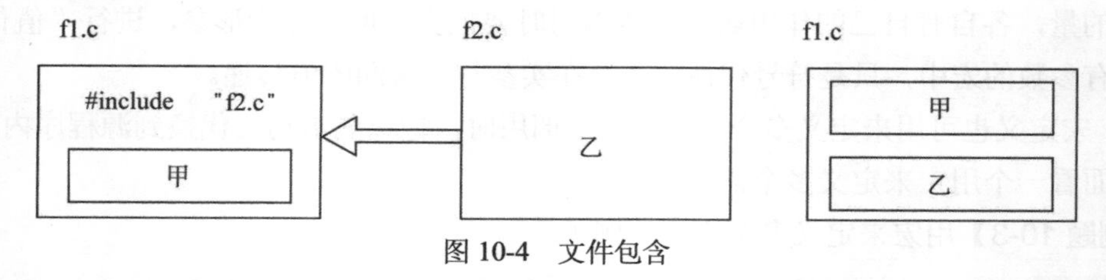

图 10-4　文件包含

在 f1.c 文件中，有文件包含命令#include"f2.c"，编译预处理时，先把 f2.c 的内容复制到

f1.c 中来，再对合并后的 f1.c 进行编译。

文件名用双引号时，编译器首先在本源文件所在的目录中查找被包含文件，若找不到，再到系统指定目录中找，所以包含自己写的源程序时通常采用此形式。

用尖括号时，编译器直接到系统指定目录中查找，一般用于包含系统头文件。

理论上说，#include 命令可包含任何类型的文件，只要这些文件的内容被扩展后符合 C 语言语法即可。

一般#include 命令用于包含扩展名为.h 的“头文件”，如 stdio.h、string.h、math.h 等函数库文件。在头文件中，一般定义符号常量、宏或声明函数原型。

下面看一个#include 文件包含的例子。

【例题 10-4】建立头文件 format.h，在 file1.c 文件中包含该头文件。

```
/*文件 format.h*/
#define PR printf
 #define NL "\n"
 #define D "%d"
 #define D1 D NL
 #define D2 D D NL
 #define D3 D DD NL
 #define S "%s"

/*文件 file1.c*/
#include<stdio.h>
#include"s1.h"
int main( )
{ int a,b,c;
  char str[]="America";
  a=3;
  b=4;
  c=5;
  PR(D1,a);
  PR(D2,a,b);
  PR(D3,a,b,c);
  PR(S,str);
  return 0;
}
```

程序运行结果如图 10-5 所示。

图 10-5 例题 10-4 的运行结果

下面再看一个文件包含的例子，将一个宏定义放在头文件中。

【例题 10-5】将宏定义放在头文件 head.h 中，使用文件包含命令将它包含在一个程序中。

```
/*文件 head.h*/
```

```
#define MAX(a,b)  ((a)>(b)?(a):(b))

/*example10-5.c*/
#include<stdio.h>
#include "head.h"
int main( )
{ int x,y,max;
  printf("please input two numbers:");
  scanf("%d,%d",&x,&y);
  max=MAX(x,y);
  printf("max=%d\n",max);
return 0;
}
```

程序的运行结果如图 10-6 所示。

```
please input two numbers:34,67
max=67
Press any key to continue
```

图 10-6　例 10-5 的运行结果

说明：

(1) 一个#include 命令只能指定一个被包含文件，如果要包含多个文件，则需要使用多个#include 命令。

(2) 被包含文件与其所在文件在预处理后成为一个文件，因此，如果被包含文件定义有全局变量，在其他文件中不必用 extern 关键字来声明。但一般不在被包含文件中定义变量。

(3) 当一个程序中使用#include 命令嵌入一个指定的包含文件时，被嵌入的文件中还可以使用#include 命令，从而包含另一个指定的包含文件。

```
f1.h 文件：
 #include "f2.h"
void g1()
{
  ......
}
f2.h 文件：
void g2( )
{
  ......
}
 f12.c 文件：
#include "f1.h"
int main( )
{
  ......
  return 0;
}
```

10.3　条件编译

条件编译是 C 语言三种编译预处理命令之一。一般情况下，源程序中的所有行均参加编译，但有时希望部分行在满足一定条件时才进行编译，即按不同的条件去编译不同的程序部分，从而产生不同的目标代码文件，这就称为“条件编译”。

条件编译出于调试的目的或出于系统可移植性的考虑，使编译器有选择地编译源程序。条件编译有以下几种形式，下面分别介绍。

(1) **#ifdef** 命令

条件编译命令**#ifdef** 的一般形式为：

```
#ifdef  标识符
      程序代码 1
[#else
      程序代码 2 ]
 #endif
```

功能：当指定的标识符已经被**#define** 定义过，则编译程序代码 1，否则编译程序代码 2。**#else** 和程序代码 2 这两行可以省略，根据需要决定是否使用。

如果省略**#else** 和程序代码 2 这两行，则形式为：

```
#ifdef  标识符
      程序代码 1
#endif
```

下面看一个**#ifdef** 形式的条件编译例子。

【例题 10-6】#ifdef 形式的条件编译。

```
#include<stdio.h>
#define  PRICE  8
int main()
{
 #ifdef  PRICE
      printf("PRICE is %d\n", PRICE);
 #else
      printf("PRICE is not found!\n");
 #endif
 return 0;
}
```

程序的运行结果如图 10-7 所示。

```
PRICE is 8
Press any key to continue_
```

图 10-7　例题 10-6 的运行结果

在程序的第 5 行给出了条件编译预处理命令，程序根据 PRICE 是否被定义过，来决定执行哪一个 printf 语句。在程序的第 2 行，已对 PRICE 做过宏定义，因此对第一个 printf 语句进行编译，运行结果如上图。

在程序第 2 行宏定义中，PRICE 其实也可以是任意字符串，甚至可以不给出 PRICE 的值，改写为：

```
#define PRICE
```

也具有同样的意义。只有取消程序的第 2 行程序才会执行第二个 printf 语句。

(2) #ifndef 命令

条件编译命令#ifndef 的一般形式为：

```
#ifndef  标识符
   程序代码 1
#else
   程序代码 2
#endif
```

功能：如果标识符未被#define 命令定义过，则执行程序代码 1，否则执行程序代码 2。该形式与 ifdef 命令形式的功能正好相反。

【例题 10-7】#ifndef 形式的条件编译。

```
#include<stdio.h>
#define  PRICE  8
int main()
{
 #ifndef  PRICE
 printf("PRICE is %d\n", PRICE);
    #else
printf("PRICE is not found!\n");
    #endif
return 0;
}
```

运行结果如图 10-8 所示。

```
PRICE is not found!
Press any key to continue
```

图 10-8　例题 10-7 的运行结果

(3) #if 命令

条件编译命令#if 的一般形式为：

```
 #if 表达式
程序代码 1
[#else
    程序代码 2]
#endif
```

功能：若表达式的值为真(非 0)，则对程序代码 1 进行编译，否则对程序代码 2 进行编译。下面看一个#if 形式的条件编译的例子。

【例题 10-8】#if 形式的条件编译。

```
 #include<stdio.h>
```

```
#define R 1
int main( )
{
float c,r,s;
printf("please enter a number:");
scanf("%f",&c);
#if R
    r=3.14159*c*c;
    printf("area of round is:%f\n",r);
#else
     s=c*c;
     printf("area of square is:%f\n",s);
#endif
return 0;
}
```

运行结果如图 10-9 所示：

```
please enter a number:5
area of round is:78.539750
Press any key to continue
```

图 10-9　例题 10-8 的运行结果

本 章 小 结

编译预处理是指在对源程序进行编译之前，首先对源程序中的编译预处理命令进行处理。C 语言中所有的预处理命令都以“#”开头，末尾不能加分号。所有预处理命令都在编译前处理，因此它不具有任何计算、操作等功能。若预处理命令有变化，则必须对程序重新进行编译和链接。C 语言提供的编译预处理命令主要有宏定义、文件包含和条件编译 3 种。

宏定义用一个标识符来表示一个字符串，这个字符串可以是常量、变量或表达式。在宏替换时，用该字符串代换宏名。根据宏定义中是否有参数，可将宏分为不带参数的宏定义与带参数的宏定义两种。在写带有参数的宏定义时，宏名与带括号参数之间不能有空格，否则将空格以后的字符都作为替换字符串的一部分，这样就变成不带参数的宏定义了。不要把带参数的宏定义与带参数的函数混淆，带参的宏定义在预处理时只进行字符串的替换，而带参的函数却将实参的值一一对应地传递给形参。

文件包含是指一个源文件可将另一个源文件的全部内容包含进来。编译预处理程序把#include 命令行中所指定的源文件的全部内容放到源程序的#include 命令行所在的位置。在编译时作为一个源程序编译(并不是作为两个文件链接)，得到一个目标文件。

条件编译是按不同的条件去编译不同的程序部分，从而产生不同的目标代码文件。条件编译只编译满足条件的程序段，使生成的目标程序较短，从而减少了内存的开销。

习　题　10

一、选择题

1. 在宏定义#define PI 3.14159 中，用宏名代替一个(　　)。

   A. 常量　　B. 单精度数　　C. 双精度数　　D. 字符串

2. 下面叙述中正确的是(　　)。

   A. 带参数的宏定义中参数是没有类型的

   B. 宏展开将占用程序的运行时间

   C. 宏定义命令是 C 语言中的一种特殊语句

   D. 使用#include 命令包含的头文件必须以“.h”为后缀

3. 下面叙述中正确的是(　　)。

   A. 宏定义是 C 语句，所以要在行末加分号

   B. 可使用#undef 命令来终止宏定义的作用域

   C. 在进行宏定义时，宏定义不能层层嵌套

   D. 对程序中用双引号括起来的字符串内的字符，与宏名相同的要进行置换

4. 下列程序执行后的输出结果是(　　)。

```
#define MA(x) x*(x-1)
int main( )
{
 int a=1,b=2;
 printf("%d \n",MA(1+a+b));
 return 0;
}
```

   A. 6　　B. 8　　C. 10　　D. 12

5. 以下程序执行的输出结果是(　　)。

```
#define MIN(x,y)  (x)<(y)?(x):(y)
int main( )
{
int i,j,k;
i=10;j=15;
k=10*MIN(i,j);
printf("%d\n",k);
return 0;
}
```

   A. 15　　B. 100　　C. 10　　D. 150

6. 程序头文件 typel.h 的内容是：

```
#define  N   5
```

```
#define  M1  N*3
```

程序如下：

```
#include  "type1.h"
#define  M2  N*2
int main()
{
int i;
i=M1+M2;
printf("%d\n",i);
return 0;
}
```

程序编译后运行的输出结果是(　　)。

A. 10　　B. 20　　C. 25　　D. 30

7. 以下程序的输出结果是(　　)。

```
#define  f(x)  x*x
int main( )
{
  int a=6,b=2,c;
  c=f(a)/f(b);
  printf("%d\n",c);
  return 0;
}
```

A. 9　　B. 6　　C. 36　　D. 18

8. 有如下程序：

```
#define  N  2
#define  M  N+1
#define  NUM  2*M+1
int main()
{
  int  i;
  for(i=1;i<=NUM;i++)
   printf("%d\n",i);
  return 0;
}
```

该程序中 for 循环的执行次数是(　　)。

A. 5　　B. 6　　C. 7　　D. 8

9. 执行如下程序后，输出结果为(　　)。

```
#include <stdio.h>
#define  N  4+1
#define  M  N*2+N
```

```
#define  RE  5*M+M*N
int main( )
{
  printf("%d",RE/2);
  return 0;
}
```

A. 150　　B. 100　　C. 41　　D. 以上结果都不正确

10. C 语言条件编译的基本形式为：

```
  #XXX 标识符
      程序段 1
  #else
      程序段 2
  #endif
```

这里 XXX 可以是(　　)。

A. define 或 include　　B. ifdef 或 include

C. ifdef、ifndef 或 define　　D. ifdef、ifndef 或 if

二、填空题

1. 以下程序的输出结果是________。

```
#define  MAX(x,y)  (x)>(y)?(x):(y)
int main()
{
int  a=5,b=2,c=3,d=3,t;
t=MAX(a+b,c+d)*10;
printf("%d\n",t);
return 0;
}
```

2. 以下程序的运行结果是________。

```
#define   N   10
#define   s(x)  x*x
#define   f(x)  (x*x)
int main()
{
int i1,i2;
i1=1000/s(N);
i2=1000/f(N);
printf("%d,%d\n",i1,i2);
return 0;
}
```

3. 以下程序的运行结果是________。

```
#include<stdio.h>
#define DEBUG
int main()
{int a=20,b=10,c;
  c=a/b;
 #ifdef DEBUG
    printf("a=%o,b=%0,"a,b);
 #endif
    printf("c=%d\n",c);
  return 0;
}
```

4. 以下程序的运行结果是________。

```
#define LETTER 0
int main( )
{
  char str[20]= "C Language",c;
  int i;
  i=0;
  while((c=str[i])!=' \0' )
  {i++;
   #if LETTER
      if(c>='a'&&c<='z') c=c-32;
   #else
      if(c>='A'&&c<='Z') c=c+32;
   #endif
      printf("%c",c);
    }
  return 0;
 }
```

三、编程题

1. 输入两个整数，求它们相除的余数，用带参数的宏编程实现。
2. 设计一个程序，从 3 个数中找出最大数。用带参数的宏定义实现。
3. 设计一个程序，交换两个数的值并输出。用带参数的宏定义来实现。
4. 从键盘输入 10 个整数，求其中的最大数或者最小数并显示，用条件编译实现。
5. 从键盘输入一行字符，按回车键结束输入。由条件编译控制求其中大写字母的个数或小写字母的个数并显示。

第11章　文　件

C 语言文件操作函数有很多，本章介绍如何使用文件的打开函数、关闭函数、读写函数和定位函数。

本章教学内容：

- 文件概述
- 文件分类
- 文件常用操作
- 常用的文件处理函数

本章教学目标：

- 熟练掌握文件的概念、分类和处理方法。
- 熟练掌握文件类型指针的用法。
- 熟练掌握文件打开与关闭函数的用法。
- 熟练掌握文件读写函数的用法。
- 了解文件定位函数、测试结束函数及其他函数的用法。

11.1　文件的概述

文件是数据存储形式，日常工作中，如编写一个文档、编写一个程序，都是以文件形式保存到磁盘上，需要时从文件读取信息，“文件”一般指存储在外部介质上的数据集合。

操作系统是以文件为单位对数据进行管理的，如果想找存储在外部介质上的数据，必须先按文件名找到所指定的文件，然后从该文件中将数据读取到内存。向外部介质存储数据只有先建立一个以文件名为标识的文件，才能将内存中的数据输出到文件。为标识一个文件，每个文件都必须有一个文件名，其一般结构为：主文件[.扩展名]，如 abc.txt 表示文件名为 abc，文件扩展名为 txt。

11.1.1　文件的分类

可从不同的角度对文件进行分类。

1. 从用户的角度看，分为普通文件和设备文件

普通文件是指驻留在磁盘或其他外部介质上的一个有序数据集。设备文件是与主机相连的各种外部设备，如显示器、打印机、键盘等。在操作系统中，外部设备都被视为一个文件

来管理，把它们的输入、输出等同于对磁盘文件的读和写。通常把显示器定义为标准输出文件，相关函数有 printf、putchar 等。键盘通常被指定标准输入文件，相关函数有 scanf、getchar 等。

2. 根据文件的内容，可分为程序文件和数据文件

程序文件又可分为源文件、目标文件和可执行文件；如.c 或.cpp 文件属于源文件，.obj 为目标文件，.exe 为可执行文件。数据文件则是存放相关数据的文件。

3. 根据文件的组织形式，可分为顺序存取文件和随机存取文件

C 语言中文件的存取方式为：顺序存取和随机存取。

顺序存取文件是对文件进行读写操作时，必须按固定的顺序从头至尾地读写，不能跳过文件之前的内容而对文件后面的内容进行访问或操作。

随机存取文件使用 C 语言的库函数指定文件开始读写的位置，这种操作不需要按数据在文件中的物理位置按顺序进行读或写，而是可以随机访问文件中的任何位置，显然这种方法比顺序存取文件效率高得多。

4. 根据文件的存储形式，可分为 ASCII 码文件和二进制文件

ASCII 码文件又称为文本(text)文件。这种文件将所有数据当成字符，因此，在外部介质上进行存储时，一个字节存放一个字符的 ASCII 码。一般占用存储空间较多，而且要花费转换时间(二进制与 ASCII 码之间的转换)。例如，ASCII 码文件会将整数 13579 当成是由'1'、'3'、'5'、'7'和'9'五个字符构成的，然后按照 ASCII 码保存到文件中，一共要用 5 个字节，每个字节存放对应字符的 ASCII 码，其存储形式如图 11-1 所示。

00110001	00110011	00110101	00110111	00111001

图 11-1　文本文件中 13579 的存储

二进制文件是把内存中的数据，原样输出到磁盘文件中。可节省存储空间和转换时间，但 1 个字节并不对应 1 个字符，不能直接输出字符形式。例如，一个整数 13579 在内存中的存储形式为 0011010100001011，则在二进制文件中的存储形式如图 11-2 所示。

00110101	00001011

图 11-2　二进制文件中 13579 的存储

计算机的存储在物理上是二进制的，所以文本文件与二进制文件的区别并不是物理上的，而是逻辑上的。这两者只是在编码层次上有差异。简单来说，文本文件是基于字符编码的文件，其编码方式属于定长编码。二进制文件是基于值编码的文件，其编码方式属于变长编码。文件的存储与读取基本上是个逆过程，而二进制文件与文本文件的存取差不多，只是编/解码方式不同而已。

无论是文本文件还是二进制文件，C 语言都将其看成一个数据流，即文件由一串连续的、无间隔的字节数据构成，处理数据时不考虑文件的性质、类型和格式，只是以字节为单位对

数据进行存取。

11.1.2　文件的缓冲区

在过去使用 C 语言版本中，有两种文件处理方法：缓冲文件系统和非缓冲文件系统。

1. 缓冲文件系统

在缓冲文件系统中，系统自动在内存中为每个正在使用的文件开辟一个缓冲区，缓冲区相当于一个中转站，缓冲区的大小由各个具体的 C 编译系统确定，其大小一般为 512 字节。文件的存取都通过缓冲区进行，从内存向磁盘输出数据必须先送到内存中的缓冲区，装满缓冲区后才一起送到磁盘。如果从磁盘向计算机读入数据，则一次从磁盘文件将一批数据输入内存缓冲区，然后从缓冲区逐个将数据送到程序数据区，如图 11-3 所示。设置缓冲区可以减少对磁盘的实际访问(读/写)次数，提高程序执行的速度，但占用了一块内存空间。

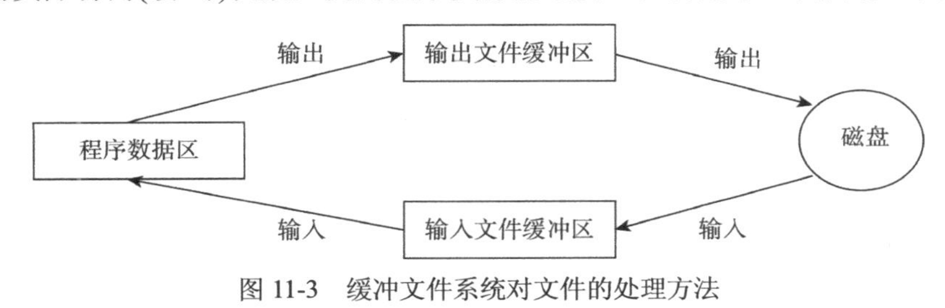

图 11-3　缓冲文件系统对文件的处理方法

2. 非缓冲文件系统

在非缓冲文件系统中，直接通过磁盘存取数据，并不会先将数据放到一个较大的空间。系统不会自动为所打开的文件开辟缓冲区，缓冲区的开辟由程序完成。在老版本的 C 中，缓冲文件系统用于处理文本文件，而非缓冲文件系统用于处理二进制文件。

通过扩充缓冲文件系统，ANSI C 使缓冲文件系统既能处理文本文件，又能处理二进制文件。因此，ANSI C 只采用缓冲文件系统，而不再使用非缓冲文件系统。本章中所指的文件系统都默认为缓冲文件系统。

11.1.3　文件类型的指针

缓冲文件系统中，关键概念是“文件指针”，缓冲文件系统通过文件指针访问文件。每个被使用的文件都在内存中开辟一个缓冲区，用来存放文件的相关信息，如文件名、文件状态和文件当前位置等。FILE 是系统定义的一个结构体类型，VC 中对 FILE 结构的定义放在 stdio.h 文件中，定义如下：

```
struct _iobuf
{
   char *_ptr;          //文件输入的下一个位置
   int _cnt;            //当前缓冲区的相对位置
   char *_base;         //指基础位置(即是文件的起始位置)
```

```
    int _flag;         //文件标志
    int _file;         //文件的有效性验证
    int _charbuf;      //检查缓冲区状况,如果无缓冲区则不读取
    int _bufsiz;       //文件的大小
    char *_tmpfname;  //临时文件名
};
typedef struct _iobufFILE;
```

可用 FILE 来定义结构体变量，存放文件的信息，例如 FILE p;。也可用 FILE 来定义结构体指针变量，如 FILE *fp;。

将 FILE*类型的变量称为指向文件的指针变量，或称为文件类型的指针变量，简称文件指针。fp 就是一个文件类型的指针变量。通过 fp 可找到存放某个文件信息的结构体变量，然后按结构体变量提供的信息找到该文件，实施对文件的操作。

11.2　文件的常用操作

在 C 语言中，文件的基本操作都由标准输入输出库函数来完成，下面主要对其中的文件操作库函数的使用进行介绍，它们都在头文件 stdio.h 中定义。

11.2.1　文件的打开与关闭

对文件进行读写操作前，需要打开文件；对文件读写完毕后，需要关闭文件。就像一个抽屉，不管是往里面放东西，还是取东西，都需要先把抽屉打开；而放完东西或取完东西之后，都需要关闭抽屉。

通常在使用文件操作的时候，一般都是在打开文件的同时指定一个指针变量指向该文件，实际上就是建立起指针变量与文件之间的联系，接着就可通过指针变量对文件进行操作了。操作完毕后关闭文件就是撤销指针变量与文件之间的关联关系，这样就无法通过指针来操作文件了。

1. 文件的打开函数：fopen

函数格式：FILE * fopen(char * filename, char * mode);

函数功能：字符串 filename 代表需要被打开文件的名称；字符串 mode 则用来指定文件类型和操作要求。顺利打开文件后，返回指向该文件流的文件指针。打开失败则返回 NULL。

其中，“文件类型”表示打开的文件是文本文件还是二进制文件。“操作要求”指出文件以只读方式、读写方式还是追加方式打开等。例如，以只读方式打开文本文件 data1 的语句如下：

```
FILE* fp;
fp=fopen("data1.txt ","rt");
```

其中，rt 代表只读方式打开文本文件，可简写为 r。若文件不在默认目录下，则需要在文件名中指定文件路径。例如，data1 不在默认路径下，而是在 C 盘根目录下，则打开文本文件 data1 的语句如下：

```
FILE* fp;
fp=fopen("c:\\ data1.txt ","rt");
```

fopen 函数的返回值是一个文件指针。上例中，fopen 函数返回的指向 data1 文件的指针被赋给 fp，这样 fp 就和文件 data1 相关联了，通常也称 fp 指向了文件 data1。

使用文件的方式有多种选择，见表 11-1。

表 11-1　使用文件的方式

文件使用方式的种类	文件类型	操作要求
"rt"	打开一个文本文件	对文件进行读操作
"wt"	打开一个文本文件	对文件进行写操作
"at"	打开一个文本文件	在文件末尾追加数据
"rb"	打开一个二进制文件	对文件进行读操作
"wb"	打开一个二进制文件	对文件进行写操作
"ab"	打开一个二进制文件	在文件末尾追加数据
"rt+"	打开一个文本文件	对文件进行读/写操作
"wt+"	打开一个文本文件	对文件进行读/写操作
"at+"	打开一个文本文件	对文件进行读操作和末尾追加数据的操作
"rb+"	打开一个二进制文件	对该文件进行读/写操作
"wb+"	打开一个二进制文件	对该文件进行读/写操作
"ab+"	打开一个二进制文件	对文件进行读操作和末尾追加数据的操作

对文件的使用方式说明：

(1) 文件使用方式由操作方式和文件类型组成。

(2) 操作方式有 r、w、a 和+四个可供选择，各字符的含义是：r(read)表示读；w(write)表示写；a(append)表示追加；+表示读和写。

(3) 文件类型有 t 和 b 可供选择，t(text)表示文本文件，可省略不写；b(binary)表示二进制文件。

(4) 用 r 打开一个文件时，只能读取文件内容，并且被打开文件必须已经存在，否则会出错。

(5) 用 w 打开一个文件时，只能向该文件写入；若打开的文件已经存在，则将该文件删去，重建一个新文件；若打开的文件不存在，则以指定的文件名建立该文件。

(6) 若要向一个文件追加新的信息，只能用 a 方式打开文件，此时，若文件存在则打开文件；若文件不存在则新建文件。

(7) 在打开一个文件时，如果出错，fopen 函数将返回一个空指针值 NULL。

如果失败，fopen 函数会返回一个 NULL 值。fopen 函数的常用方法如下：

```
#include <stdio.h>
#include <stdlib.h>
int main()
{
  FILE *fp; /*定义文件指针*/
   if((fp=fopen("data1.txt","wt"))==NULL) /*文件打开不成功，结束程序*/
  {
     printf("Cannot open the file! ");
     exit(0);
  }
  return 0;
}
```

exit( )函数被包含在 stdlib.h 头文件中，该函数原型为：void exit(int status);

exit( )函数功能：关闭所有文件，终止正在执行的程序。status 为 0 时，表示正常退出；非 0 时，表示程序退出时出错。

程序中可以使用三个标准的流文件——标准输入流、标准输出流、标准出错输出流。系统已对这三个文件指定了与终端的对应关系。标准输入流用于从终端输入，标准输出流用于向终端输出，标准出错输出流用于将出错信息发送到终端。

程序开始运行时系统自动打开这三个标准流文件。因此程序编写者不需要在程序中用 fopen 函数打开它们。系统预定义了三个文件指针变量 stdin、stdout 和 stderr，分别指向标准输入流、标准输出流、标准出错输出流，可通过这三个指针变量对以上三种流进行操作，都以终端为输入输出对象。如果要从 stdin 所指的文件输入数据，就指从终端键盘输入数据，如果要将数据输出到 stdout 所指文件，就是向显示器输出数据。

2. 文件的关闭函数：fclose

使用完一个文件后，需要关闭该文件，以防它再被误用。“关闭”就是撤销文件缓冲区，使文件指针变量不再指向该文件，也就是文件指针变量与文件“脱钩”，此后不能再通过该指针对原来与其联系的文件进行读写操作；除非再次打开，使该指针变量重新指向该文件。

函数格式： int fclose(FILE *fp);

函数功能： 关闭 fp 所指向的文件流。如果文件流成功关闭，返回 0，否则返回 EOF(符号常量，其值为-1)。

说明：使用 fclose()函数可将缓冲区内最后剩余的数据输出到磁盘文件中，并释放文件指针和有关的缓冲区。

由于系统一般是在缓冲区装满数据的情况下，一次性将缓冲区的数据写入到文件，因此在程序结束的时候，如果缓冲区未被装满，则里面的数据就不会被写入文件。若此时缓冲区被释放，其中要写入文件的数据也随之丢失。文件关闭函数 fclose 会将缓冲区的数据直接写入文件，而不论缓冲区是否装满。因此，应该在文件使用完毕后关闭文件，以免引起文件数据的丢失。

11.2.2　文件的读写

打开文件后，最常见的操作就是读取和写入。在程序中，当调用输入函数从外部文件中输入数据赋给程序中的变量时，这种操作称为读操作。当调用输出函数把程序中变量的值或程序运行结果输出到外部文件时，这种操作称为写操作。

在 C 语言中提供了四种常用的文件读写函数。

1. 字符读写函数：fputc 和 fgetc

函数格式： int fputc(int n, File *fp);

函数功能： 将字符 ch(ASCII 码 n)写到文件指针 fp 所指向文件的当前位置指针处。若成功返回所写字符，出错时返回 EOF。

说明：

(1) 在文件内部有一个位置指针，用来指定文件当前的读写位置。

(2) 被写入的文件可以用写、读写或追加的方式打开。用写或读写方式打开一个已存在的文件时，将清除原有的文件内容，此时文件位置指针指向文件首部，写入字符从文件首部开始；如果需要保留原有文件内容，希望写入的字符存放在文件的末尾，就必须以追加方式打开文件，此时文件位置指针指向文件尾；被写入的文件若不存在，则创建该文件，文件位置指针指向文件首部。

(3) 每写入一个字符，文件内部位置指针向后移动一个字节。

(4) fputc 函数有一个返回值，如写入成功，则返回写入的字符，否则返回一个 EOF。可用函数的返回值来判断写入是否成功。

fputc 函数可实现 putchar 函数的功能，如 fputc(ch,stdout);表示将 ch 输出到标准输出流文件(即显示器)。

【例题 11-1】 从键盘上输入一行字符，写入文件 data1.txt。

```
#include <stdio.h>
#include <stdlib.h>
int main()
{
   FILE *fp;  /*定义文件指针*/
if((fp=fopen("data1.txt","a+"))==NULL) /*文件打开不成功，结束程序*/
   {
      printf("Cannot open the file! ");
      exit(0);
   }
   char ch;
   do
   {
      ch=getchar();
      fputc(ch,fp);
   }while(ch!='\n');
```

```
    fclose(fp);
    return 0;
}
```

函数格式： int fgetc(FILE *fp);

函数功能： 从文件指针 fp 所指向文件的当前位置指针处读取一个字符。若成功则返回所读字符；若读到文件末尾或者读取出错则返回 EOF。

说明：

(1) 指定必须以读或读写方式打开文件。

(2) 在文件打开时，文件位置指针总是指向文件的第一个字节。使用 fgetc 函数后，位置指针就会后移一个字节。

(3) 读取文件时如何测试文件是否结束呢？文本文件的内部全部是 ASCII 码，其值不可能是 EOF(−1)，所以使用 EOF(−1)确定文件的结束；但对于二进制文件不能这样做，因为可能在文件中间某个字节的值恰好等于−1，此时使用−1 判断文件结束是不恰当的。为解决这个问题，ANSI C 提供了函数 feof(后面介绍)判断文件是否真正结束。

fgetc 函数可以实现 putchar 函数的功能，大家自己思考一下如何使用该函数。

【例题 11-2】 输入文件名，在显示器上输出该文件的内容。

```
#include <stdio.h>
#include <stdlib.h>
int main()
{
    FILE *fp;  /*定义文件指针*/
    charf_name[20],ch;
    scanf("%s",f_name);
    fp=fopen(f_name,"r");
    if(fp==NULL) /*文件打开不成功，结束程序*/
    {
    printf("Cannot open the file! ");
    exit(0);
    }
    else
    {
    while((ch=fgetc(fp))!=EOF)/*测试文件是否结束*/
            putchar(ch);    //或用 fputc(ch,stdout);
    }
    fclose(fp);
return 0;
}
```

2. 字符串读写函数：fputs 和 fgets

函数格式： int fputs(const char *str, FILE *fp);

函数功能： 向文件指针 fp 所指向文件的当前位置指针处写入起始地址为 str 的字符串(不

自动写入字符串结束标记符‘\0’)。成功写入一个字符串后，文件的位置指针会自动后移，函数返回为一个非负整数，否则返回 EOF。

例如：fputs("Hello",fp);

fputs 函数可实现 puts 函数的功能，大家自己思考一下如何使用该函数。

函数格式： char *fgets(char *str, int n, FILE *fp);

函数功能： 从文件指针 fp 所指向文件的当前位置指针处读取 n-1 个字符，并在最后加上字符‘\0’，一共是 n 个字符，存入起始地址为 str 的内存空间中。如果文件中的该行不足 n-1 个字符，则读完该行就结束。如果在读出 n-1 个字符之前就遇到换行符，则该行读取结束。fgets 函数有返回值，如果读取成功，其返回值是字符数组的首地址。函数读取失败或读到文件结尾则返回 NULL。

fgets 函数可实现 gets 函数的功能，如 fgets(str,n,stdin); 将键盘上的 n-1 个字符读取到起始地址为 str 的内存单元。

与 gets 相比，使用该函数的好处是：读取指定大小的数据，避免 gets 函数从 stdin 接收字符串而不检查它所复制的缓存的大小导致缓存溢出问题。

【例题 11-3】 将文件 data1.txt 中的内容复制到文件 data2.txt 中。

```
#include <stdio.h>
int main()
{
   FILE *fp1,*fp2;
   char str[50];/*数组大小的设定与文件长度相关*/
     fp1=fopen("data1.txt","r"); /*此处省略了文件打开不成功的检查*/
   fp2=fopen("data2.txt","w");
while(!feof(fp1))  /*判断文件结束*/
{
if(fgets(str,50,fp1))
fputs(str,fp2);
   }
   fclose(fp1);
   fclose(fp2);
   return 0;
}
```

3. 数据块读写函数：fwrite 和 fread

在程序中不仅需要输入输出一个数据，而且常需要一次输入输出一组数据，比如一个结构体变量值，此时，以上读写函数就不再适用了。ANSI C 提供了专门读写数据块的函数。

函数格式： int fwrite(void* buf,int size, int count, FILE* fp);

函数功能： 将 buf 指向的内存区中长度为 size 的 count 个数据写入 fp 文件中，返回写到 fp 文件中数据块的数目。

例如：fwrite(buf,4,6,fp);

表示从首地址为 buf 的内存单元中，每次取 4 个字节，连续取 6 次，写到文件指针 fp 所指向文件的当前位置指针处。

【例题 11-4】 从键盘上输入 10 个学生的相关信息，并将它们存储到 student.txt 文件中。

```
#include <stdio.h>
#define SIZE 10
struct student
{
char num[10] ;
char name[20] ;
  char sex ;
  int age ;
  float score ;
}stu[SIZE];
int main()
{
  int i;
for(i=0;i<SIZE;i++)
  {
  printf("input num:");
  scanf("%s",stu[i].num);
  printf("input name:");
  scanf("%s",stu[i].name);
  getchar();
  printf("input sex:");
  scanf("%c",&stu[i].sex);
    printf("input age:");
  scanf("%d",&stu[i].age);
    printf("input score:");
  scanf("%f",&stu[i].score);
  }
  FILE *fp;
  fp=fopen("student.txt","wb"); /*此处省略了文件打开不成功的检查*/
  fwrite(stu,sizeof(struct student),SIZE,fp);
  fclose(fp);
  return 0;
}
```

程序中的 fwrite(stu,sizeof(struct student),SIZE,fp);也可用以下语句来替换：

```
for(i=0;i<SIZE;i++)
fwrite(stu+i,sizeof(struct student),1,fp);
```

函数格式： int fread(void *buf, int size, int count, FILE *fp);

函数功能： 从文件指针 fp 所指向文件的当前位置指针处读取长度为 size 的 count 个数据块，放到 buf 所指向的内存区域。成功时返回所读的数据块的个数，遇到文件结束或出错时返回EOF。

例如：fread(buf,4,6,fp);

表示从fp所指向的文件中读取6次，每次读取4个字节，将读取的内容存放到首地址为buf的内存单元中。

【例题11-5】从student.txt中读取10个学生的相关信息，并在显示器上显示。

```
#include <stdio.h>
#define SIZE 10
struct student
{
char num[10] ;
char name[20] ;
   char sex ;
   int age ;
   float score ;
}stu[SIZE];
int main()
{
   int i;
   FILE *fp;
   fp=fopen("student.txt","rb"); /*此处省略了文件打开不成功的检查*/
   fread(stu,sizeof(struct student),SIZE,fp);
for(i=0;i<SIZE;i++)
   printf("%10s %20s %c %3d %5.1f\n",
         stu[i].num,stu[i].name,stu[i].sex,stu[i].age,stu[i].score);
  fclose(fp);
  return 0;
}
```

程序中fread(stu,sizeof(struct student),SIZE,fp);也可用以下语句来替换：

```
for(i=0;i<SIZE;i++)
  fread(stu+i,sizeof(struct student),1,fp);
```

4．格式化读写函数：fprintf和fscanf

fscanf函数和fprintf函数与格式化输入输出函数scanf和printf的功能相似，都是格式化读写函数。两者的区别在于：fscanf函数和fprintf函数的读写对象不是键盘和显示器，而是磁盘文件。这两个函数的调用格式为：

函数格式：int fprintf(FILE *fp, char *format, argument, ...);

函数功能：将格式串format中的内容原样输出到指定的文件中，每遇到一个%，就按规定的格式依次输出一个表达式argument的值到fp所指定的文件中。如果成功则返回输出的项数；如果出错则返回EOF(-1)。

例如：fprintf(fp,"%d,%6.2f",i,s);

表示将整型变量 i 和实型变量 s 分别以%d 和%6.2f 的格式保存到 fp 所指向的文件中，两个数据之间用逗号隔开；若 i 的值为 3，s 的值为 4，则 fp 所指向的文件中保存的是 3、4.00。

例题 11-4 中的 fwrite(stu,sizeof(struct student),SIZE,fp);可用 fprintf 函数来完成：

```
for(i=0;i<SIZE;i++)
   fprintf(fp,"%10s %20s %c %3d %5.1f\n",
   stu[i].num,stu[i].name,stu[i].sex,stu[i].age,stu[i].score);
```

函数格式： int fscanf(FILE *fp, char *format,address,...);

函数功能： 从 fp 所指的文件中按 format 规定的格式提取数据，并将输入的数据依次存入对应的 address 中，成功时返回提取数据项数，否则返回 EOF。

fscanf 遇到空格和换行时结束。这与 fgets 有区别，fgets 遇到空格不结束。

例如：fscanf(fp,"%d,%c",&j,&ch);

表示从 fp 所指向的文件中提取两个数据，分别送给变量 j 和 ch；若文件上有数据 40、a，则将 40 送给变量 j，字符 a 送给变量 ch。

例题 11.5 中的 fread(stu,sizeof(struct student),SIZE,fp);可用 fscanf 函数来完成：

```
for(i=0;i<SIZE;i++)
fscanf(fp,"%s %s %c %d %f\n",
     stu[i].num,stu[i].name,&stu[i].sex,&stu[i].age,&stu[i].score);
```

11.2.3　文件的定位

文件在使用时，内部有一个位置指针，用来指定文件当前的读写位置。每次读取或写入数据时，都是从位置指针所指向的当前位置开始读取或写入数据，然后位置指针自动移到读写下一个数据的位置，所以文件内部位置指针的定位非常重要。

在实际问题中，常需要按要求读写文件中某一指定的部分，这样就需要自由地将文件的位置指针移到指定位置，然后进行读写。这种读写就是前面介绍的随机读写。将文件的位置指针移到指定位置，就称为文件的定位。可通过位置指针函数，实现文件的定位读写，文件的位置指针函数主要有三种。

1. 文件头重返函数：rewind

函数格式： void rewind(FILE *fp);

函数功能： 将文件内部的位置指针重新指向 fp 所指文件的开头。

2. 位置指针移动函数：fseek

函数格式： int fseek(FILE *fp, long offset, int fromwhere);

函数功能： 函数设置文件指针 fp 的位置。如果执行成功，fp 将指向以 fromwhere(偏移起始位置：文件头 0，当前位置 1，文件尾 2)为基准，偏移 offset(指针偏移量)个字节的位置。成功时返回 0，失败时返回-1。

说明： 指针偏移量 offset 为 long 型数据，以便在文件长度大于 64KB 时不会出错。用常量表示位移量时，要求加字母后缀 L。偏移起始位置 fromwhere 表示从何处开始计算偏移量，规定的起始位置有三种：文件头、当前位置和文件尾，如表 11-2 所示。

表 11-2　文件位置表

起始点	表示符号	数字表示
文件头	SEEK_SET	0
当前位置	SEEK_CUR	1
文件尾	SEEK_END	2

例如，fseek(fp,50L,0);语句的作用是把文件的位置指针移到距离文件头部 50 个字节处。

【例题 11-6】 从 student.txt 中读取第 3 个学生的相关信息，并在显示器上显示。

```
#include <stdio.h>
#define SIZE 10
struct student
{
char num[10] ;
char name[20] ;
   char sex ;
   int age ;
   float score ;
}stud;
int main()
{
   FILE *fp;
   fp=fopen("student.txt","rb");
   int i=2;
   fseek(fp,i*sizeof(struct student),SEEK_SET);
if(fread(&stud,sizeof(struct student),1,fp)==1)
   printf("%10s %20s %c %3d
%5.1f\n",stud.num,stud.name,stud.sex,stud.age,stud.score);
   else
   printf("record 3 isn't in file!");
   fclose(fp);
   return 0;
}
```

这段程序适用于用 fwrite 函数写入学生信息的 student.txt 文件。对于用 fprintf 函数写入学生信息的 student.txt 文件，程序需要做修改，读者可以自己思考一下该如何做。

3. 获取当前位置指针函数：ftell

函数格式： long ftell(FILE *fp);

函数功能： 得到当前位置指针相对于文件头偏移的字节数，出错时返回-1L。

利用函数 ftell()也能方便地确定一个文件的长度。如以下语句序列：

```
fseek(fp, 0L,SEEK_END);
len =ftell(fp)+1;
```

首先将文件的当前位置移到文件的末尾，然后调用函数 ftell()获得当前位置相对于文件头的位移，该位移值等于文件所含字节数。

11.2.4　文件的其他操作

1. 测试文件结束函数：feof

函数格式： int feof(FILE *stream);

函数功能： 在程序中判断被读文件是否已经读完，feof 函数既适用于文本文件，也适用于二进制文件。feof 函数根据最后一次“读操作的内容”来确定文件是否结束。如果最后一次文件读取失败或读取到文件结束符则返回非 0，否则返回 0。

2. 重定向文件流函数：freopen

函数格式： FILE *freopen(char *filename, char * mode, FILE *fp);

函数功能： 重定向文件指针。先关闭 fp 指针所指向的文件，并清除文件指针 fp 与该文件之间的关联，然后建立文件指针 fp 与文件 filename 之间的关联。此函数一般用于将预定义的指针变量 stdin、stdout 或 stderr 与指定的文件关联。如果成功则返回 fp，否则返回 NULL。

【例题 11-7】 从文件 in.txt 中读入两个整数，将两个整数的和写入文件 out.txt 中。

```
#include <stdio.h>
int main()
{
  freopen("in.txt","r",stdin); //重定向指针 stdin 与文件 in.txt 关联，而不再是键盘
  freopen("out.txt","w",stdout);//重定向指针 stdout 与文件 out.txt 关联，不再是
                                  //显示器
  int a,b;
  while(scanf("%d%d",&a,&b)!=EOF)//scanf 用于从 stdin 所关联的文件中读取数据
    printf("%d\n",a+b); //printf 用于将数据输出到 stdout 所关联的文件中
   fclose(stdin);
   fclose(stdout);
   return 0;
}
```

本 章 小 结

C 编译系统把文件当成“流”，按字节进行处理。文件的分类方式很多，按数据的存储方式一般把文件分为两类：文本文件和二进制文件。在 C 语言中，用文件指针标识文件，当

一个文件被打开时，可取得该文件指针，任何文件被打开时都要指明其读写方式。文件打开后可使用相关读写函数和定位函数来完成文件的读写操作，可采用字节、字符串、数据块和指定的格式读写文件，也可以用定位函数来实现随机读写。文件读写操作完成后，必须关闭文件，撤销文件指针与文件的关联。

文件操作都是通过库函数来实现的，熟练掌握文件打开、读写、定位、关闭等相关函数的用法。

习 题 11

一、选择题

1. 系统的标准输出设备是(　　)。

A. 键盘　　B. 显示器　　C. 硬盘　　D. 软盘

2. 函数调用语句 fseek(fp, 10L, 1)的含义是(　　)。

A. 将文件位置指针移到距离文件头 10 个字节处

B. 将文件位置指针从当前位置前移 10 个字节

C. 将文件位置指针从文件末尾处前移 10 个字节

D. 将文件位置指针移到距离文件尾 10 个字节处

3. 有下列程序：

```
#include<stdio.h>
int main( )
{
  FILE *fp;int k,n,a[6]={1,2,3,4,5,6};
  fp=fopen("d2.dat","w");
  fprintf(fp,"%d%d%d\n",a[0],a[1],a[2]);
  fprintf(fp,"%d%d%d\n",a[3],a[4],a[5]);
  fclose(fp);
  fp=fopen("d2.dat","r");
  fscanf(fp,"%d%d",&k,&n);printf("%d%d\n",k,n);
  fclose(fp);
  return 0;
}
```

程序运行后的输出结果是(　　)。

A. 12　　B. 14　　C. 1234　　D. 123456

4. 有下列程序：

```
#include<stdio.h>
int main( )
{ FILE *fp;
```

```
  int i,a[6]={1,2,3,4,5,6};
  fp=fopen("d3.dat","w+b");
  fwrite(a,sizeof(int),6,fp);
  /*该语句使读文件的位置指针从文件头向后移动 3 个 int 型数据*/
  fseek(fp,sizeof(int)*3,SEEK_SET);
  fread(a,sizeof(int),3,fp);
  fclose(fp);
  for(i=0;i<6;i+ +)printf("%d,",a[i]);
  return 0;
}
```

程序运行后的输出结果是(　　)。

A. 4,5,6,4,5,6　　B. 1,2,3,4,5,6,　　C. 4,5,6,1,2,3　　D. 6,5,4,3,2,1,

5. 有以下程序：

```
#include <stdio.h>
int main()
  { FILE *pf;
  char *s1="China",*s2="Beijing";
  pf=fopen("abc.dat","wb+");
  fwrite(s2,7,1,pf);
  rewind(pf); /*文件位置指针回到文件开头*/
  fwrite(s1,5,1,pf);
  fclose(pf);
  return 0;
}
```

以上程序执行后，abc.dat 文件的内容是(　　)。

A. China　　B. Chinang　　C. ChinaBeijing　　D. BeijingChina

二、填空题

1. 从数据的存储形式来看，文件分为_____和_____两类。

2. 若执行 fopen 函数时发生错误，则函数的返回值是_____。若顺利执行了文件关闭操作，则 fclose 函数的返回值是_____。

3. feof(fp)函数用来判断文件是否结束。如果遇到文件结束，函数值为_____，否则为_____。

4. 有下列程序，其功能是：以二进制“写”方式打开文件 d1.dat，写入 1～100 这 100 个整数后关闭文件。再以二进制“读”方式打开文件 d1.dat，将这 100 个整数读入另一个数组 b 中，并打印输出。请填空。

```
#include <stdio.h>
int main( )
{ FILE*fp;
  int i,a[100],b[100];
  fp=fopen("d1.dat", "wb");
```

```
  for(i=0;i<100;i+ +), a[i]=i+1;
______________________________
  fclose(fp);
  fp=fopen("d1.dat",);
_______________________
  fclose(fp);
  for(i=0;i<100;i+ +) printf ("%d\n",b[i]);
  return 0;
}
```

5. 执行下列程序，根据程序提示内容填空。

```
#include <stdio.h>
int main( )
{FILE *fp;
 char *s1="Fortran",*s2="Basic";
 if((fp=fopen("test.txt","wb"))= =NULL)
 {printf("Can't open test.txt file\n");exit(1);}
  ______________________ /*把从地址 s1 开始的 7 个字符写到 fp 所指文件中*/
  ______ /*文件位置指针移到文件开头*/
  fwrite(s2,5,1,fp);
  fclose(fp);
  return 0;
}
```

三、编程题

1. 从键盘输入一串字符，逐个送到磁盘文件 test.txt，用#标识字符串结束。

2. 编程用来统计题 1 文件 test.txt 中的字符个数。

3. 有 5 个学生，每个学生有 3 门课程的成绩，从键盘输入学生数据(包括学号、姓名、3 门课程成绩)，计算出平均成绩，将原有数据和计算出的平均分数存放在磁盘文件 student.txt 中。

4. 将题 3 文件 student.txt 中的学生数据，按平均分进行排序处理，将已排序的学生数据存入一个新文件 sortstudent.txt 中。

附录一　常用字符与ASCII代码对照表

ASCII 值	字符	控制字符	ASCII 值	字符	ASCII 值	ASCII 值	字符	ASCII 值
000	null	NUL	036	$	072	H	108	l
001	☺	SOH	037	%	073	I	109	m
002	☻	STX	038	&	074	J	110	n
003	♥	ETX	039	'	075	K	111	o
004	♦	EOT	040	(	076	L	112	p
005	♣	END	041	)	077	M	113	q
006	♠	ACK	042	*	078	N	114	r
007	beep	BEL	043	+	079	O	115	s
008	backspace	BS	044	,	080	P	116	t
009	tab	HT	045	-	081	Q	117	u
010	换行	LF	046	.	082	R	118	v
011	♂	VT	047	/	083	S	119	w
012	♀	FF	048	0	084	T	120	x
013	回车	CR	049	1	085	U	121	y
014	♫	SO	050	2	086	V	122	z
015	☼	SI	051	3	087	W	123	{
016	►	DLE	052	4	088	X	124	¦
017	◄	DC1	053	5	089	Y	125	}
018	↕	DC2	054	6	090	Z	126	~
019	‼	DC3	055	7	091	[	127	⌂
020	¶	DC4	056	8	092	\	128	Ç
021	§	NAK	057	9	093	]	129	Ü
022	▬	SYN	058	:	094	^	130	é
023	↨	ETB	059	;	095	_	131	â
024	↑	CAN	060	<	096	’	132	ā
025	↓	EM	061	=	097	a	133	à
026	→	SUB	062	>	098	b	134	å
027	←	ESC	063	?	099	c	135	ç
028	└	FS	064	@	100	d	136	ê
029	↔	GS	065	A	101	e	137	ë
030	▲	RS	066	B	102	f	138	è
031	▼	US	067	C	103	g	139	ï
032	(space)		068	D	104	h	140	î
033	!		069	E	105	i	141	ì
034	"		070	F	106	j	142	Ä
035	#		071	G	107	k	143	Å

(续表)

ASCII 值	字符	ASCII 值	字符	ASCII 值	ASCII 值	字符	ASCII 值
144	É	173	¡	202	╩	231	τ
145	æ	174	«	203	╦	232	Φ
146	Æ	175	»	204	╠	233	θ
147	ô	176	░	205	═	234	Ω
148	ö	177	▒	206	╬	235	δ
149	ò	178	▓	207	╧	236	∞
150	û	179	│	208	╨	237	ø
151	ù	180	┤	209	╤	238	ϵ
152	ÿ	181	╡	210	╥	239	∩
153	ö	182	╢	211	╙	240	≡
154	Ü	183	╖	212	╘	241	±
155	¢	184	╕	213	╒	242	≥
156	£	185	╣	214	╓	243	≤
157	¥	186	║	215	╫	244	⌠
158	Pt	187	╗	216	╪	245	⌡
159	ƒ	188	╝	217	┘	246	÷
160	á	189	╜	218	┌	247	≈
161	í	190	╛	219	█	248	°
162	ó	191	┐	220	▄	249	•
163	ú	192	└	221	▌	250	·
164	ñ	193	┴	222	▐	251	√
165	Ñ	194	┬	223	▀	252	^{n}
166	ª	195	├	224	α	253	^{2}
167	º	196	─	225	β	254	▮
168	¿	197	†	226	Γ	255	Blank'FF'
169	┌	198	╞	227	π		
170	┐	199	╟	228	Σ		
171	½	200	╚	229	σ		
172	¼	201	╔	230	μ		

注：128～255 是 IBM-PC(长城 0520)上专用的，表中 000～127 是标准的。

附录二　C语言中的关键字及含义

C 语言中的 32 个关键字及含义如下：

(1) auto：局部变量(自动储存)

(2) break：无条件退出程序最内层循环

(3) case：switch 语句中选择项

(4) char：单字节整型数据

(5) const：定义不可更改的常量值

(6) continue：中断本次循环，并转向下一次循环

(7) default：switch 语句中的默认选择项

(8) do：用于构成 do...while 循环语句

(9) double：定义双精度浮点型数据

(10) else：构成 if...else 选择程序结构

(11) enum：枚举

(12) extern：在其他程序模块中说明了全局变量

(13) float：定义单精度浮点型数据

(14) for：构成for 循环语句

(15) goto：构成 goto 转移结构

(16) if：构成 if...else 选择结构

(17) int：基本整型数据

(18) long：长整型数据

(19) register：CPU 内部寄存的变量

(20) return：用于返回函数的返回值

(21) short：短整型数据

(22) signed：有符号数

(23) sizoef：计算表达式或数据类型占用的字节数

(24) static：定义静态变量

(25) struct：定义结构类型数据

(26) switch：构成 switch 选择结构

(27) typedef：重新定义数据类型

(28) union：联合类型数据

(29) unsigned：定义无符号数据

(30) void：定义无类型数据

(31) volatile：该变量在程序执行中可被隐含地改变

(32) while：用于构成 do...while 或 while 循环结构

附录四　C语言常用的库函数

库函数并不是 C 语言的一部分，它是由编译系统根据一般用户的需要编制并提供给用户使用的一组程序。每种 C 编译系统都提供了一批库函数，不同的编译系统所提供的库函数的数目和函数名以及函数功能是不完全相同的。ANSI C 标准提出了一批建议提供的标准库函数。它包括目前多数 C 编译系统所提供的库函数，但也有一些是某些 C 编译系统未曾实现的。考虑到通用性，本附录列出 ANSI C 建议的常用库函数。

由于 C 库函数的种类和数目很多，限于篇幅，本附录不能全部介绍，只从教学需要的角度列出最基本的。读者在编写 C 程序时可根据需要，查阅相关系统的函数使用手册。

1. 数学函数

使用数学函数时，应该在源文件中使用预编译命令：

```
#include <math.h>或#include "math.h"
```

函数名	函数原型	功能	返回值
acos	double acos(double x);	计算 arccos x 的值，其中-1<=x<=1	计算结果
asin	double asin(double x);	计算 arcsin x 的值，其中-1<=x<=1	计算结果
atan	double atan(double x);	计算 arctan x 的值	计算结果
atan2	double atan2(double x, double y);	计算 arctan x/y 的值	计算结果
cos	double cos(double x);	计算 cos x 的值，其中 x 的单位为弧度	计算结果
cosh	double cosh(double x);	计算 x 的双曲余弦 cosh x 的值	计算结果
exp	double exp(double x);	求 e^x 的值	计算结果
fabs	double fabs(double x);	求实型 x 的绝对值	计算结果
floor	double floor(double x);	求出不大于 x 的最大整数	该整数的双精度实数
fmod	double fmod(double x, double y);	求整除 x/y 的余数，%只适用于整型数据	返回余数的双精度实数
frexp	double frexp(double val, int *eptr);	把双精度数 val 分解成数字部分(尾数)和以 2 为底的指数，即 $val=x*2^n$，n 存放在 eptr 指向的变量中	数字部分 x 0.5<=x<1
log	double log(double x);	求 lnx 的值	计算结果
log10	double log10(double x);	求 $\log_{10}x$ 的值	计算结果
modf	double modf(double val, int *iptr);	把双精度数 val 分解成数字部分和小数部分，把整数部分存放在 ptr 指向的变量中	val 的小数部分
pow	double pow(double x, double y);	求 x^y 的值	计算结果
sin	double sin(double x);	求 sin x 的值，其中 x 的单位为弧度	计算结果

(续表)

函数名	函数原型	功能	返回值
sinh	double sinh(double x);	计算 x 的双曲正弦函数 sinh x 的值	计算结果
sqrt	double sqrt (double x);	计算 $\sqrt{x}$，其中 x≥0	计算结果
tan	double tan(double x);	计算 tan x 的值，其中 x 的单位为弧度	计算结果
tanh	double tanh(double x);	计算 x 的双曲正切函数 tanh x 的值	计算结果
log10	double log10 (double);	计算以 10 为底的对数	计算结果
log	double log (double);	以 e 为底的对数	计算结果
sqrt	double sqrt (double);	开平方	计算结果
cabs	double cabs(struct complex znum);	求复数的绝对值	计算结果
ceil	double ceil (double);	取上整，返回不比 x 小的最小整数	计算结果
floor	double floor (double);	取下整，返回不比 x 大的最大整数，即高斯函数[x]	计算结果

2. 字符函数

在使用字符函数时，应该在源文件中使用预编译命令：

```
#include <ctype.h>或#include "ctype.h"
```

函数名	函数原型	功能	返回值
isalnum	int isalnum(int ch);	检查 ch 是否字母或数字	是字母或数字返回 1，否则返回 0
isalpha	int isalpha(int ch);	检查 ch 是不是字母	是字母返回 1，否则返回 0
iscntrl	int iscntrl(int ch);	检查 ch 是否控制字符(其 ASCII 码在 0 和 0xlF 之间，数值为 0～31)	是控制字符返回 1，否则返回 0
isdigit	int isdigit(int ch);	检查 ch 是否数字(0～9)	是数字返回 1，否则返回 0
isgraph	int isgraph(int ch);	检查 ch 是不是可打印(显示)字符(0x21 和 0x7e 之间)，不包括空格	是可打印字符返回非 0，否则返回 0
islower	int islower(int ch);	检查 ch 是不是小写字母(a～z)	是小写字母返回非 0，否则返回 0
isprint	int isprint(int ch);	检查 ch 是不是可打印字符(其 ASCII 码在 0x21 和 0x7e 之间)，包括空格	是可打印字符返回 1，否则返回 0
ispunct	int ispunct(int ch);	检查 ch 是不是标点字符(不包括空格)即除字母、数字和空格以外的所有可打印字符	是标点符号返回 1，否则返回 0
isspace	int isspace(int ch);	检查 ch 是否空格、跳格符(制表符)或换行符	是，返回 1；否则返回 0
isupper	int isupper(int ch);	检查 ch 是否大写字母(A～Z)	是大写字母返回 1，否则返回 0
isxdigit	int isxdigit(int ch);	检查 ch 是否一个 16 进制数字(即 0～9，或 A～F、a～f)	是，返回 1；否则返回 0
tolower	int tolower(int ch);	将 ch 字符转换为小写字母	返回 ch 对应的小写字母

(续表)

函数名	函数原型	功能	返回值
toupper	int toupper(int ch);	将 ch 字符转换为大写字母	返回 ch 对应的大写字母
isascii	int isascii(int ch)	测试参数是否 ASCII 码 0～127	是返回非 0，否则返回 0

3. 字符串函数

使用字符串中函数时，应该在源文件中使用预编译命令：

```
#include <string.h>或#include "string.h"
```

函数名	函数原型	功能	返回值
memchr	void memchr(void *buf, char ch, unsigned count);	在 buf 的前 count 个字符里搜索字符 ch 首次出现的位置	返回指向 buf 中 ch 的第一次出现的位置指针。若没有找到 ch，返回 NULL
memcmp	int memcmp(void *buf1, void *buf2, unsigned count);	按字典顺序比较由 buf1 和 buf2 指向的数组的前 count 个字符	buf1<buf2，为负数 buf1=buf2，返回 0 buf1>buf2，为正数
memcpy	void *memcpy(void *to, void *from, unsigned count);	将 from 指向的数组中的前 count 个字符拷贝到 to 指向的数组中。from 和 to 指向的数组不允许重叠	返回指向 to 的指针
memove	void *memove(void *to, void *from, unsigned count);	将 from 指向的数组中的前 count 个字符拷贝到 to 指向的数组中。保证不会出现内存块重叠	返回指向 to 的指针
memset	void *memset(void *buf, char ch, unsigned count);	将字符 ch 拷贝到 buf 指向的数组前 count 个字符中	返回 buf
strcat	char *strcat(char *str1, char *str2);	把字符 str2 接到 str1 后面，取消原来 str1 最后面的串结束符\0	返回 str1
strchr	char *strchr(char *str, int ch);	找出 str 指向的字符串中第一次出现字符 ch 的位置	返回指向该位置的指针，如找不到，则应返回 NULL
strcmp	int *strcmp(char *str1, char *str2);	比较字符串 str1 和 str2	若 str1<str2，为负数 若 str1=str2，返回 0 若 str1>str2，为正数
strcpy	char *strcpy(char *str1, char *str2);	把 str2 指向的字符串拷贝到 str1 中去	返回 str1
strlen	unsigned int strlen(char *str);	统计字符串 str 中字符的个数(不包括终止符\0)	返回字符个数
strncat	char *strncat(char *str1, char *str2, unsigned count);	把字符串 str2 指向的字符串中最多 count 个字符连到串 str1 后面，并以 NULL 结尾	返回 str1
strncmp	int strncmp(char *str1,*str2, unsigned count);	比较字符串 str1 和 str2 中至多前 count 个字符	若 str1<str2，为负数 若 str1=str2，返回 0 若 str1>str2，为正数

(续表)

函数名	函数原型	功能	返回值
strncpy	char *strncpy(char *str1,*str2, unsigned count);	把 str2 指向的字符串中最多前 count 个字符拷贝到 str1 中去	返回 str1
strnset	void *setnset(char *buf, char ch, unsigned count);	将字符 ch 拷贝到 buf 指向的数组前 count 个字符中	返回 buf
strset	void *setset(void *buf, char ch);	将 buf 所指向的字符串中的全部字符都变为字符 ch	返回 buf
strstr	char *strstr(char *str1,*str2);	寻找 str2 指向的字符串在 str1 指向的字符串中首次出现的位置	返回 str2 指向的字符串首次出现的地址。否则返回 NULL
strnicmp	int strnicmp(char *str1, char *str2, unsigned maxlen);	将一个字符串中的一部分与另一个字符串比较，不管大小写	
strcspn	int strcspn(char *str1, char *str2);	在字符串中查找第一个给定字符集内容的段	
strdup	char *strdup(char *str);	将字符串拷贝到新建的位置处	
strpbrk	char *strpbrk(char *str1, char *str2);	在字符串中查找给定字符集中的字符	
strrchr	char *strrchr(char *str, char c);	在字符串中查找指定字符的最后一个出现	
strrev	char *strrev(char *str);	字符串倒转	
strtod (或strtol)	double strtod(char *str, char **endptr);	将字符串转换为 double 型值，strtol则将字符串转换为长整型值	
swab	void swab (char *from, char *to, int nbytes);	交换字节	

4. 输入输出函数

在使用输入输出函数时，应该在源文件中使用预编译命令：

```
#include <stdio.h>或#include "stdio.h"
```

函数名	函数原型	功能	返回值
clearerr	void clearerr(FILE *fp);	清除文件指针错误指示器	无
close	int close(int fp);	关闭文件(非 ANSI 标准)	关闭成功返回 0，不成功返回-1
creat	int creat(char *filename, int mode);	以 mode 所指定的方式建立文件(非 ANSI 标准)	成功返回正数，否则返回-1

(续表)

函数名	函数原型	功能	返回值
eof	int eof(int fp);	判断 fp 所指的文件是否结束	文件结束返回 1，否则返回 0
fclose	int fclose(FILE *fp);	关闭 fp 所指的文件，释放文件缓冲区	关闭成功返回 0，不成功返回非 0
feof	int feof(FILE *fp);	检查文件是否结束	文件结束返回非 0，否则返回 0
ferror	int ferror(FILE *fp);	测试 fp 所指的文件是否有错误	无错返回 0，否则返回非 0
fflush	int fflush(FILE *fp);	将 fp 所指的文件的全部控制信息和数据存盘	存盘正确返回 0，否则返回非 0
fgets	char *fgets(char *buf, int n, FILE *fp);	从 fp 所指的文件读取一个长度为(n-1)的字符串，存入起始地址为 buf 的空间	返回地址 buf。若遇文件结束或出错则返回 EOF
fgetc	int fgetc(FILE *fp);	从 fp 所指的文件中取得下一个字符	返回所得到的字符。出错返回 EOF
fopen	FILE *fopen(char *filename, char *mode);	以 mode 指定的方式打开名为 filename 的文件	成功，则返回一个文件指针，否则返回 0
fprintf	int fprintf(FILE *fp, char *format,args,…);	把 args 的值以 format 指定的格式输出到 fp 所指的文件中	实际输出的字符数
fputc	int fputc(char ch, FILE *fp);	将字符 ch 输出到 fp 所指的文件中	成功则返回该字符，出错返回 EOF
fputs	int fputs(char str, FILE *fp);	将 str 指定的字符串输出到 fp 所指的文件中	成功则返回 0，出错返回 EOF
fread	int fread(char *pt, unsigned size, unsigned n, FILE *fp);	从 fp 所指定文件中读取长度为 size 的 n 个数据项，存到 pt 所指向的内存区	返回所读的数据项个数，若文件结束或出错返回 0
fscanf	int fscanf(FILE *fp, char *format, args,…);	从 fp 指定的文件中按给定的 format 格式将读入的数据送到 args 所指向的内存变量中(args 是指针)	输入的数据个数
fseek	int fseek(FILE *fp, long offset, int base);	将 fp 指定的文件的位置指针移到以 base 所指出的位置为基准、以 offset 为位移量的位置	返回当前位置，否则返回-1
ftell	long ftell(FILE *fp);	返回 fp 所指定的文件中的读写位置	返回文件中的读写位置，否则返回 0
fwrite	int fwrite(char *ptr, unsigned size, unsigned n, FILE *fp);	把 ptr 所指向的 n*size 个字节输出到 fp 所指向的文件中	写到 fp 文件中的数据项的个数
getc	int getc(FILE *fp);	从 fp 所指向的文件中读出下一个字符	返回读出的字符，若文件出错或结束返回 EOF

(续表)

函数名	函数原型	功能	返回值
getchar	int getchar();	从标准输入设备中读取下一个字符	返回字符，若文件出错或结束返回-1
gets	char *gets(char *str);	从标准输入设备读取字符串存入 str 指向的数组	成功返回 str，否则返回 NULL
open	int open(char *filename, int mode);	以 mode 指定的方式打开已存在的名为 filename 的文件(非 ANSI 标准)	返回文件号(正数)，如打开失败返回-1
printf	int printf(char *format, args, …);	在 format 指定的字符串的控制下，将输出列表 args 的指输出到标准设备	输出字符的个数。若出错返回负数
prtc	int prtc(int ch, FILE *fp);	把一个字符 ch 输出到 fp 所值的文件中	输出字符 ch，若出错返回 EOF
putchar	int putchar(char ch);	把字符 ch 输出到 fp 标准输出设备	返回换行符，若失败返回 EOF
puts	int puts(char *str);	把 str 指向的字符串输出到标准输出设备，将\0 转换为回车行	返回换行符，若失败返回 EOF
putw	int putw(int w, FILE *fp);	将一个整数 i(即一个字)写到 fp 所指的文件中(非 ANSI 标准)	返回读出的字符，若文件出错或结束返回 EOF
read	int read(int fd, char *buf, unsigned count);	从文件号 fp 所指定文件中读 count 个字节到由 buf 指示的缓冲区(非 ANSI 标准)	返回真正读出的字节个数，如文件结束返回 0，出错返回-1
remove	int rename(char *fname);	删除以 fname 为文件名的文件	成功返回 0，出错返回-1
rename	int name(char *oname, char *nname);	把 oname 所指的文件名改为由 nname 所指的文件名	成功返回 0，出错返回-1
rewind	void rewind(FILE *fp);	将 fp 指定的文件指针置于文件头，并清除文件结束标志和错误标志	无
scanf	int scanf(char*format, args, …);	从标准输入设备按 format 指示的格式字符串规定的格式，输入数据给 args 所指示的单元。args 为指针	读入并赋给 args 数据个数。如文件结束返回 EOF，若出错返回 0
write	int write(int fd, char *buf, unsigned count);	从 buf 指示的缓冲区输出 count 个字符到 fd 所指的文件中(非 ANSI 标准)	返回实际写入的字节数，如出错返回-1

5. 动态存储分配函数

在使用动态存储分配函数时，应该在源文件中使用预编译命令：

```
#include <stdlib.h>或#include "stdlib.h"
```

函数名	函数原型	功能	返回值
calloc	void *calloc(unsigned n, unsigned size);	分配 n 个数据项的内存连续空间，每个数据项的大小为 size	分配内存单元的起始地址。如不成功，返回 0
free	void free(void *p);	释放 p 所指内存区	无
malloc	void *malloc(unsigned size);	分配 size 字节的内存区	所分配的内存区地址，如内存不足，返回 0
realloc	void *realloc(void *p, unsigned size);	将 p 所指的已分配的内存区的大小改为 size。size 可比原来分配的空间大或小	返回指向该内存区的指针。若重新分配失败，返回 NULL

参 考 文 献

[1] 王先水，阳小兰，尤新华．C 语言程序设计．武汉：武汉大学出版社，2012．
[2] 谭浩强．C 程序设计(第四版)．北京：清华大学出版社，2012．
[3] 陈舜青，饶琛．C 语言程序设计．南京：南京大学出版社，2008．
[4] 田丽华．C 语言程序设计．北京：清华大学出版社，2010．
[5] 许薇，武青海．C 语言程序设计．北京：人民邮电出版社，2010．
[6] 张曙光，刘英，周雅洁，胡岸琪．C 语言程序设计．北京：人民邮电出版社，2014．
[7] 牛志成，徐立辉，刘冬莉．C 语言程序设计．北京：清华大学出版社，2008．
[8] 安俊秀等．C 语言程序设计(第 2 版)．北京：人民邮电出版社，2010．
[9] 刘艳，王先水，赵永霞．C 语言程序设计．天津：南开大学出版社，2014．
[10] 杨路明．C 语言程序设计(第 2 版)．北京：北京邮电大学出版社，2006．
[11] 高维春，贺敬凯，吴亮．C 语言程序设计项目教程．北京：人民邮电出版社，2010．
[12] Peter Prinz, Tony Crawford．C 语言核心技术[M]．北京：机械工业出版社，2007．
[13] 朱小菲，刘玉喜．C 程序设计教程．北京：清华大学出版社，2009．
[14] 迟成文．高级语言程序设计．北京：经济科学出版社，2012．
[15] 蔡明志．乐在 C 语言．北京：人民邮电出版社，2013．